電子の動きでみる
有機反応のしくみ

奥山 格・杉村高志 著

東京化学同人

緒　言

　書店の化学書のコーナーをのぞくと，有機化学の教科書が何段にも並んでおり，1000ページを超える翻訳版の教科書も10種類以上ある．化学専攻の学生はこの大部の教科書でじっくりと有機化学を勉強している．それぞれに優れた教科書ではあるが，なにぶんにも内容が盛り沢山で，慣れないうちはそのジャングルの中で道に迷ってしまうこともあるだろう．そのような学生のために，もっとコンパクトで通読しやすく，有機化学を1本の線に沿って理解するための手びきを提供したいと考えていた．本書はそのようなねらいでまとめたものであり，電子の流れを軸にして，有機反応を一元的に説明している．そのために，巻矢印を用いる反応表記に従い，基本的な有機反応の相互関係をわかりやすく説明するように努めた．それを応用するかたちで，エノラートの反応，転位反応，反応選択性の章へと展開している．"有機化学を理解して覚える（understand to learn）"をモットーに，応用につながる実力をつけていただきたい．

　本書では結合電子対の偏りに基づいた有機電子論の考え方で，有機反応を定性的に理解することを主眼にしている．もっと深く有機反応を理解していくためには，分子軌道論を勉強してほしい．本書では混成軌道を除いては，分子軌道についてほとんどふれていない．フロンティア軌道のエネルギー準位と電子分布が反応性を制御していることや，ペリ環状反応が分子軌道の対称性で説明できることについては，物理有機化学の教科書や専門書を参考にしてほしい．また一電子移動がかかわる酸化還元反応や励起状態の化学（光化学）についても多くを述べていない．しかし，本書で述べる考え方は，これらの有機化学の新しい分野を理解し，有機合成反応を考えていく上でも，重要な基礎となる．各章に多数の演習問題があるので，自分の手で解いてその章で学んだことを確かめ，理解を深めてほしい．

　筆者らの所属する大学の物質科学科では，1，2年次に一通りの有機化学を学習した後，3年前期に"有機反応論"という講義を提供している．この講義は有機化学を反応の立場から総復習するための授業と位置づけられている．今回

その内容をもとに書き加えて，復習のためばかりではなく，初年度の有機化学の副読本としても役立つように工夫した．有機化学の講義を受講しながら，有機反応の全体像を理解し，各論の位置づけをみるために格好の参考書になるだろう．また，大学院の受験を控えている学生諸君にも，今までの知識を整理して復習するための参考書として役立つだろう．

本書に以上のようなねらいが実現できていれば幸いである．しかしながら，まだまだわかりにくい記述が残っていたり，筆者の思い違いからまちがった記述があるかもしれない．読者からの忌憚ないご指摘とご意見をお願いしたい．それに基づいてもっと読みやすく，理解しやすい有機化学の入門書として完成していきたいと考えている．

ここで，化学用語のことについて少しふれておきたい．本書の用語は，原則的には『文部省学術用語集（化学編）』に従ったが，読者が理解しやすいように工夫したものもある．nucleophile (nucleophilic reagent) は"求核種（求核剤）"とした．文部省学術用語集ではいずれも"求核試薬"が与えられているが，"試薬"という用語には異論が多い．"求核剤"を使っている本も多いが，分子的な視点に欠けるように思われるので，よく使われる"分子種"，"化学種"の用語にならって"求核種"を用いている．すなわち，英語の二つの用語 nucleophile と nucleophilic reagent に対応させて"求核種"と"求核剤"を使い分けた．求電子種（求電子剤）についても同様である．

化学用語は原則として日本語表記のみを用いているが，索引に対応する英語を付記したので参考にしてほしい．

最後に，原稿の段階で全章を通読していただき，いろいろと貴重なご意見を賜った大野惇吉先生（京都大学名誉教授）に厚く御礼申し上げる．また，本書の出版にあたり，細部にわたって注意深い点検をして下さった上，短期間でこのかたちにまで仕上げていただいた東京化学同人編集部の橋本純子，木村直子両氏にも深く感謝したい．

平成 17 年 5 月

奥　山　　　格
杉　村　高　志

目　　次

序章　有機化学と有機反応 ··· 1

1. 化学結合と分子構造 ·· 3
　1・1　ルイス構造 ·· 3
　1・2　結合の分極 ·· 4
　1・3　分子とイオンのルイス構造 ·· 5
　1・4　有機分子のかたちと混成軌道 ··· 7
　1・5　σ結合とπ結合 ·· 8
　1・6　共　鳴 ··· 9
　1・7　分子構造の簡略表現 ·· 11
　演習問題 ··· 13

2. 酸と塩基 ··· 15
　2・1　酸解離平衡 ··· 15
　2・2　酸性度 ··· 16
　2・3　カルボアニオン ··· 21
　2・4　有機化合物の塩基性 ·· 23
　2・5　カルボカチオン ··· 26
　演習問題 ··· 27

3. 有機反応の表し方 ··· 30
　3・1　巻矢印の書き方 ··· 30
　3・2　巻矢印の向き ·· 33
　3・3　ラジカル反応の表し方 ··· 34
　演習問題 ··· 35

4. 求核置換と脱離反応 ……………………………………………… 36
4・1 S_N2 反応 …………………………………………………… 36
4・2 E2 反応 ……………………………………………………… 38
4・3 S_N1 反応と E1 反応 ………………………………………… 39
4・4 E1cB 反応 …………………………………………………… 41
4・5 隣接基関与 …………………………………………………… 42
4・6 アルコールの変換 …………………………………………… 45
演習問題 ………………………………………………………… 47

5. 付加反応と付加脱離型置換反応 ………………………………… 52
5・1 アルケンへの求電子付加反応 ……………………………… 52
5・2 芳香族求電子置換反応 ……………………………………… 55
5・3 カルボニル基への求核付加反応 …………………………… 59
5・4 カルボニル基での求核置換反応 …………………………… 62
5・5 ヒドリド還元とグリニャール反応 ………………………… 63
5・6 求電子性アルケンへの求核付加反応 ……………………… 65
5・7 芳香族求核置換反応 ………………………………………… 67
演習問題 ………………………………………………………… 69

6. エノールとエノラートの反応 …………………………………… 76
6・1 エノール化 …………………………………………………… 76
6・2 エノールの反応 ……………………………………………… 78
6・3 アルドール反応 ……………………………………………… 79
6・4 クライゼン縮合：カルボニル化合物のアシル化 ………… 80
6・5 エノール等価体のアルキル化 ……………………………… 80
6・6 安定なエノラートのアルキル化 …………………………… 83
演習問題 ………………………………………………………… 84

7. 転位反応 …………………………………………………………… 87
7・1 電子不足原子への 1,2-転位 ………………………………… 87
7・2 カルボカチオンの転位 ……………………………………… 88
7・3 カルボニル化合物の転位 …………………………………… 90
7・4 酸素への転位 ………………………………………………… 91

7・5　窒素への転位 ……………………………………………………… 92
　7・6　カルベンの転位 ……………………………………………………… 93
　7・7　ニトレンの転位 ……………………………………………………… 94
　演習問題 ……………………………………………………………………… 95

8. 反応選択性 ………………………………………………………………… 97
　8・1　速度支配と熱力学支配 …………………………………………… 97
　8・2　エノラート生成の位置選択性 …………………………………… 99
　8・3　環化反応における位置選択性 …………………………………… 100
　8・4　HSAB 原理 ………………………………………………………… 102
　8・5　官能基選択性 ……………………………………………………… 104
　8・6　保護と脱保護 ……………………………………………………… 106
　8・7　立体選択性と立体特異的反応 …………………………………… 109
　8・8　不斉合成 …………………………………………………………… 112
　8・9　触媒と溶媒効果 …………………………………………………… 113
　演習問題 ……………………………………………………………………… 116

9. ラジカル反応 …………………………………………………………… 122
　9・1　ラジカルの生成 …………………………………………………… 122
　9・2　ラジカルの安定性 ………………………………………………… 123
　9・3　ラジカルの反応 …………………………………………………… 124
　9・4　ラジカル連鎖反応 ………………………………………………… 126
　9・5　ラジカル反応の選択性 …………………………………………… 128
　演習問題 ……………………………………………………………………… 130

演習問題解答 ……………………………………………………………… 131

付録 1　略号表 …………………………………………………………… 165
付録 2　酸性度定数 ……………………………………………………… 167
索　　引 …………………………………………………………………… 169

序章
有機化学と有機反応

　有機化学は炭素原子を中心とする物質変換の科学である．炭素は周期表の中央にあり，中間的な電気陰性度をもつために，さまざまな原子と四つの安定な結合をつくることができる．これに基づいて無数ともいえる有機化合物をつくりあげ，有機化学の多様性を生み出している．そして，化学者の研究活動は，今も有機化合物の数を増やし続けている．これらの有機化合物の変換は有機反応によって行われる．したがって，有機反応がどのように起こるのか，そのしくみを理解することは有機化学の基本である．

　有機化学の本を広げてみると，矢印でつながれたあらゆる種類の有機反応がページを埋めている．このような反応を覚えようと思えば，有機化学は途方もない学問ということになる．しかし，化学反応も自然科学の原理に基づいて起こっているので，その原理に基づいて秩序立てて理解すれば，新しい反応もパズルを解くように予想でき，興味深いものになっていくだろう．

　有機化合物は官能基に基づいて分類され，同じ官能基をもつ化合物は同じ反応を行う．しかも，基本的な有機反応は，3種類か4種類しかないといってよい．ほとんどの反応は，置換，脱離，付加の組合わせで起こっている．これらの反応性に及ぼす有機化合物の構造の効果は，電子効果と立体効果の二つに分けられ，電子効果は誘起効果と共鳴効果に分けられるので，構造効果も3種類しかないといえる．

　このような化学反応の結合の組替えに注目し，結合にかかわる電子対の動きを曲がった矢印（巻矢印）で反応式の中に書き込んでたどっていくと，結合の組替えに伴う電子の流れが明らかになる．反応がスムースに起こる場合には，この電子の流れが合理的で，電子豊富なところから電子の不足したところへ流れているはずである．このような巻矢印による反応表現の方法を学び，有機反応のしくみを一つの統一的な考え方に基づいて理解していこう．

　このために，本書ではまず1章で化学結合と分子構造の基本的な考え方を述べ，共役化合物の共鳴構造による表現法を説明する．ここで共役化合物における電子の

非局在化を巻矢印で表す方法を学ぶ．2章で酸塩基の強さをどのように理解するのか，構造効果の考え方を説明し，この観点からカルボアニオンとカルボカチオンの安定性についても述べる．3章で有機反応における電子の流れを巻矢印で表す手法について説明し，これによって合理的に反応が表せることを学ぶ．つづく二つの章において，有機極性反応をまとめて取扱い，巻矢印表記によって有機反応を総合的に理解できるようにする．4章では，飽和化合物の反応として求核置換反応と脱離反応について述べ，5章で不飽和化合物の反応を付加反応を基本として説明する．不飽和化合物は多彩であり，求電子付加と求核付加，さらにそれに脱離が組合わさった置換反応がある．6章ではカルボニル化合物の反応としても分類される"エノラートの反応"をまとめて説明し，炭素-炭素結合形成に基づく有機合成への展開の導入とする．7章では電子不足中心への 1,2-転位について述べ，この簡単なプロセスにより有機反応が大きな広がりをみせることを実感できるだろう．二つ以上の反応が並発して起こり得る場合に反応選択性がどのように制御されるのかを，8章で説明し，実際の有機合成における重要性についても述べる．最後に9章で，不対電子の関与する反応としてラジカル反応の特徴について学ぶ．

　以上によって，ほとんどの主要な有機反応について学ぶことになるので，巻矢印による反応表現を応用していけば，さらに有機化学の世界は広がるはずである．さあ，巻矢印によって有機反応をマスターしよう．

1

化学結合と分子構造

　化学反応は，分子の結合の組替えによって起こる．したがって，有機反応を学ぶためには有機分子の結合と構造について理解していることが欠かせない．本章では有機分子における化学結合と分子構造の基本を簡単にまとめておこう．すなわち，ルイス構造に基づいて共鳴構造の表し方を説明し，巻矢印によって分子内の電子の動きをどう表現するかについて述べる．この考え方が，有機電子論に基づく有機反応の理解の基礎になっている．

1・1　ルイス構造

　原子は電子対を共有して結合し，分子をつくる．原子軌道どうしが重なり合うことによって分子軌道をつくり，2電子が安定な結合性分子軌道に入って結合力を生み出す．そのような結合にかかわる原子軌道は，原子の最外殻に属するものであり，その電子は**価電子**とよばれる．元素の性質や形成された分子の性質にも，この価電子が大きくかかわっている．そこで原子を価電子とともに表現する方法として**ルイス構造**が用いられる．これは G. N. Lewis（1875～1946）によって提案されたもので，元素記号のまわりに点をつけて価電子を表している．

　表 1・1 の周期表に原子のルイス構造を示す．ルイス構造では，元素記号は原子核と満たされた内殻電子すべてを表しているものとみなせる．点は最外殻の価電子の数だけ書けばよい．希ガス元素の He, Ne, Ar は原子価殻（最外殻）が完全に満

表 1・1　原子のルイス構造と電気陰性度

H·							He:
2.1							
Li·	Be:	Ḃ:	·Ċ:	·N̈:	:Ö:	:F̈:	:N̈e:
1.0	1.5	2.0	2.5	3.0	3.5	4.0	
Na·	Mg:	Al:	·Si:	·P̈:	:S̈:	:C̈l:	:Ar:
0.9	1.2	1.5	1.8	2.1	2.5	3.0	

たされていて安定である．He は 1s 軌道が 2 電子で満たされており，第二周期以降の Ne や Ar では s^2p^6 と 8 電子で原子価殻が満たされている．イオンを生成したり，結合を形成する場合にも，各原子は 8 電子で原子価殻が満たされて安定になる傾向があり，**オクテット則**とよばれる[*1]．

たとえば Na 原子と F 原子は，Na から F に 1 電子を渡してカチオンとアニオンになり，イオン結合を形成する．その結果，それぞれの原子（イオン）は，最外殻が 8 電子で満たされ，オクテットを形成している．ルイス構造は（1・1a）式のように表せるが，これは（1・1b）式に示すような電子配置に相当する．

$$\text{Na}\cdot\ +\ :\!\ddot{\text{F}}\!:\ \longrightarrow\ \text{Na}^+\ +\ :\!\ddot{\text{F}}\!:^- \tag{1・1a}$$

$$\text{Na}(1s^2 2s^2 2p^6 3s^1)\ +\ \text{F}(1s^2 2s^2 2p^5)\ \longrightarrow\ \text{Na}^+(1s^2 2s^2 2p^6)\ +\ \text{F}^-(1s^2 2s^2 2p^6) \tag{1・1b}$$

共有結合は価電子を共有することによって形成されるので，Cl_2 の場合，（1・2）式のように表すことができる．二つの Cl 原子が電子 2 個を共有して，それぞれがオクテットを形成している．共有された電子対は（1・2a）式のように 2 個の点で示してもよいが，（1・2b）式のように線で表したほうが見やすい．結合を表す線は2 電子（結合電子対）を意味している[*2]．

$$:\!\ddot{\text{Cl}}\!\cdot\ +\ \cdot\!\ddot{\text{Cl}}\!:\ \longrightarrow\ :\!\ddot{\text{Cl}}\!:\!\ddot{\text{Cl}}\!: \tag{1・2a}$$

$$:\!\ddot{\text{Cl}}\!\cdot\ +\ \cdot\!\ddot{\text{Cl}}\!:\ \longrightarrow\ :\!\ddot{\text{Cl}}\!-\!\ddot{\text{Cl}}\!: \tag{1・2b}$$

1・2 結合の分極

原子はその種類によって電子をひきつける能力が異なる．その尺度として**電気陰性度**というパラメーターが使われる．表 1・1 の元素記号の下に示した数値は L. Pauling（ポーリング）(1901〜1994) によって提案された電気陰性度である．イオン化エネルギー（原子から電子を取去るのに必要なエネルギー）が大きく，電子親和力（電子を得てアニオンになるときに放出するエネルギー）が大きい元素は，電気陰性度も大きい．

最も電気陰性な元素は F であり，周期表の左下にいくに従って電気陰性度は小さくなる．電気陰性度が周期表の左から右に大きくなるのは原子核の正電荷が大きくなるからであり，上から下に小さくなるのは原子核から価電子までの距離が大き

[*1] ここで述べている考え方は，d 軌道が結合に関与しない典型元素について成り立つものである．

[*2] 結合を線で表して非共有電子対を示さない通常の分子構造は，ケクレ構造とよばれる．

くなるからである．

　このように元素によって電子をひきつける力が異なるので，異なる原子間で共有結合をつくった場合，結合電子対の分布にも偏りが生じる．その結果，電気陰性な原子は部分的に負電荷を帯びることになり，これを $\delta-$ で表す．電気陰性度の小さいほうの原子は部分正電荷 $\delta+$ を帯びることになる．このように電荷の偏りをもつ結合は**分極**しているといわれ，その結合は**極性結合**とよばれる．極性結合は，次のように表される．

$$\overset{\delta-\ \ \delta+}{\text{O—H}} \quad \overset{\delta-\ \ \delta+}{\text{N—H}} \quad \overset{\delta+\ \ \delta-}{\text{C—O}} \quad \overset{\delta+\ \ \delta-}{\text{C—Cl}} \quad \overset{\delta-\ \ \delta+}{\text{C—Mg}}$$

　2原子の電気陰性度の差が十分大きいと，電子は電気陰性な原子のほうに完全に移ってしまい，アニオンとカチオンを生成して**イオン結合**を形成する．

1·3 分子とイオンのルイス構造

　有機分子とイオンのルイス構造を書くことは，有機反応を学ぶための基本的な技術になる．結合は線で表すことにして，次のような手順に従って，ルイス構造を書く．自分の手を動かして実際に構造を書いて，この技法を身につけよう．

1. 共有結合をすべて線で示して通常の分子構造を書く．
2. その分子構造に，ヘテロ原子（およびアニオン）の**非共有電子対**を書き加える．
3. すべての原子が**オクテット**（8電子）を超えていないことを確認する．例外は S，P などの高周期元素の場合だけである．このとき，結合は2電子に相当する．
4. できるだけ多くの原子がオクテットになっていることが望ましい（Hは2電子）．6電子の原子はルイス酸中心になり，対になっていない電子（不対電子）はラジカルにだけみられる．
5. **形式電荷**（− または ＋）を必要な原子上に書き込む．形式電荷は，中性（電荷をもたない）原子の価電子数から次式によって計算できる．結合電子対の1個ずつを二つの原子に割り振るので結合の数を引けばよい．

　　　形式電荷 =（原子の価電子数）−（非共有電子の数）−（結合の数）

　代表的な分子とイオンのルイス構造を次に示す．最後の二つはニトロメタン CH_3NO_2 であるが，かっこ内の構造ではNに結合が5本出ており，<u>オクテットを超えた不可能な構造</u>になる．中性分子でもNとOに形式電荷をもつ分極構造をとらざるを得ない．ここに示した構造のなかでH以外のすべての原子がオクテット

になっていることを自分で確認してみよう．

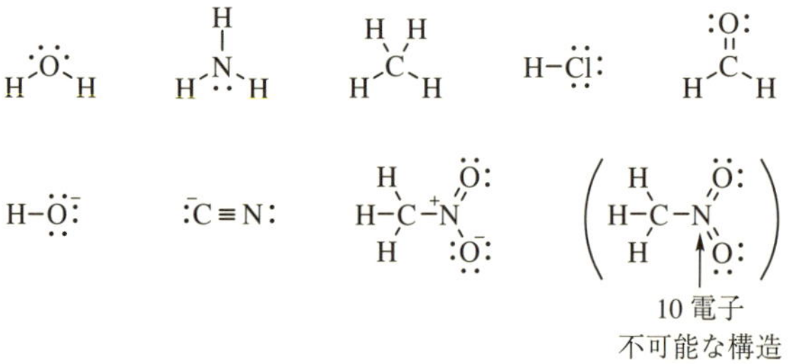

ルイス構造の例

次のメチルカチオンとボラン BH_3 の C^+ と B には三つの結合の 6 電子しかなく，電子対をもう 1 組受け入れることができるので，これらはルイス酸である．

メトキシメチルカチオンとアシルカチオンは (**1a**) と (**2a**) のように表すことができるが，(**1b**) と (**2b**) のように表すことも可能である．(**1a**) と (**2a**) では C^+ に 6 電子しかないが，(**1b**) と (**2b**) では形式電荷が O に移っており，すべての原子がオクテットになっている．

$H_2\overset{+}{C}-\ddot{O}-CH_3$　　$H_2C=\overset{+}{\ddot{O}}-CH_3$　　$H_3C-\overset{+}{C}=\ddot{O}$　　$H_3C-C\equiv\overset{+}{O}$
(**1a**)　　　　　(**1b**)　　　　　(**2a**)　　　　　(**2b**)

第三周期の S や P は 3d 軌道が関与できるので，オクテット (8 個) 以上の電子を収容できる．H_2SO_4 の S は 6 価で 12 個の電子が関与しているが，この S に形式電荷はない．H_3PO_4 の P には 10 個の電子が関与している．

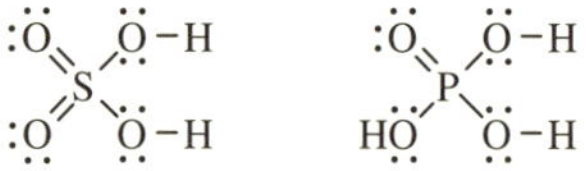

例題 1・1　次のイオンのルイス構造を示せ．
　　　a) NO_2^-　　b) NO_2^+　　c) BF_4^-

解答　NO_2 の価電子の総数は 17 (N の 5 個 + O の 2 × 6 個) なので，a) のアニオンには 18 個，b) のカチオンには 16 個の価電子があるはずである．とり

あえず，O-N-Oの結合をつくり，電子対を7組（14電子）配置すると

$$:\!\ddot{\underset{..}{\text{O}}}\!-\!\ddot{\text{N}}\!-\!\ddot{\underset{..}{\text{O}}}\!:$$

Nもオクテットを完成するように二重結合をつくると，すべての原子がオクテットになり，Oに形式電荷が残る．

a) $:\!\ddot{\text{O}}\!=\!\ddot{\text{N}}\!-\!\ddot{\underset{..}{\text{O}}}\!:^{-}$

電子を2個取除いてカチオンにし，オクテットを保つために二重結合をもう一つ入れると，Nに正電荷が残る．

b) $:\!\ddot{\text{O}}\!=\!\overset{+}{\text{N}}\!=\!\ddot{\text{O}}\!:$

c) BF_4^- の形式電荷はBにあるが，非共有電子対はBにはないことに注意しよう．

1·4 有機分子のかたちと混成軌道

　炭素原子は4価で安定な分子を形成し，有機分子の多様性の担い手になっている．炭素原子の原子価殻は $2s^2 2p^2$ の電子配置で，表1·1のルイス構造のように価電子のうち2個は2s軌道に入って電子対をつくっている．残りの2電子で結合をつくるとすると，2価炭素の分子ができる．そのような分子は実際に可能である（一重項カルベンとよばれる）が，原子価殻が満たされていない（6電子）ので不安定で高い反応性を示す．

一重項カルベン　　$\underset{H}{\overset{H}{\diagdown}}\!\text{C}\!:$

この分子のC-H結合はCの二つのp軌道を使っているので，ほぼ直交しているはずである．

　このような2価炭素分子よりも，炭素の価電子が再配置して4電子がすべて結合にかかわると，4価でオクテットの炭素原子から形成された安定な分子ができる．このようにしてできた分子の一つがメタン CH_4 である．これらの結合にかかわる電子対は互いに反発するので，原子のまわりでできるだけ遠ざかる傾向を示す*．その結果，四つの等価な結合が炭素から三次元空間に放射状に広がった**正四面体構**

---

*　この考え方を，原子価殻電子対反発モデルという．

造を形成し，H−C−H 結合角はすべて 109.5°になる．

この等価な四つの結合にかかわる炭素の原子軌道を，もともとの s 原子軌道と p 原子軌道から再構成してできたものとみなすと，それらが混ざり合った性質をもつものとして **sp³ 混成軌道** とよぶことができる．すなわち，メタンの結合にかかわる炭素の原子軌道は，四つの等価な sp³ 混成軌道であるといえる．

メタンに限らず飽和炭素は正四面体に近い構造をとっており，次のように表される．この四面体構造で，二つの結合を選んで平面を二つつくると，両平面は互いに直交していることに注意しよう．このことは立体化学を考える上で重要になる．

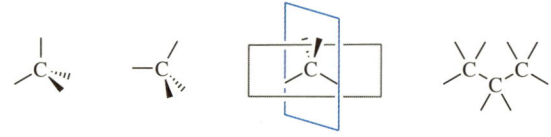

飽和炭素の構造と表し方

メタンの場合と同じように考えると，エテン（エチレン）を形成している 3 配位の炭素は，その三つの結合ができるだけ遠ざかって，平面内 120°の角度で三方に広がった形が安定である．そのような結合を担う炭素の原子軌道は，s 軌道 1 個と p 軌道 2 個（p_x と p_y）が再配置してできた **sp² 混成軌道** ということができる．これらの軌道は平面（xy 平面）内に広がっており，もう一つ残された p_z 軌道がその平面に直交して存在する．この p_z 軌道が二つ重なり合って，二重結合のもう 1 本の結合（**π 結合**）を形成している．

エチン（アセチレン）の 2 配位の炭素は二つの結合が直線状になるとき反発が小さく，炭素の **sp 混成軌道** がその結合にかかわっている．この結合に直交して二つの p 軌道がそれぞれの炭素に残されており，二つの π 結合を形成している．

$$\begin{matrix} H \\ H \end{matrix} C=C \begin{matrix} H \\ H \end{matrix} \qquad H-C\equiv C-H$$

エテン エチン

1·5 σ 結合と π 結合

二重結合を 2 本の線で表すと二つの結合の違いは表現できないが，結合を原子軌道の重なりとして表すと，二重結合が 2 種類の結合からなることがわかる．単結合は，結合軸に沿って二つの原子軌道の重なりで生じる．その結果，結合軸を対称軸

とする結合になる．このような結合を**σ結合**という．

エテンの二重結合では，二つの炭素のsp^2混成軌道が結合軸に沿って重なりを生じσ結合を形成する．一方，分子面に直交するp_z軌道はその側面から重なりを生じ，分子面を対称面とする電子の分布を示す．このような結合を**π結合**といい，重なりが小さいので結合は弱く，したがって反応性が高い．

エチンでは，sp混成軌道がσ結合を形成し，この結合に直交した二つのp軌道がそれぞれπ結合を形成する．

ルイス構造に二重結合や三重結合を書くとき，結合の線は特に区別されてはいないが，これらの結合にはπ結合が含まれており，反応に関与しやすいことを暗黙のうちに了解している．このことは反応を考えるときに，多重結合が官能基として反応中心になる理論的根拠になっている．

1・6 共　　鳴
1・6・1　共鳴理論

有機分子のルイス構造が2種類以上書けることがある．たとえば，ギ酸アニオンがその例であり，(**3a**)と(**3b**)のように対等な構造が二つ書ける．それぞれのルイス構造で二つのC−O結合が異なっている．一方が単結合で他方が二重結合になっており，結合の長さも異なることを示唆している．しかし，実際にはC−O結合は二つとも同一であり，単結合と二重結合の中間の長さになっている．このような実際の構造は，単一のルイス構造では適切に表すことができない．

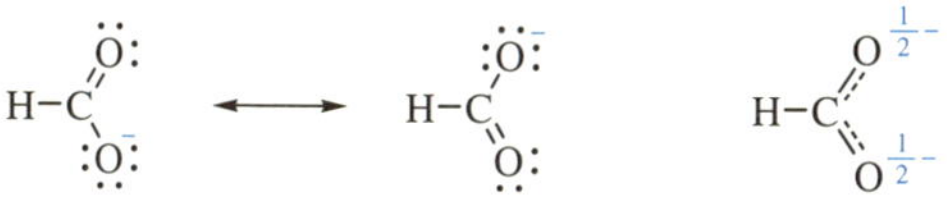

これは，π結合電子対と酸素の1組の非共有電子対がO−C−O部分に広がった(**3c**)のような構造（4電子が三つの原子上に非局在化した構造）として，点線を使って表すこともできるが，二つのルイス構造（それぞれを**共鳴構造式**あるいは極限構造式という）の平均的な構造であると考えて表現することもできる．すなわち，実際の構造を共鳴構造式の加重平均であると考え，双頭の矢印（⟷）でつないで表し，**共鳴混成体**とよぶ．この考え方が共鳴理論である．

このような共鳴構造式が書ける化合物は，**共役化合物**ともいわれ，電子が非局在化しており，それだけ安定化されている．この安定化エネルギーを**共鳴エネルギー**または**非局在化エネルギー**という．

前に出てきたメトキシメチルカチオン（**1**）とアシルカチオン（**2**）の二つの構造も，実は共鳴構造式を表しており，実際のカチオンは共鳴混成体として次のように書ける．ただし，これらの場合には二つの共鳴構造式は等価ではなく，寄与の大きい共鳴構造式のほうに近い構造であるといえる．これらの例では，<u>オクテット原子の多い構造式</u>〔(**1b**) と (**2b**)〕のほうが，寄与が大きいといえる．

$$H_2\overset{+}{C}-\ddot{\underset{..}{O}}-CH_3 \longleftrightarrow H_2C=\overset{+}{\underset{..}{O}}-CH_3$$
(**1a**) (**1b**)

$$H_3C-\overset{+}{C}=\ddot{\underset{..}{O}} \longleftrightarrow H_3C-C\equiv \underset{.}{O}^+$$
(**2a**) (**2b**)

1・6・2 巻矢印による共鳴構造式の書き方

共鳴混成体として表される化合物（共役化合物）の共鳴構造式は，互いに価電子の配置が異なっているだけであり，一つの共鳴構造式からもう一つの共鳴構造式を書くとき，電子対の動きを巻矢印で示して関係づけることができる．前出の (**3a**) から (**3b**) を書くときには，次に示すように，(**3a**) の下の O の非共有電子対が新しい二重結合になり，二重結合の結合電子対が新しく上の O の非共有電子対として加わることを二つの曲がった矢印で示す．この曲がった矢印を**巻矢印**という．

$$H-C\overset{:\ddot{O}:}{\underset{:\ddot{O}:^-}{\Big|}} \longleftrightarrow H-C\overset{:\ddot{O}:^-}{\underset{:\ddot{O}:}{\Big\|}}$$
(**3a**) (**3b**)

ルイス構造を一つ正しく書けば，電子対の動きを巻矢印で関係づけることによって，電子を見失うことなく別のルイス構造を書くことができる．巻矢印は価電子の再配分を示しているので，電子対のもとの位置から新しい位置に向けて，注意深く明確に示す必要がある*．さらに，有機反応における結合の開裂や生成の過程も巻矢印によってたどることができるので，巻矢印の使い方を正しく身につけることは重要であり，有機反応をマスターするためのサバイバルツールになるといってよい．

共鳴理論は，真の分子構造が単一のルイス構造で適切に表せないような共役化合物を，いくつかのルイス構造（共鳴構造式）の共鳴混成体として表現する方法であ

＊　この点は3章で改めて説明する．

り，巻矢印で動かした電子が非局在化した電子に相当する．

例題 1・2 メトキシメチルカチオン (**1**) とアシルカチオン (**2**) の共鳴構造式の関係を巻矢印で示せ．

解答

$$H_2\overset{+}{C}-\underset{..}{\overset{..}{O}}-CH_3 \longleftrightarrow H_2C=\overset{+}{\underset{..}{O}}-CH_3 \qquad H_3C-\overset{+}{C}=\underset{..}{\overset{..}{O}} \longleftrightarrow H_3C-C\equiv \overset{+}{\underset{..}{O}}$$

(**1a**) (**1b**) (**2a**) (**2b**)

例題 1・3 ニトロメタンを二つの共鳴構造式で表し，巻矢印でその関係を示せ．

解答

(構造式：H₃C-N(=O)(O⁻) の共鳴構造)

---

§1・2で結合の分極について述べた．結合電子対が電気陰性度の大きい原子のほうに偏っていることを，共鳴を使って表現することもできる．たとえば，H-Cl やカルボニル結合 C=O は次のように表せる．ここで HCl の電荷分離した構造は，結合が切れたかたちになっている．しかし，共鳴の双頭矢印（⟷）は結合が切れることを意味していない．双頭矢印でつないだ共鳴構造式は電子配置だけが違っているので，<u>原子の配置（結合長さ）は変化していない</u>．反応の矢印（⟶）や平衡の矢印（⇌）との違いに注意しよう．

$$H-\overset{\delta+}{C}\overset{\delta-}{l} \qquad H-\underset{..}{\overset{..}{Cl}}: \longleftrightarrow \overset{+}{H} \ :\underset{..}{\overset{..}{Cl}}:^{-} \qquad \overset{\delta+}{\diagdown}C=\overset{\delta-}{O}\diagup \qquad \diagdown C=\underset{..}{\overset{..}{O}} \longleftrightarrow \overset{+}{\diagdown}C-\underset{..}{\overset{..}{O}}:^{-}$$

1・7 分子構造の簡略表現

有機分子は炭素原子の結合によってその骨格を形成している．有機化学者は，有機分子の炭素骨格を線で表し，炭素と（炭素に結合している）水素をすべて省略した簡略表現で分子構造を表すことが多い．慣れれば，構造の主要な部分が見やすく，簡便に書けるので，本書でもその書き方に徐々に移行していく．反応を表現するときには必要な水素だけを書くこともあるが，<u>炭素の原子価に満たないところは必要なだけ水素が結合しているものと考えればよい</u>．鎖状分子の基本骨格はジグザグ構

造が横に延びたかたちで書く．この書き方によって，官能基が強調され，全体の構造も視覚的にとらえやすくなる．二重結合のシス-トランス異性や三重結合は，その結合角度に即して書く．次に示す典型的な例から，これらのことがわかるだろう．

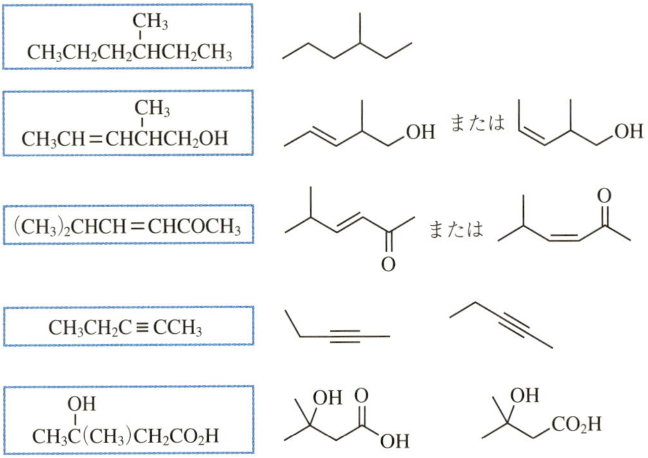

ヘテロ原子に結合したメチル基や末端のメチル基は線だけでは見にくいので Me（あるいは CH_3）で表すことも多い．

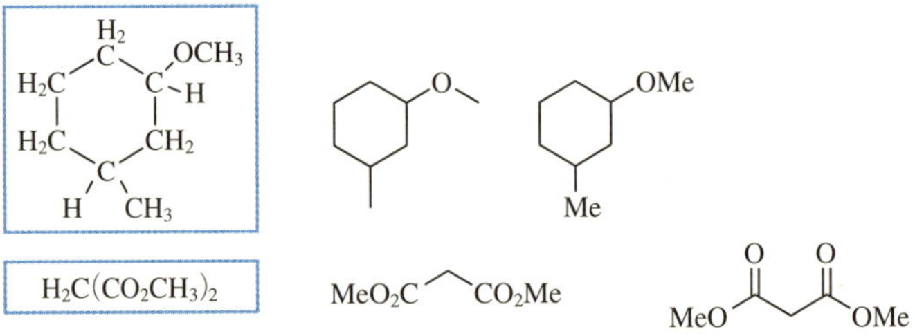

簡略表現を用いた共鳴構造の例をいくつか示す．非共有電子対をすべて示して，次のように書くとよい．

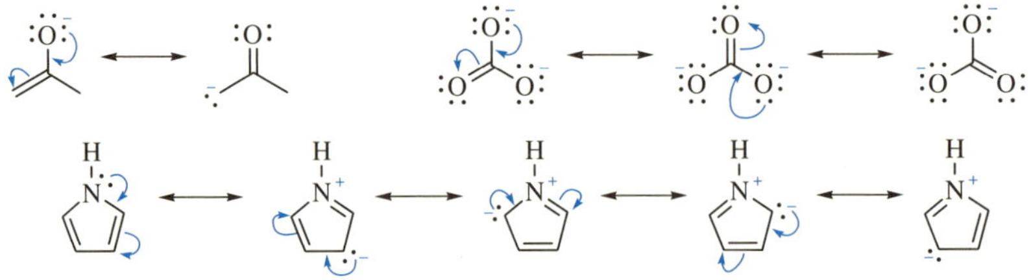

しかしあまり煩雑と思うなら，マイナスの符号（−）が2電子を表しているものとみなして，マイナス符号から巻矢印を出すことも許される*. 次のように書いてもよい．どの分子構造においても，原子がすべてオクテットになっていることを確かめてみよう．そのためには，すべての非共有電子対を書き込んだ表し方のほうが安心できる．これらにならって演習問題を解いてみよう．

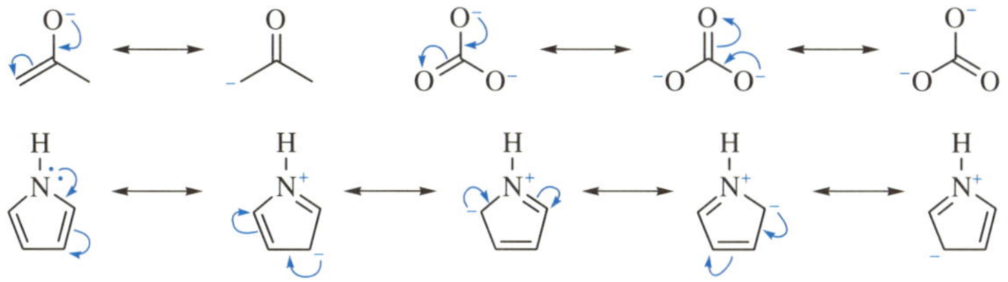

[構造式の図]

例題 1・4 ナフタレンの共鳴構造を示せ．
解答
[ナフタレンの共鳴構造の図]

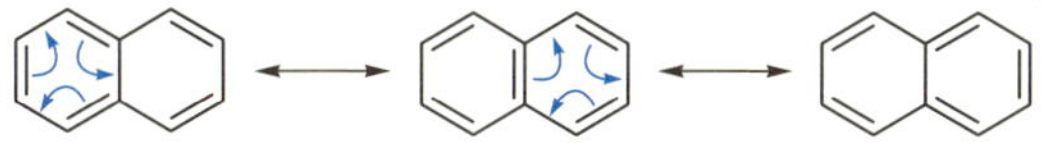

演習問題

1・1 次の分子あるいはイオンのルイス構造を書け．
1) CH_3OH　　2) N_2　　3) CH_3CONH_2　　4) CO_2　　5) HCN
6) HNO_3　　7) H_3O^+　　8) $CH_3NH_3^+$　　9) CO_3^{2-}　　10) NH_4Cl

1・2 次の化合物やイオンの共鳴構造式を書け．巻矢印を使って各構造式の関係を示すこと．

1) 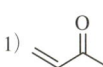　　2) 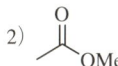　　3) 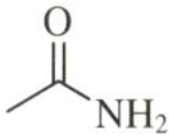 　　4) 　　5)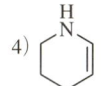

6) 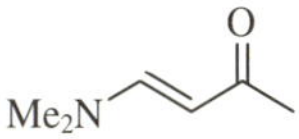 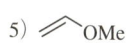　　7) [構造式]　　8) [構造式]　　9) F−⁺CH₂　　10) 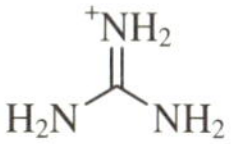 [構造式]

---

* ただし，BF_4^-，BH_4^-，$AlCl_4^-$ などのように，形式負電荷が電子対とは無関係のこともあるので注意を要する．この場合は，もちろんマイナス符号から矢印を出すことはできない．

11) 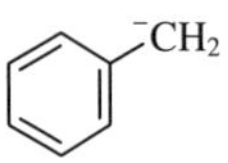 [PhCH₂⁻] 12) 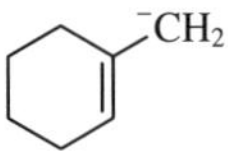 [cyclohexenyl-CH₂⁻] 13) 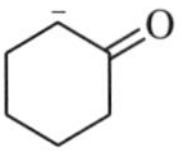 [cyclohexanone α-anion] 14) 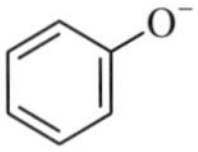 [PhO⁻] 15) 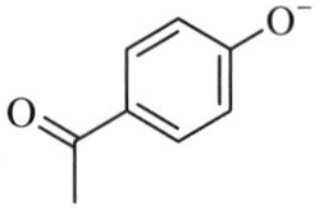 [4-acetylphenoxide]

16) 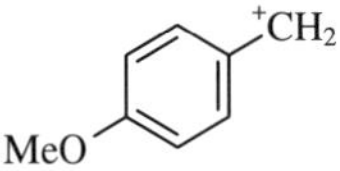 [4-MeO-C₆H₄-CH₂⁺] 17) 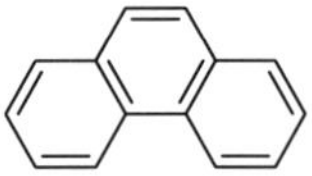 [phenanthrene] 18) HNO₃ 19) CH₂N₂ 20) HN₃

2

酸 と 塩 基

　酸と塩基には，電子対の授受を基準にしたルイス酸塩基とプロトンの授受を基準にしたブレンステッド酸塩基の定義がある．本章では，まずブレンステッド酸と塩基の強さについて考え，共鳴と置換基効果について学ぶ．これらの効果は，有機化合物の反応性と密接に関係している．重要な反応中間体となるカルボカチオンとカルボアニオンについても，酸塩基の立場から説明する．酸と塩基の共鳴安定化を考える過程で，巻矢印によって電子対の動きを示すことを練習し，有機反応における電子の流れを巻矢印でたどる技法（3章）に展開していく．

2・1　酸解離平衡

　ブレンステッド酸と**塩基**はプロトン H^+ を出すものと受取るものとして定義され，ブレンステッド酸はプロトン酸ともいわれる．ブレンステッド塩基は電子対を出してプロトンと結合する*ので，電子対供与体でありルイス塩基でもある．また，求核的な反応種としても作用できる．

　ブレンステッド酸 HA と塩基 B の強さは，ふつう水溶液中における酸解離定数 K_a で表される〔(2・1)式，(2・2)式〕．この平衡反応は，溶媒の水分子を塩基とする酸塩基反応といえる．ここで，A^- は酸 HA の**共役塩基**という．

$$HA + H_2O \underset{}{\overset{K_a}{\rightleftharpoons}} H_3O^+ + A^- \qquad (2・1)$$
酸　　　　　　　　　　　　　　共役塩基

$$K_a = [H^+][A^-]/[HA] \qquad (2・2)$$

水は溶媒として定義により活量 1 であり，酸解離定数の定義〔(2・2)式〕には現れてこない．有機酸の K_a は，一般に 10 のマイナス何乗かの小さな数値になるので，

---

*　塩基の電子対は一般的に非共有電子対として存在するが，π電子（結合電子対）がその役割を果たす場合もある．たとえば，$RCH=CH_2 + HA \rightleftharpoons RCH^+-CH_3 + A^-$ の平衡を酸塩基反応と考えると，アルケンはカルボカチオンの共役塩基とみなせる．

負の常用対数を pK_a と定義し，これを**酸性度定数**として用いる．pK_a は，(2・3)式のように表せるので，酸と共役塩基の濃度が等しくなるような pH に相当することがわかる．

$$pK_a = -\log K_a = \text{pH} + \log([\text{HA}]/[\text{A}^-]) \qquad (2\cdot3)$$

代表的な酸の pK_a 値を巻末の付録 2 にまとめてある．pK_a が小さいほど強酸である．

塩基 B の塩基性度は，**共役酸** BH^+ の酸解離定数 K_{BH^+} として定義すればよい．$\underline{pK_{\text{BH}^+} \text{ が大きいほど，塩基 B の塩基性度は大きい}}$．すなわち，共役酸の酸性が弱いほど，塩基の塩基性は強い．

$$\text{BH}^+ + \text{H}_2\text{O} \; \xrightleftharpoons{K_{\text{BH}^+}} \; \text{H}_3\text{O}^+ + \text{B} \qquad (2\cdot4)$$
共役酸 　　　　　　　　　　　　　塩基

例題 2・1 酢酸 AcOH の pK_a は 4.76 である．濃度 0.1 mol dm^{-3} の酢酸水溶液 100 mL に 0.1 mol dm^{-3} の NaOH 水溶液 50 mL を加えてできた溶液の pH は，およそいくらか．

解答 AcOH+NaOH ⇌ AcONa+H$_2$O の中和が起こる．酢酸のちょうど 50% が中和されるので，[AcOH]＝[AcO$^-$] となる．したがって，(2・3)式により pH＝pK_a＝4.76 となる．それぞれの濃度を計算することもできる．

2・2 酸 性 度

2・2・1 アニオンの安定性

酸の強さ（**酸性度**）は，酸とその共役塩基の熱力学的安定性の差によって決まる．電荷をもたない酸の共役塩基はアニオンであり，そのアニオンの安定性が酸性度を決める主要因子になることが多い．その安定性を決める要因はいくつかあるが，アニオン中心となる原子の電気陰性度が大きいほど，アニオンは安定である．たとえば，第二周期元素の水素化物の pK_a は，次のようになっている．

	CH$_4$	NH$_3$	H$_2$O	HF
pK_a	49	35	16	3

この順に元素の電気陰性度が大きくなる（表 1・1 参照）ので，対応するアニオンの負電荷は強く原子核にひきつけられて安定化されている．

一方，ハロゲン化水素の pK_a は，次のように周期表の上から下にいくにつれて小

さくなり，強酸になる．

	HF	HCl	HBr	HI
pK_a	3	−7	−9	−10

同じ族では下にいくほど電気陰性度が小さくなるので，これからは説明がつかない．pK_a が小さくなるおもな要因は，原子が大きくなるに従って結合が弱くなるためである．

　同じ原子でもアニオンの非結合性（非共有）電子対が入っている軌道の混成状態によっても安定性が異なる．エタン，エテン，エチンの酸性度は，この順に大きくなる．

	sp^3 H$_3$CCH$_3$	sp^2 H$_2$C=CH$_2$	sp HC≡CH
pK_a	50	44	25

対応する共役塩基は，それぞれ炭素の sp^3，sp^2，sp 混成軌道に非共有電子対をもっている．軌道の s 性が大きくなるほど，軌道は低エネルギーで広がりが小さく，電子は原子核の近くにあるので，アニオンは安定になる．同じ炭素でも sp^3，sp^2，sp 炭素の順に電気陰性度が大きいという言い方もできる．

　一方，負電荷が分散されることによっても安定化される．負電荷の広がりによってアニオンが安定化され，酸の強さを決めている例は，次の塩素酸類にみられる．

	HClO 次亜塩素酸	HClO$_2$ 亜塩素酸	HClO$_3$ 塩素酸	HClO$_4$ 過塩素酸
pK_a	7.5	2	−1	約 −10

次亜塩素酸から過塩素酸の順に，酸素原子が多くなると強酸になる．過塩素酸イオン ClO$_4^-$ の負電荷は，次に示すように共役（共鳴）によって四つの酸素に非局在化している．このような電子の非局在化による共役塩基の安定化が強酸性の原因になっている．

エタノール（pK_a = 15.9）と酢酸（pK_a = 4.76）の酸性度の違いも同じように，共役塩基の安定性の差で説明できる．

例題 2・2 スルフィン酸とスルホン酸の酸性度の違いを説明せよ.

$$\text{Me}-\overset{O}{\underset{}{S}}-\text{OH} \qquad \text{Me}-\overset{O}{\underset{O}{S}}-\text{OH}$$

メタンスルフィン酸　　　　メタンスルホン酸
$pK_a = 2.3$　　　　　　　　$pK_a = -1.9$

解答 スルホン酸のほうが, 共役塩基のアニオンの非局在化の程度が大きいので強酸になる.

$$\text{Me}-\overset{O}{\underset{}{S}}-O^- \longleftrightarrow \text{Me}-\overset{O^-}{\underset{}{S}}=O$$

$$\text{Me}-\overset{O}{\underset{O^-}{S}}-O^- \longleftrightarrow \text{Me}-\overset{O^-}{\underset{O^-}{S}}=O \longleftrightarrow \text{Me}-\overset{O}{\underset{O^-}{S}}=O$$

シクロヘキサノール〔(2・5)式〕とフェノール〔(2・6)式〕の pK_a にみられるように, フェノールはアルコールよりも酸性が強い. この酸性度も, フェノキシドイオンにおける負電荷のベンゼン環への非局在化で説明できる.

$$\text{C}_6\text{H}_{11}\text{OH} \underset{pK_a=16}{\rightleftharpoons} \text{C}_6\text{H}_{11}\text{O}^- \tag{2・5}$$

$$\text{PhOH} \underset{pK_a=10}{\rightleftharpoons} [\text{PhO}^- \text{ 共鳴構造}] \tag{2・6}$$

2・2・2 置換基効果

a. 誘起効果 酸は共役塩基になると負電荷を生じるので, 余分の電子をひき

	FCH$_2$CO$_2$H	ClCH$_2$CO$_2$H	BrCH$_2$CO$_2$H	ICH$_2$CO$_2$H
pK_a	2.59	2.86	2.90	3.18
	F$_2$CHCO$_2$H	Cl$_2$CHCO$_2$H		
	1.34	1.35		
	F$_3$CCO$_2$H	Cl$_3$CCO$_2$H		
	−0.6	−0.5		

図 2・1 ハロ酢酸の pK_a

2・2 酸性度

つける置換基（電子求引基）によって塩基が安定化され，酸は強くなる．その効果は，ハロ酢酸のpK_aを比べると明白である（図2・1）．電気陰性度の大きいFが，最も効果が大きく，置換基の数が増えるとさらに強酸性になる．このように電気陰性な原子による結合電子対の偏りから生じる電子効果を，**誘起効果**という．

その誘起効果は，置換基が酸中心から離れるに従って急速に減衰する．

	$CH_3CH_2CH_2CO_2H$	$ClCH_2CH_2CH_2CO_2H$	$CH_3CH(Cl)CH_2CO_2H$	$CH_3CH_2CH(Cl)CO_2H$
pK_a	4.8	4.5	4.1	2.8

次のアルコールのpK_aには，トリフルオロメチル基の強い誘起効果がみられる．

	CH_3OH	CF_3CH_2OH	$(CF_3)_2CHOH$	$(CF_3)_3COH$
pK_a	15.5	12.4	9.3	5.4

前に述べたように，混成状態の異なる炭素のみかけの電気陰性度は s 性が大きいほど大きいといえる．したがって，フェニル基やビニル基（sp^2）はメチル基（sp^3）よりも電子求引性であり，そのために安息香酸の酸性は酢酸より強い．三重結合（sp）をもつカルボン酸の酸性はさらに強い．

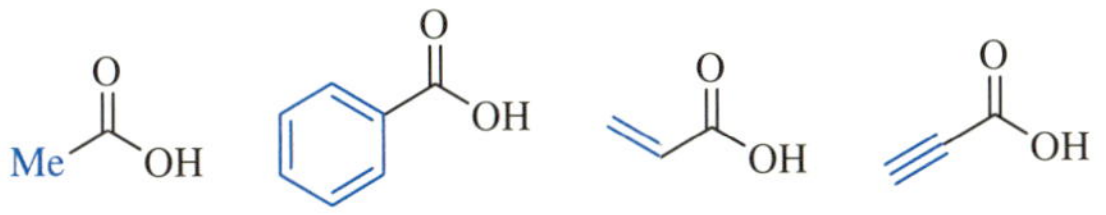

	MeCO₂H	PhCO₂H	CH₂=CHCO₂H	HC≡CCO₂H
pK_a	4.76	4.2	4.2	1.9

b. 共鳴効果　置換基の効果には，電気陰性度による誘起効果だけでなく，**共鳴効果**（共役効果ともいう）が寄与する場合もある．安息香酸のパラ置換基の効果に，その例がみられる．

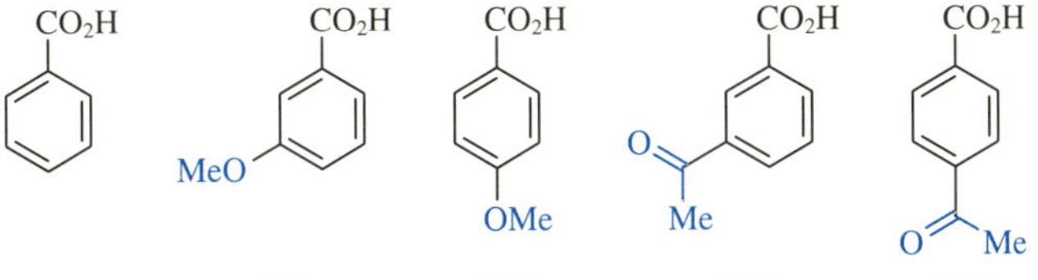

	PhCO₂H	m-MeO	p-MeO	m-Ac	p-Ac
pK_a	4.20	4.09	4.47	3.83	3.70

メトキシ安息香酸と無置換体の酸性度を比べると，m-メトキシ体＞無置換体＞p-メトキシ体の順であり，m-OMe は電子求引基として働いているのに p-OMe は電子供与基として作用している．p-OMe 基の電子供与効果は，次のような共鳴の寄

与によるものである.

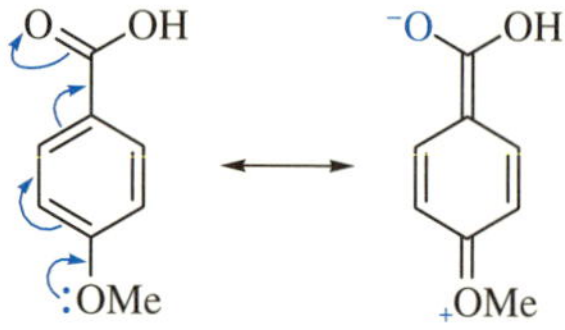

一方，カルボニル基はメタ位にあってもパラ位にあっても酸性度を増大させているが，その効果は p-COMe 基のほうが m-COMe 基よりも大きい．次のような共鳴の寄与が，p-COMe 基の電子求引効果を増強している．

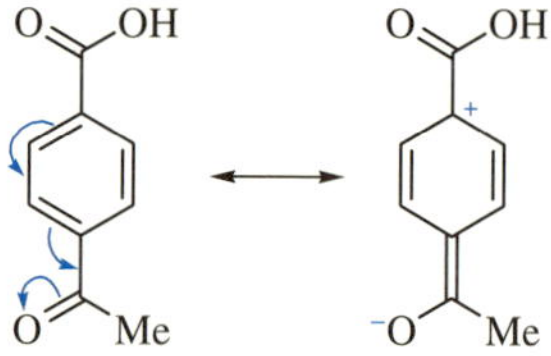

パラ位の電子求引基の共鳴効果はフェノールやアニリニウムイオンの pK_a にもっと顕著に現れる．p-ニトロフェノキシドの例のように，置換基が O の非共有電子対と直接共鳴できるからである．

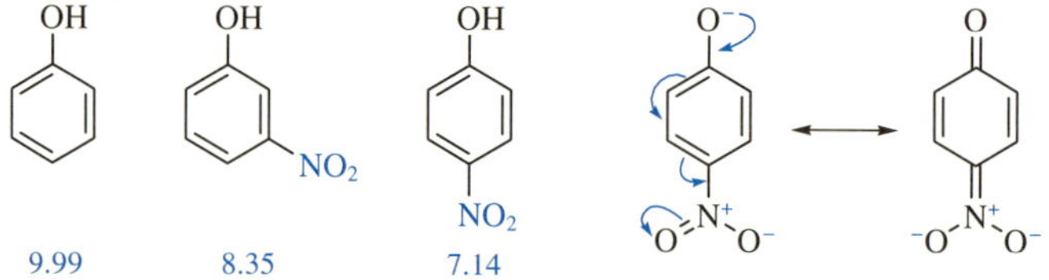

	OH	OH	OH
pK_a	9.99	8.35	7.14

c. 置換基定数 安息香酸の pK_a に対する置換基効果から，メタおよびパラ置換基の電子効果を表すパラメーターが決められている．(2・8)式で定義されたパラメーター σ を**ハメットの置換基定数**という．

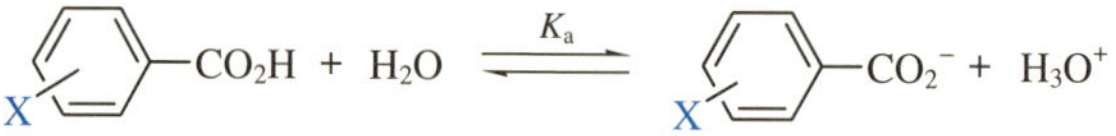

$$X\text{-C}_6\text{H}_4\text{-CO}_2\text{H} + \text{H}_2\text{O} \xrightleftharpoons{K_a} X\text{-C}_6\text{H}_4\text{-CO}_2^- + \text{H}_3\text{O}^+ \qquad (2\cdot7)$$

$$\sigma = pK_a(\text{H}) - pK_a(\text{X}) \qquad (2\cdot8)$$

ただし，$pK_a(\text{X})$ は置換基 X をもつ安息香酸の pK_a である．代表的な置換基のメタおよびパラ置換基定数を表 2・1 に示す．<u>負の σ は電子供与性を，正の σ は電子求引性を表している</u>．

表 2・1 ハメットの置換基定数

X	σ_m	σ_p	X	σ_m	σ_p
H	0	0	Cl	0.373	0.227
Me$_2$N	−0.15	−0.83	CF$_3$	0.493	0.505
MeO	0.115	−0.268	COMe	0.376	0.491
Me	−0.069	−0.170	CN	0.615	0.670
C$_6$H$_5$	0.10	0.01	NO$_2$	0.710	0.81

2・3 カルボアニオン

カルボアニオンは，炭素に結合したプロトンが引抜かれて生じる．すなわち，**炭素酸**の共役塩基である．したがって，カルボアニオンの安定性は炭素酸の酸性度で表せる．炭素の混成状態が炭素酸の酸性度に大きく関係し，エタン，エテン，エチンの順に酸性が強くなることは前に述べた．

カルボアニオンが二重結合やフェニル基と共役できると炭素酸の酸性は強くなる．トルエン（pK_a＝41）の共役塩基である**ベンジルアニオン**は，次のような共鳴で安定化している．

共鳴できるフェニル基の数が増えるとともに pK_a が小さくなるが，トリフェニルメチルアニオンでは立体障害のため平面性が保たれなくなり，共鳴の効果は減衰して

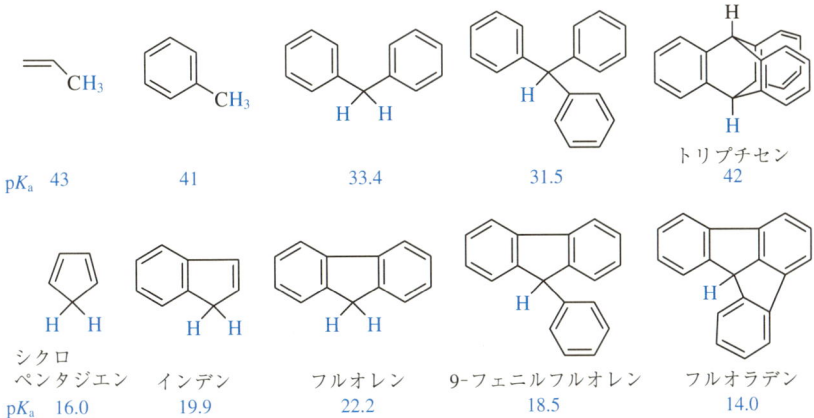

図 2・2 フェニル置換炭素酸の pK_a

くる．トリフェニルメチル型の化合物のなかでも，9-フェニルフルオレンや，さらにフルオラデンのように環状構造でベンゼン環の平面性を確保すると酸性は強くなる．一方，トリプチセンのようにカルボアニオンの非結合性電子対とフェニル基のπ電子が直交していると共鳴の効果は失われてしまう．

シクロペンタジエンは，単純な炭化水素としては非常に酸性が強い．これは，共役塩基のシクロペンタジエニドイオンが，環状6π電子系の芳香族性をもち安定化するためである．これにベンゼン環が縮環すると酸性はむしろ小さくなる（図2・2）．酸構造におけるベンゼン環の芳香族性が，シクロペンタジエニドπ電子系への参加を阻害することによるものと理解される．

メタン（$pK_a = 49$）の水素を一つずつ電子求引基で置換していくと，次のようにpK_aが小さくなっていく．ニトロ基は強力な電子求引基としてニトロメタンの酸性を強めているが，二つ目，三つ目のニトロ基の効果はあまり大きくない．負電荷の非局在化に必要な平面性が保てなくなるためである．それに対して，シアノ基一つの効果はそれほど大きくないにもかかわらず，トリシアノメタンのpK_aは-5.1となり，最強の炭素酸の一つである．シアノ基が直線状で互いに立体反発を起こすことがないからである．

	H_3CNO_2	$H_2C(NO_2)_2$	$HC(NO_2)_3$
pK_a	10.2	3.6	0.2
	H_3CCN	$H_2C(CN)_2$	$HC(CN)_3$
pK_a	28.9	11.2	-5.1
	H_3CCOMe	$H_2C(COMe)_2$	$HC(COMe)_3$
pK_a	19.3	8.84	5.86

図 2・3　電子求引基の効果

アセトンの$pK_a = 19.3$に比較して，エステルのpK_aは25.6と測定されており，酸性はずっと弱い．エステル基は，アルコキシ酸素の共鳴効果のために，アセチル基よりも電子求引性が小さくなっている．

pK_a	19.3	25.6	13.3	10.7

硫黄を含む置換基のうち SO や SO_2 が強い電子求引基になることは理解しやすいが，2価のSもカルボアニオンを安定化する効果をもつ．これはSが空の3d軌道によって電子を受け入れることができるからであり，対応する炭素酸のpK_aは次のようになっている．

	$(CH_3)_2SO$	$(CH_3)_2SO_2$
pK_a 31.1	33	23

例題 2・3 例にあげたSを含む三つの炭素酸の共役塩基を共鳴構造で表せ．

解答

Sの非共有電子対を示しているが，これらは共鳴に関与していない．

2・4 有機化合物の塩基性

2・4・1 弱塩基性有機基質

窒素，酸素，ハロゲンのようなヘテロ原子を含む有機化合物は，非共有電子対をもっているので，塩基として作用できる．これらの化合物が反応する場合には，プロトン化を受けて活性化されることが多い．すなわち，酸触媒により反応が促進される．共役酸のpK_a(pK_{BH^+})から，その塩基性をみることができる．表2・2に，代表的な有機基質の塩基性をまとめる．

酸素よりも窒素のほうが，電気陰性度が小さくプロトン化を受けやすい．通常の

表 2・2 有機基質の塩基性

基質	共役酸	pK_{BH^+}	基質	共役酸	pK_{BH^+}
CH_3OH	$CH_3OH_2^+$	-2.2	CH_3CONH_2	$[CH_3CONH_2]H^+$	-0.6
$(CH_3)_2O$	$(CH_3)_2OH^+$	-3.8	$(C_6H_5)_2C=NH$	$(C_6H_5)_2C=NH_2^+$	7.2
$(CH_3)_2C=O$	$(CH_3)_2C=OH^+$	-7.2	$CH_3C\equiv N$	$CH_3C\equiv NH^+$	-12
CH_3COOR	$[CH_3COOR]H^+$	-6.5	$(CH_3)_2S=O$	$(CH_3)_2S=OH^+$	-1.5

アミンに比べて sp² 窒素をもつイミンの塩基性は 3 桁ほど小さい（$pK_{BH^+} = 10$ に比べて 7）．sp 混成の窒素をもつニトリルはほとんど塩基性を示さない．一方，アミドの pK_{BH^+} はエステルよりもずっと大きいが，プロトン化は窒素ではなくカルボニル酸素に起こることがわかっている．それによって，次のような共鳴構造をとれるからであり，N-プロトン化ではこのような安定化は不可能である．

2・4・2 窒素塩基

電荷をもたない塩基としてはアミンが一般的である．付録 2 の最後にその共役酸であるアンモニウムイオンの pK_a をまとめてある．**塩基性度**については酸性度と同じように比較できる．典型的な脂肪族アミンの pK_{BH^+} は約 10 であるが，アニリンの pK_{BH^+} は 4.6 であり，ずっと弱い塩基になる．この関係はアルキルアルコールとフェノールの関係と同じである．アニリンの N の非共有電子対はベンゼン環に非局在化して安定化に寄与しているが，プロトン化が起こりアニリニウムイオンになると，この安定化は失われる．

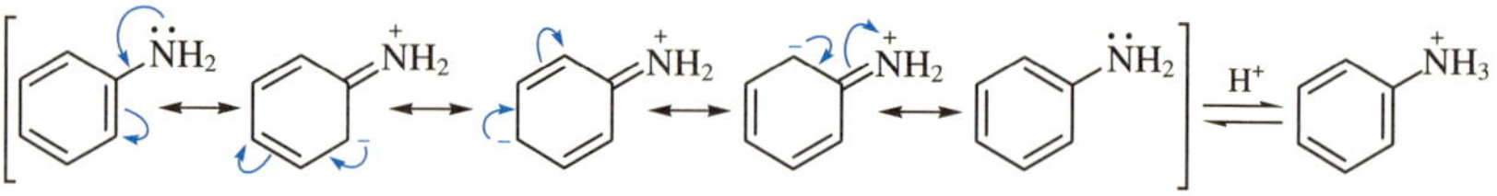

$$(2 \cdot 9)$$

このような N の非共有電子対の非局在化の効果はピロールの弱塩基性に顕著に現れる．非共有電子対が環状 6π 電子系に組込まれていることに注目しよう．

ピロリジン　　ピロール
pK_{BH^+}　11.27　　−3.8

例題 2・4　ピリジンの pK_{BH^+} は 5.2 である．ピリジンの N は環状 6π 電子系に組込まれているにもかかわらず，ピロールよりも塩基性が強いことを説明せよ．

解答　二重結合の π 電子と共役していたピロールの非共有電子対がプロトン化されると，環状 6π 電子系が壊れてしまう．そのためプロトン化は起こりに

2・4 有機化合物の塩基性

くい．一方，ピリジンの非共有電子対は6員環のπ電子系に直交しており，プロトン化されてもピリジンの環状6π電子系は保持されている．しかし，sp^2 混成のNで，しかも電子求引的な sp^2C に囲まれているため，アルキルアミンよりは弱塩基である．

アミンは，有機反応において塩基としてよく用いられるが，そのなかでも特に塩基性の強い化合物をみておこう．アミジンとグアニジンはそれぞれ pK_{BH^+} が 12.4 と 13.6 であり，電荷をもたない塩基としては強力である．類似のイミンに比べて塩基性が非常に大きいのは，共役酸の共鳴安定化のためである．環状アミンの 1,5-ジアザビシクロ[4.3.0]ノナ-5-エン（DBN）や 1,8-ジアザビシクロ[5.4.0]ウンデカ-7-エン（DBU）もアミジンの一種であり，溶解性のよい塩基として有機合成に用いられる．

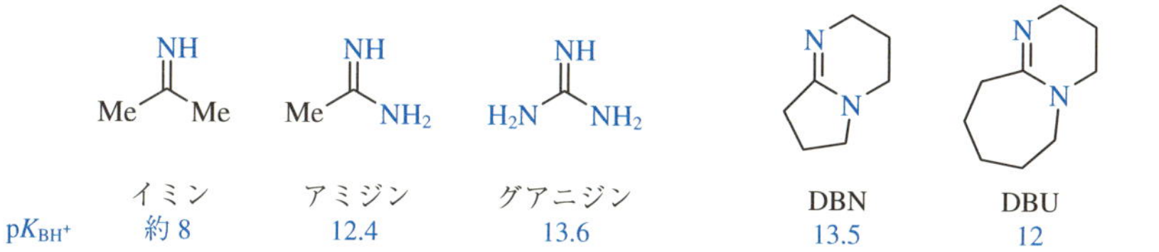

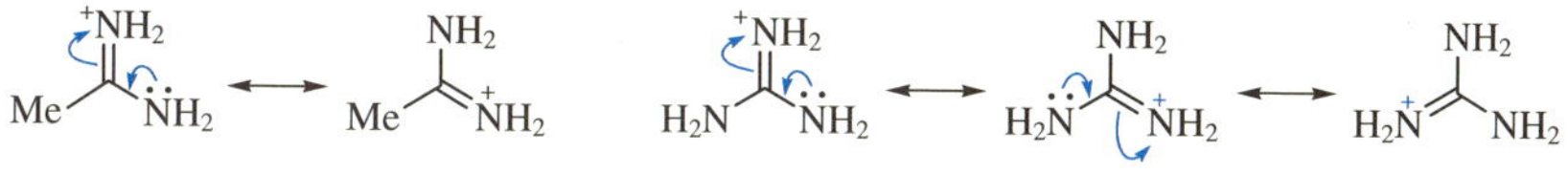

1,8-ジアミノナフタレンは非常に強い塩基性を示す．これは，共役酸のプロトンが水素結合によって強く安定化されているためであり，(2・10)式に示すように隣接位のメトキシ基で安定化が助けられると pK_{BH^+} は 16 以上になる．これらの化合物はプロトンを強く吸着するという意味で，プロトンスポンジとよばれている．

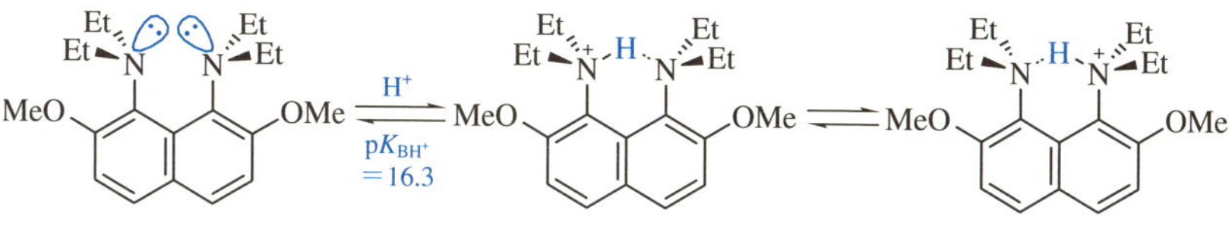

(2・10)

これらの窒素塩基やさらにアルコキシドよりも強力な塩基として有機反応に用いられるのは，ナトリウムアミドやブチルリチウムである．これら強塩基の共役酸はアミンやアルカンであり，その pK_a が 35 や 50 であることを考えると，これらの強力塩基によってほとんどの有機基質は共役塩基に変換されることがわかる．

2・5 カルボカチオン

カルボカチオンはルイス酸に分類できるが，水溶液中では H_2O と反応してプロトンを生成するので，ブレンステッド酸の解離と同じように扱える．(2・11)式の平衡定数 K_{R^+} の負の対数値を pK_{R^+} と定義すると，酸の pK_a と同じように (2・12) 式の関係が成り立つ，したがって，pH が pK_{R^+} 値よりも小さい水溶液中ではカルボカチオン R^+ が安定に存在できる．

$$R^+ + 2H_2O \xrightleftharpoons{K_{R^+}} R-OH + H_3O^+ \qquad (2・11)$$

$$pK_{R^+} = -\log K_{R^+} = pH + \log([R^+]/[ROH]) \qquad (2・12)$$

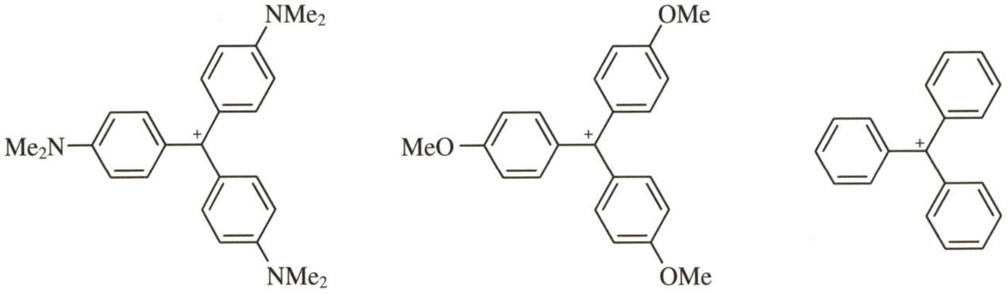

| pK_{R^+} | 9.36 | 0.82 | -6.63 |

| pK_{R^+} | 4.7 | -2.34 | -12.3 | -16.4 |

$pK_{R^+} > 7$ の安定なカルボカチオン塩には色素として用いられるものもある．フェニル基によるカチオンの安定化は次のような共鳴で説明できる．

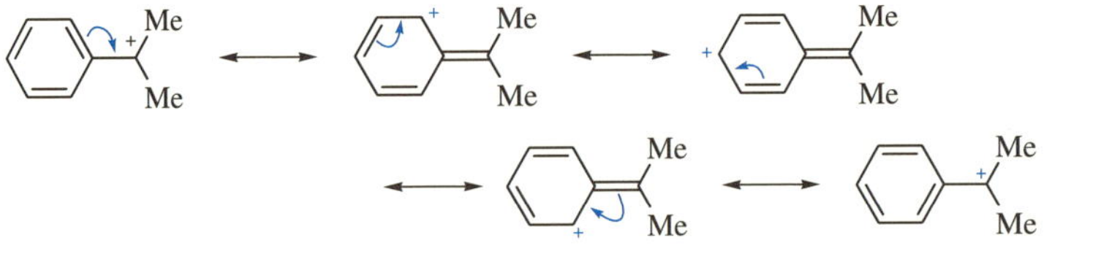

酸素のようなヘテロ原子の非共有電子対もカチオン安定化に大きく寄与する．

メチル基のC−H結合の結合性軌道とカチオン中心の空のp軌道の相互作用によって，メチル置換カルボカチオンは安定化される．通常の共役にはπ電子と非共有電子対だけが関係しているのに対して，この相互作用にはσ電子が関与しているので**超共役**とよばれている．この結果，アルキルカチオンの安定性は次の順になる．

第一級 ＜ 第二級 ＜ 第三級アルキルカチオン

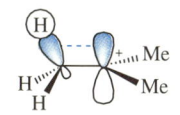

シクロプロピル基もカルボカチオンを大きく安定化する．この安定化は，3員環のC−C結合とカチオン中心との超共役によって達成されている．3員環の結合性軌道は，歪みのためにp性が大きくなっており，エネルギー準位が高いので，通常のC−C結合と比べて超共役相互作用が大きく，安定化効果も大きい．この相互作用のために，シクロプロパン環はカチオン平面に対して立った形をとっている．

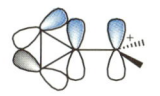

シクロヘプタトリエニルカチオン（トロピリウムイオン）の安定性は，環状6π電子系の芳香族性によるものである．

演習問題

2・1 付録2によると，フェノールのpK_aは10，HCO_3^-のpK_aは10.3である．フェノールは$NaHCO_3$水溶液にはほとんど溶けないのに，Na_2CO_3水溶液にはよく溶けることを，説明せよ．

2・2 安息香酸のpK_aは4.2，アニリンのpK_{BH^+}は4.6である．これらの化合物は，酢酸ナトリウム水溶液に溶けやすいかどうか，説明せよ．

2・3 4-ヒドロキシ安息香酸を，a) pH 2, b) pH 7, あるいは c) pH 11の水溶液に溶かしたとき，おもにどのような化学種として存在するか．

2・4 次のアルコールの酸性度の序列を説明せよ．

$$\text{CH}_3\text{CH}_2\text{CH}_2\text{OH} < \text{CH}_2=\text{CHCH}_2\text{OH} < \text{HC}\equiv\text{CCH}_2\text{OH} < \text{CH}_2=\text{CHOH}$$

pK_a 　　16.1　　　　　　15.5　　　　　　　13.1　　　　　　　11

2・5 グルタミン酸の三つの pK_a は次に示すような値である．それらがどのプロトンの解離に相当するかを述べ，その大きさの妥当性を説明せよ．

$$\text{HO}_2\text{C}-\text{CH}_2\text{CH}_2-\overset{+\text{NH}_3}{\underset{}{\text{CH}}}-\text{CO}_2\text{H}$$

pK_a　2.19, 4.25, 9.67

2・6 Cl のハメットの置換基定数は，$\sigma_m > \sigma_p$ である．これはクロロ安息香酸のメタ異性体の酸性度がパラ異性体よりも大きいということに相当する．その理由を説明せよ．

2・7 シアノ基のハメットの置換基定数は，$\sigma_p > \sigma_m$ である．その理由を説明せよ．

2・8 4-アミノピリジンの pK_{BH^+} は 9.11 である．アニリンやピリジンに比べて非常に強い塩基である理由を述べよ．

2・9 トリニトロアニリンは非常に弱い塩基であるが，そのジメチル体はそれほどでもない．この塩基性度の違いを説明せよ．

pK_{BH^+}　　−10.04　　　　　　　−6.55

2・10 2,6-ジメチル-4-ニトロフェノールは，3,5-ジメチル異性体よりも約 10 倍酸性が強い．その理由を説明せよ．

pK_a　7.22　　　　　　　8.25

2・11 次の三つのアミンの塩基性の違いを説明せよ．

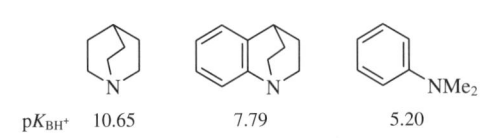

pK_{BH^+}　10.65　　　　7.79　　　　5.20

2・12 DBN の共役酸の共鳴構造を示せ．

2・13 *o*- および *p*-ヒドロキシ安息香酸の酸性度の違いを説明せよ．

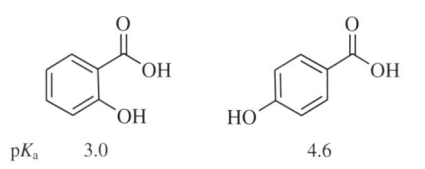

pK_a 3.0   4.6

2・14 2,4-シクロヘキサジエノンとフェノールの酸性は，どちらが強いと考えられるか，説明せよ．

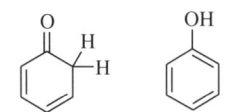

2・15 ニトロメタンおよびアセトニトリルの共役塩基を共鳴構造式で表せ．

2・16 次の炭素酸の pK_a の序列を，カルボアニオンの安定性から説明せよ．

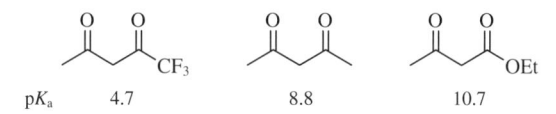

pK_a 4.7   8.8   10.7

2・17 シクロヘプタトリエニルカチオン（トロピリウムイオン）を共鳴構造式で表せ．

2・18 *p*-ジメチルアミノベンジルカチオンを共鳴構造式で表せ．

3

有機反応の表し方

　1章において，共鳴構造式を書くときに，巻矢印で電子対の動きを示して，その相互の関係を表すことを説明した．化学反応における結合の組替えも価電子の配置の変化に基づいているので，巻矢印で価電子の動きを示すことによって，反応を表すことができる．有機反応における電子の流れを巻矢印で合理的に示すことができれば，それに基づいて反応機構を提案することができる．このように有機反応のしくみが理解できれば新しい有機反応がどのように起こるかも予想できる．これが本書の到達目標の一つである．

3・1 巻矢印の書き方

　最も単純な反応は，(3・1)式のように新しい結合をつくる反応である．

$$:\ddot{\underset{..}{Cl}}:^- \curvearrowright H^+ \longrightarrow :\ddot{\underset{..}{Cl}}-H \qquad (3・1a)$$

$$Cl^- \curvearrowright H^+ \longrightarrow Cl-H \qquad (3・1b)$$

Cl^-の非共有電子対が新しい共有結合の結合電子対に変化しているので，巻矢印は非共有電子対から出発して，新しい結合のできる位置（ClとHの間，わかりやすくHの近く）に向ける．非共有電子対を省略してアニオンの－符号から矢印を出発してもよい〔(3・1b)式〕．

　(3・2)式も同様であり，H_2Oの非共有電子対が新しい結合電子対になっている．この場合，生成物の形式電荷を忘れてはいけない．

$$\underset{H}{\overset{H}{}}\ddot{\underset{..}{O}}: \curvearrowright BF_3 \longrightarrow \underset{H}{\overset{H}{}}\ddot{\underset{..}{O}}^+-\bar{B}F_3 \qquad (3・2)$$

　(3・3)式では，同時に二つの変化が起こっている．O－Hの新しい結合が生成するとともにH－Cl結合が切断し，元の結合電子対はClの新しい非共有電子対になり，アニオンの負電荷を担っている．したがって，電子対の動きは二つの巻矢印で

示される.(3・4)式は S$_N$2 反応(§4・1 参照)を表しているが,電子の流れは同じである.

$$\text{H}_2\ddot{\text{O}}: + \text{H}-\text{Cl} \longrightarrow \text{H}_2\overset{+}{\text{O}}-\text{H} + :\ddot{\text{C}}\text{l}:^{-} \qquad (3\cdot3)$$

$$\text{HO}^- + \text{CH}_3-\text{Br} \longrightarrow \text{HO}-\text{CH}_3 + \text{Br}^- \qquad (3\cdot4)$$

以上のように,**極性反応**(イオン反応)では電子は常に対になって動いており,巻矢印は電子対(2電子)の動きを示している.電子対は結合電子対または非共有電子対として存在するので,矢印の出発点はそのどちらかである.矢印の先端はその電子対の行先を示し,新しく結合をつくる場合は結合のできる二つの原子の間に矢印の先端を向け,新しく非共有電子対になる場合には原子をさすようにする.巻矢印は原子の動きを示すものではないことに注意しよう.

(3・5)式に示すカルボニル結合への求核付加(§5・3 参照)では,求核種の非共有電子対が新しい結合電子対になるとともに,C=O の π 結合電子対が酸素アニオンの非共有電子対に変化している.

$$\text{Nu}^- + \text{C}=\ddot{\text{O}}: \longrightarrow \text{Nu}-\text{C}-\ddot{\text{O}}:^- \qquad (3\cdot5)$$

(3・3)式から(3・5)式に示した三つの反応では,結合の生成とともに別の結合が切断している.たとえば,(3・4)式で結合切断が起こらないと,(3・6)式に示すように炭素は5価になり,オクテットを超えてしまう.第二周期の元素は,最外殻に軌道が四つしかないので,オクテットを超えることはできない.

$$\text{HO}^- + \text{CH}_3-\text{Br} \xrightarrow{\times} \text{HO}-\text{CH}_3-\text{Br} \qquad (3\cdot6)$$

オクテットを超えた不可能な構造

オキソニウムイオンには酸素に形式電荷があるので,アニオンと反応するとき,負荷電が正の形式電荷に向かって反応したと考えると,4価の酸素が生じる〔(3・7a)式〕.これは一見オクテットの酸素のようにみえるが,実際には酸素上には非共有電子対がもう1組あるはずであり,10電子になっている.このような危険に気づきにくい場合には,非共有電子対をすべて示し,ルイス構造に基づいて結合変化を考えるのが望ましい.反応は形式電荷をもつ原子で起こるとは限らない.実際

には (3・7b)式のように結合の切断を伴って反応する．アンモニウムイオンの反応も (3・8a)式ではなく，(3・8b)式のように起こる．

$$Cl^- \quad \overset{H}{\underset{H}{O^+}}-H \quad \xrightarrow{\times} \quad \overset{Cl}{\underset{H}{}}\overset{H}{\underset{H}{O}} \tag{3・7a}$$

不可能な構造

$$Cl^- \quad \overset{H}{\underset{H}{O^+}}-H \quad \longrightarrow \quad Cl-H \;+\; :\!\!\overset{H}{\underset{H}{O}} \tag{3・7b}$$

$$HO^- \quad \overset{H\;H}{\underset{H\;H}{N^+}} \quad \xrightarrow{\times} \quad HO-\overset{H}{\underset{H\;H}{N}}-H \tag{3・8a}$$

不可能な構造

$$HO^- \quad \overset{H\;H}{\underset{H\;H}{N^+}} \quad \longrightarrow \quad H_2O \;+\; NH_3 \tag{3・8b}$$

電子は電子豊富な位置から電子不足の位置に流れるので，<u>電子の流れは一方向になっていて，決して巻矢印がある点でぶつかったり，ある点から発散したりすることはない</u>．実際に反応が起こるには推進力が必要であり，電子豊富なアニオンや非共有電子対から <u>電子が押込まれる</u>（electron pushing）ことによって反応する場合と，カチオンや空の軌道あるいは弱い結合の切断によって <u>電子が引出されて</u>（electron pulling）反応する場合とがある．これらは相対的なものであるが，<u>反応推進力が電子押込みにあるのか，電子引出しにあるのか考えることは有機反応のしくみを理解する上で重要である</u>．(3・9)式の反応では，最初の矢印がアニオンから出て，順々に電子対が押込まれるように流れ，カルボニル酸素が電子対を受け入れてアニオンになる．

$$HS^- \quad \diagdown\!\!\!\diagup\!\!\!=\!\!\!O \quad \longrightarrow \quad HS\diagdown\!\!\!\diagup\!\!\!=\!\!\!O^- \tag{3・9}$$

(3・10)式の反応では，酸である HBr が電子対を引出していると考えればよい．(3・11)式では，臭素の結合切断により電子を引出し，ついでプロトン化された酸

$$Br-H \quad \diagup\!\!=\!\!\diagdown OMe \quad \longrightarrow \quad Br^- \;+\; H\diagup\!\!=\!\!\diagdown \overset{+}{O}Me \tag{3・10}$$

$$\underset{Br-Br}{\overset{:OH}{\bigcirc}} \quad \longrightarrow \quad \underset{Br\;H\;Br^-}{\overset{+OH}{\bigcirc}} \quad \longrightarrow \quad \underset{Br}{\overset{OH}{\bigcirc}} \;+\; HBr \tag{3・11}$$

素が電子を引出して反応を完結している．

　反応の進行中に，電子の総数は常に一定であり，総電荷も保たれていることに注意しよう．巻矢印を使って電子の行方をたどれば，電子を見失うことなく反応式を完結できる．

3・2 巻矢印の向き

　巻矢印の向きを不用意に書いてしまうと，結合の位置があいまいになってしまう．イソブテンのプロトン化は（3・12a）式のように起こるが，うっかりと（3・12b）式のように書いてしまうと，（3・12c）式のような配向のプロトン化を表しているように受取られる．

$$\text{(3・12a)}$$

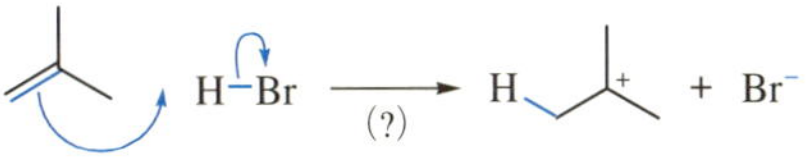

$$\text{(3・12b)}$$

$$\text{(3・12c)}$$

　カルボカチオンの1,2-転位のような反応（7章参照）では，切断される結合の電子対が新しい結合の形成にかかわるので，切断される結合からスタートして新しい結合をつくる2原子間に矢の先端をもっていくようにすると，（3・13a）式に示すような曲線の矢印になる．すなわち，この巻矢印は，もとの結合から新しい結合に参加する原子（H）のほうに湾曲している．いいかえると，もとの結合電子対を取込む原子（H）のほうに凹になっており，そのように書くべきである．結合をつくる原子に向けて矢印を書くと，（3・13b）式のように逆の湾曲になってしまいがちである*．これでは，（3・14）式の反応のように H^+ が脱離して二重結合を生成する場合と区別がつきにくい．（3・14）式の反応では，もとの結合電子対が C のほうに動き新しい $C-C\pi$ 結合の形成にかかわっている．（3・13a）式のような矢印が書きにくい場合には，最初の湾曲を重視して（3・13c）式のように書くことが推奨されている．反応機構の立場からは，電子対がどちらの原子について動くかが重要ポイントなので，最初の湾曲に注意深く，（3・13a）式または（3・13c）式の書き方で，

　＊　米国の出版物では，この書き方が主流になっており，有機化学の教科書でもそれにならってあいまいな書き方が多い．

(3・14)式とは意識的に区別することが重要である.

$$\underset{\underset{CH_3}{H_3C}}{\overset{H}{\underset{|}{C}}}\text{---}\overset{+}{C}H_2 \longrightarrow \underset{H_3C}{\overset{H_3C}{C^+}}\text{---}CH_3 \qquad (3・13\text{a})$$

$$\underset{\underset{CH_3}{H_3C}}{\overset{H}{\underset{|}{C}}}\text{---}\overset{+}{C}H_2 \underset{(?)}{\longrightarrow} \underset{H_3C}{\overset{H_3C}{C^+}}\text{---}CH_3 \qquad (3・13\text{b})$$

$$\underset{\underset{CH_3}{H_3C}}{\overset{H}{\underset{|}{C}}}\text{---}\overset{+}{C}H_2 \longrightarrow \underset{H_3C}{\overset{H_3C}{C^+}}\text{---}CH_3 \qquad (3・13\text{c})$$

$$\underset{\underset{CH_3}{H_3C}}{\overset{H}{\underset{|}{C}}}\text{---}\overset{+}{C}H_2 \longrightarrow H^+ \; \underset{H_3C}{\overset{H_3C}{C}}{=}CH_2 \qquad (3・14)$$

次の二つの反応の違いを考えてみよう．巻矢印の書き方によって，別の反応を示すことになる．

$$\text{(シクロヘキシルカチオン)} \longrightarrow \text{(シクロヘキセン+H}^+\text{)} \qquad (3・15)$$

$$\text{(シクロヘキシルカチオン)} \longrightarrow \text{(シクロペンチルメチルカチオン)} \qquad (3・16)$$

3・3 ラジカル反応の表し方

　これまで極性反応について，電子対（2 電子）の動きを巻矢印で示すことを説明してきた．ラジカル反応では，1 電子ずつの移動が問題になる．このような場合には，<u>1 電子の動きを片羽の矢印で次のように表す</u>（9 章参照）．(3・18)式と (3・19)式では不対電子以外の電子は示していない．

$$:\!\ddot{B}r\text{---}\ddot{B}r\!: \longrightarrow :\!\ddot{B}r\cdot \; + \; \cdot\ddot{B}r\!: \qquad (3・17)$$

$$H_3C\text{---}H \quad \cdot Br \longrightarrow H_3C\cdot \; + \; H\text{---}Br \qquad (3・18)$$

$$H_3C\cdot \quad \cdot Br \longrightarrow H_3C\text{---}Br \qquad (3・19)$$

演習問題

3・1 次の反応における電子の流れを，巻矢印を用いて示せ．非共有電子対をすべて書くこと．また，重要な中間体は書いてあるが，電子対の動きを示すのに必要があればさらに中間体を書き加えること．

1) NH$_3$ + HCl ⟶ NH$_4^+$ + Cl$^-$

2) BH$_4^-$ + (Me)(Me)C=O ⟶ BH$_3$ + (Me)(Me)CH–O$^-$

3) (3,4-ジヒドロ-2H-ピラン) + H$_2$O$^+$Me ⟶ (オキソカルベニウムイオン) + MeOH $\xrightarrow{-H^+}$ (2-メトキシテトラヒドロピラン)

4) (エポキシド) + H$_3$O$^+$ ⟶ (プロトン化エポキシド) + H$_2$O $\xrightarrow{-H^+}$ HO–CH$_2$CH$_2$–OH

5) PhCH(OH)CH=CH$_2$ $\xrightarrow{H^+}$ PhCH=CH–CH$_2^+$ + H$_2$O $\xrightarrow{-H^+}$ PhCH=CH–CH$_2$OH

6) CH$_2$=CH–CH=CH–CH$_3$ + HCl ⟶ CH$_3$–CH=CH–CH$^+$–CH$_3$ + Cl$^-$ ⟶ CH$_3$–CH=CH–CHCl–CH$_3$

7) (4-ブロモ-2-シクロヘキセニル)CH$_2$CH$_2$OH ⟶ (ビシクロ環エーテル) + HBr

8) MeS$^-$ + CH$_2$=CH–C(=O)–CH$_3$ ⟶ MeS–CH$_2$–C(O$^-$)=CH–CH$_3$ $\xrightarrow{H^+}$ MeS–CH$_2$CH$_2$–C(=O)–CH$_3$

9) (2-ヒドロキシフェニル)–C(=O)–CH=CH–CH$_3$ $\xrightarrow[\text{MeOH}]{\text{NaOMe}}$ (2-メチル-4-クロマノン)

10) PhC(=O)–O• ⟶ Ph• + CO$_2$

3・2 第一級アミン RNH$_2$ は亜硝酸と反応してジアゾニウム塩を生成する．
1) 亜硝酸とジアゾニウムイオンのルイス構造を示せ．
2) ジアゾ化反応を巻矢印で表せ．

4

求核置換と脱離反応

　飽和化合物の基本的な反応は置換と脱離である．ヘテロ原子 X をもつ化合物が C−X 結合の切断を伴って反応し，それに代わって新しい σ 結合が形成されると置換反応になる．一方，隣接炭素で σ 結合がもう一つ切断されて π 結合を形成すると脱離反応になる．一般的には，脱離するグループはアニオン X^- であり，別のアニオン Y^- が攻撃する．このアニオン Y^- が求核種として同じ炭素を攻撃すると置換反応になるが，塩基として隣の H を攻撃すると脱離反応になる．

$$\text{置換反応} \quad (4 \cdot 1)$$

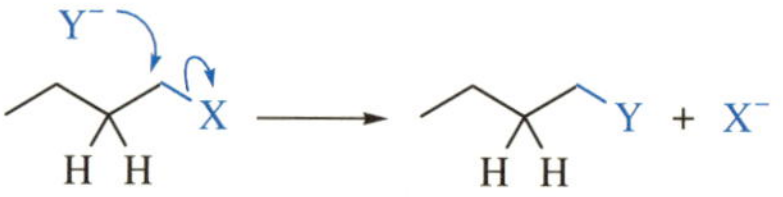

$$\text{脱離反応} \quad (4 \cdot 2)$$

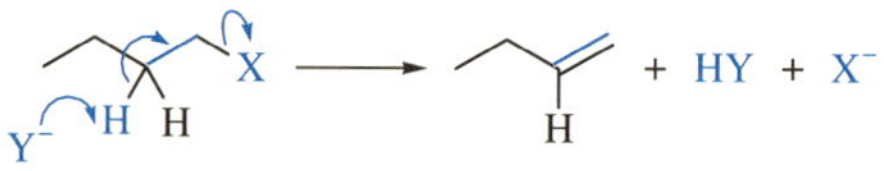

4・1 S_N2 反応

　アルキルハロゲン化物やエステル RX（X ＝ ハロゲン，OCOR，OSO_2R など）は，**求核種**[*1] Nu^- と反応して，置換生成物を生じる．結合の生成と切断が同時に（協奏的に）起こる二分子的な求核置換反応は，**S_N2 反応**とよばれ，(4・3)式のように立体配置の反転を伴って進む[*2]．

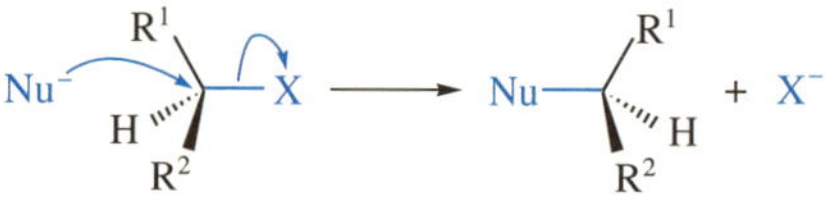

$$(4 \cdot 3)$$

[*1] 求核種（nucleophile）は，求核剤あるいは求核試薬（nucleophilic reagent）ともいう．
[*2] 2 分子が直接反応して，反応速度が両方の濃度に比例するような反応を二分子反応という．反応速度＝ $k_2[Nu^-][RX]$ のように，速度が濃度の二次に依存する反応を二次反応というが，二分子反応とは限らない．

4・1 S_N2 反応

S_N2 反応は求核種の背面からの攻撃に対する立体障害によって阻害されるので，一般的に

メチル > 第一級アルキル > 第二級アルキル誘導体

の順に反応性が低下し，第三級アルキル誘導体では単分子的な S_N1 反応（§4・3）が優先して起こる．また反応性は求核種の求核性と**脱離基** X の脱離能にも依存する．

表 4・1 に，代表的な S_N2 反応における種々の求核種の反応性を比較している．**求核性**を決めるおもな要因は，求核種 Nu^- の塩基性（pK_{NuH}）と分極率であり，嵩高さも影響する．求核中心になる原子が同一である場合には塩基性が大きいほど求核性も大きいが，分極率の大きい高周期元素（原子番号の大きい元素）のアニオンは大きな求核性を示す．分極率は，分子上の電子の動きやすさのパラメーターであり，非共有電子対が変形して結合電子対になりやすいほど求核性が大きいといえる．表 4・1 の左段には，酸素求核種の塩基性の影響を比べており，右段のハロゲン化物求核種では分極率の影響を比べている．塩基性は H に対する平衡論（熱力学）的パラメーターであるが，求核性は C に対する速度論的パラメーターである．

表 4・1 求核性: エタノール中における MeBr の S_N2 反応の相対速度

Nu^-	相対速度	pK_{NuH}[†]	Nu^-	相対速度	pK_{NuH}[†]
H_2O	1.0	-1.7	F^-	約 0	3.2
AcO^-	9×10^2	4.8	Cl^-	1.1×10^3	-7
PhO^-	2.0×10^3	10.0	Br^-	5.0×10^3	-9
HO^-	1.2×10^4	15.7	I^-	1.2×10^5	-10
EtO^-	6×10^4	15.9	PhS^-	5×10^7	6.4

[†] Nu^- の共役酸の pK_a.

一方，**脱離能**は脱離アニオン X^- の共役酸の酸性度（pK_{HX}）と相関関係があり，S_N2 反応における脱離能は次のような傾向になっている．

脱離能: $N_2^+ \gg CF_3SO_3 > ArSO_3$, $I > Br > Cl > S^+R_2$, $N^+R_3 > F \gg OH$

ヨウ化物イオン I^- は，求核性が大きく脱離しやすいので，塩化アルキルの加水分解の触媒になる．

$$R-Cl + I^- \rightleftarrows R-I + Cl^- \qquad (4 \cdot 4a)$$

$$R-I + H_2O \longrightarrow R-OH + H^+ + I^- \qquad (4 \cdot 4b)$$

4・2 E2 反 応

塩基をRXに作用させると，β水素を引抜くと同時に脱離基が外れてアルケンを生成する．このような二分子的な脱離反応は，**E2反応**とよばれ，H−CとC−X結合の協奏的な開裂と同時にπ結合が生成してくるので，関係する分子軌道が同一平面内にあることが必要である．そのために，脱離するHとXが互いにアンチになった立体配座が有利であり（この関係をアンチペリプラナーという），<u>立体特異的に</u>**アンチ脱離**で進行する．すなわち，ジアステレオマーは，それぞれEまたはZ異性アルケンを特異的に生成する．

$$\text{B:} \curvearrowright \underset{R^1}{\overset{H}{\underset{|}{}}} \underset{X}{\overset{R^2}{\underset{|}{}}} H \longrightarrow \underset{R^1}{\overset{H}{}} = \underset{H}{\overset{R^2}{}} + BH^+ + X^- \quad (4・5)$$

E2反応とS_N2反応は，一般的に競争的に起こる．求核種は塩基としても作用できるからであり，反応剤がHを攻撃するか，Cを攻撃するかによって脱離反応と置換反応が選択される．

$$\text{iBu-Br} \xrightarrow{\text{NaOEt, EtOH}} \underset{40}{\text{iBu-OEt}} + \underset{60}{\text{CH}_2=\text{C(CH}_3)_2} \quad (4・6)$$

求核種が嵩高く，塩基性が大きいほど脱離反応が起こりやすくなる．このような傾向が次の反応例にみられる．

$$n\text{-BuBr} \xrightarrow{\text{NaOEt, EtOH}} \underset{10}{\text{alkene}} + \underset{90}{n\text{-BuOEt}} \quad (4・7)$$

$$n\text{-BuBr} \xrightarrow{\text{KO-}t\text{-Bu, }t\text{-BuOH}} \underset{85}{\text{alkene}} + \underset{15}{n\text{-BuO-}t\text{-Bu}} \quad (4・8)$$

脱離によって2種類以上のアルケンが生成する可能性がある場合には，より<u>安定な多置換アルケン</u>が優先的に生成する傾向がある（ザイツェフ則）が，嵩高い塩基を使うと<u>末端アルケン</u>を生じやすくなる〔(4・9)式，ホフマン配向という〕．ホフマン配向の傾向は，脱離基が嵩高くなった場合や，脱離能が小さくなった場合にもみ

$$\underset{\substack{\text{NaOEt} \\ \text{KO-}t\text{-Bu}}}{t\text{-amyl-Br}} \longrightarrow \underset{\substack{69 \\ 28}}{\text{alkene A}} + \underset{\substack{31 \\ 72}}{\text{alkene B}} \quad (4・9)$$

られる〔(4・10)式〕.

$$\text{（構造式）} \xrightarrow[\text{EtOH}]{\text{NaOEt}} \text{（アルケン1）} + \text{（アルケン2）} \quad (4\cdot10)$$

X =		
Br	69	31
OTs	51	49
$^+SMe_2$	13	87
$^+NMe_3$	2	98

4・3 S_N1反応とE1反応

中性のプロトン性溶媒*中では，求核性と塩基性がともに低いので，基質の<u>単分子的なイオン化</u>が優先的に起こり，S_N1反応とE1反応が起こる．**中間体カルボカチオン**が求核種で捕捉されると置換反応になり，**S_N1反応**とよばれる，一方，塩基で脱プロトン化されると脱離反応になり**E1反応**とよばれる．

$$R-X \longrightarrow R^+ + X^- \begin{array}{c} \xrightarrow[\text{SOH}]{S_N1} R-OS + HX \\ \xrightarrow[\text{B:}]{E1} \text{（アルケン）} + BH^+ + X^- \end{array} \quad (4\cdot11)$$

この反応では，**カルボカチオン中間体の安定性**が重要な反応推進力となるので，アルキル基Rの構造がXの脱離能と溶媒極性とともに反応速度に大きく関係する．カルボカチオンの安定性については，§2・5で述べたが，その安定性が大きいほど反応性は高くなる．したがって，S_N1（E1）反応性の序列は，

第三級アルキル ＞ 第二級アルキル ≫ 第一級アルキル誘導体

である．第一級アルキル誘導体は，<u>第一級アルキルカチオンを生成できない</u>ので，1,2-転位を伴って反応する(隣接基関与，§4・5参照)か，二分子反応になるといってよい．

S_N1反応では，光学活性な基質から反応してもアキラルなカルボカチオン中間体を経るので，**ラセミ化**が起こる．ただ，**イオン対**の状態によって，立体配置の反転が優勢になる場合が多い．(4・12)式の例では，フェニル基で安定化された寿命の

---

* 水，アルコール，あるいはカルボン酸やその混合溶媒のように，ヘテロ原子に結合した水素をもつ溶媒を<u>プロトン性溶媒</u>という．これらは弱いブレンステッド酸としても作用できるし，弱い塩基にも求核種にもなる．このような溶媒中で起こる求核置換（ふつう S_N1）あるいはE1反応を<u>加溶媒分解</u>という．ここでは溶媒自体が求核種あるいは塩基になっている．アルカンやエーテルのように活性な水素をもたない溶媒は<u>非プロトン性溶媒</u>とよばれる．

長いカルボカチオンが生成し，ほとんど完全にラセミ化が起こる．しかし，中間体の寿命が短くイオン対の解離が起こる前に求核攻撃が起こると，(4・13)式のように対アニオンを避けて反応し，立体反転生成物を優先的に与える．

$$\text{Ph-CHBr-Me} \xrightarrow{80\% \text{ Me}_2\text{CO-H}_2\text{O}} \text{HO-CHPh-Me} + \text{Me-CHPh-OH} \quad (4 \cdot 12)$$
$$ 51 49$$

$$\text{C}_6\text{H}_{13}\text{-CHBr-Me} \xrightarrow{60\% \text{ H}_2\text{O-EtOH}} [\text{H}_2\text{O}:\cdots\text{C}^+\cdots\text{Br}^-:\text{OH}_2]$$
$$\text{イオン対} \quad (4 \cdot 13)$$
$$\longrightarrow \text{HO-CHC}_6\text{H}_{13}\text{-Me} + \text{Me-CHC}_6\text{H}_{13}\text{-OH}$$
$$ 83 17$$

カルボカチオンは，1,2-移動によって，より安定なカチオンに**転位**する傾向がある．この転位については，7章で詳しく述べる．

$$(4 \cdot 14)$$

例題 4・1 臭化 t-ブチルはエタノール中で反応して，置換生成物と脱離生成物を 4：1 の比率で与える．この反応溶液にナトリウムエトキシドを加えると，反応が加速されて脱離生成物だけを与えるようになる．反応式を示してこれらの反応を説明せよ．

解答 エタノール中では S_N1 反応と E1 反応が競争して起こるが，エトキシドは強塩基として E2 反応をひき起こす．E2 反応の速度はエトキシド濃度に比例して増大する．このさい，立体障害のために S_N2 反応はほとんど起こらない．

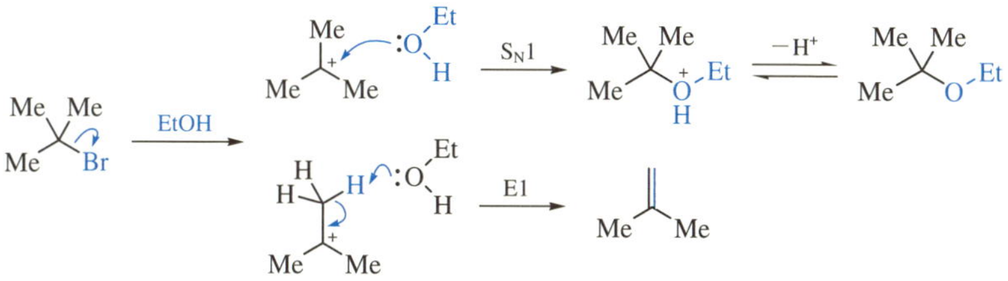

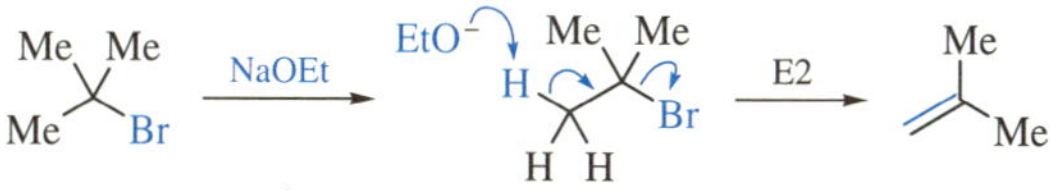

例題 4・2 臭化ジフェニルメチルを水溶液中で加水分解したとき，LiBr を加えると反応速度が小さくなった．この事実はどのように説明できるか．

解答 S_N1 反応におけるイオン化は，実際には可逆である．脱離基と同じアニオンを加えると，第一段階の逆反応が無視できなくなり，反応が遅くなる．この現象は共通塩効果とよばれる．

$$R-X \rightleftharpoons R^+ + X^- \xrightarrow{SOH} R-OS + HX$$

4・4 E1cB 反応

アルケンを生成する脱離反応は，脱離基の開裂と脱プロトン化の二つの過程を含んでいる．両過程が同時に協奏的に起こる反応が E2 脱離であり，脱離基の結合切断が先行しカルボカチオンを中間体として進む反応が E1 脱離であった．逆に脱プロトン化が先行して起こり，カルボアニオン中間体を経て進む反応もある．この反応は，カルボアニオンが安定で，脱離基の脱離能が低いときに，強塩基性条件で起こる．**カルボアニオン中間体**は基質の共役塩基であり，その単分子的分解（脱離基が自発的に外れる反応）が律速*になることが多いので，**E1cB 反応**とよばれる．その代表例はアルドール反応における脱水過程であり，この反応は §5・6 で述べる共役付加の逆反応とみなせる．

---

* 多段階の反応において，最も起こりにくい反応段階を律速段階という．この段階が全体の反応速度を決めるので，特に重要視される．S_N1 反応と E1 反応では第一段階のカルボカチオンのできるところが律速であったが，E1cB 反応では通常カルボアニオンのできるところは速い平衡になり，第二段階が律速である．〔E1cB の cB は共役塩基（<u>c</u>onjugate <u>b</u>ase）からきている．〕

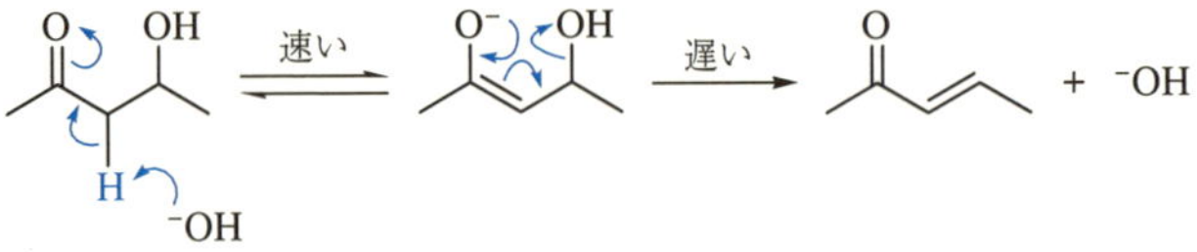

$$\text{(4·15)}$$

4·5 隣接基関与

S_N1 反応と E1 反応に共通の単分子的なイオン化は，中間体カチオンの生成しやすさ，すなわち，R^+ の安定性によって支配される．しかし，分子内に求核性をもつ置換基があれば，その関与によって反応が促進されることもある．たとえば，MeS 基は共役効果によって α 位のカルボカチオンを大きく安定化するのでイオン化を促進するが，β 位の MeS 基は共役安定化には関係ないにもかかわらず，α-MeS 基と同じような反応促進効果を示す．直接共役ではなく，このような結合を隔てた分子内置換基による反応の促進を，**隣接基関与**という．

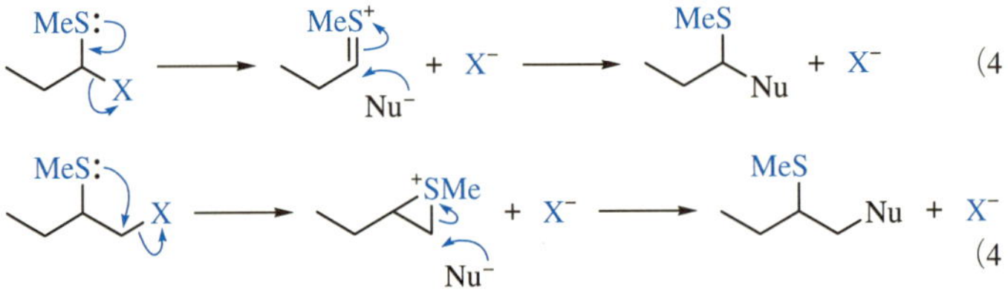

$$\text{(4·16)}$$

$$\text{(4·17)}$$

隣接基は分子内求核種として作用し，分子内 S_N2 機構によって反応を促進しているといえる．その結果，まず環状中間体を生じる．ひき続いて外部からの求核種による反応が S_N2 機構で起こると，立体中心では 2 回の反転が起こり，結果的に立体化学保持で反応が進行する．α-ブロモカルボン酸は，濃い NaOH 水溶液中では S_N2 反応により立体反転で乳酸を与えるが，希 NaOH 中で Ag_2O を用いて反応すると立体保持の生成物を与える．

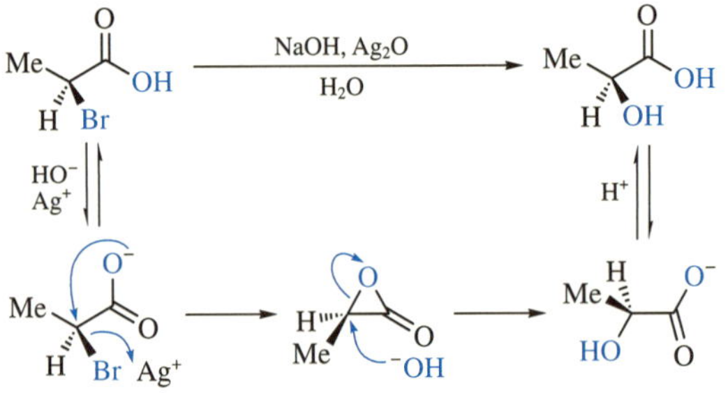

$$\text{(4·18)}$$

また，外部求核種が環状中間体の隣接位を攻撃すると，転位が起こることになる（例題 4・3 参照）．隣接基関与の結果は，反応速度の増大とともに，場合によって，立体化学の保持あるいは転位として観測される．

例題 4・3　次のクロロメチル基をもつ 5 員環アミンは，6 員環アミンに転位する．反応がどのように進むか，巻矢印を用いて示せ．

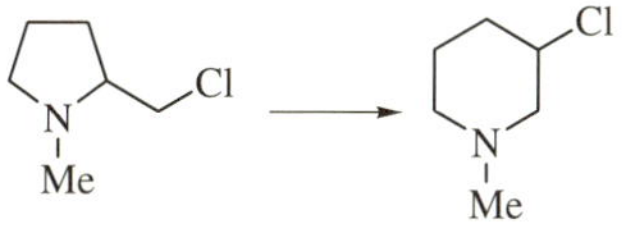

解答　窒素が関与して塩化物イオンを追い出し，中間体を経て転位する．

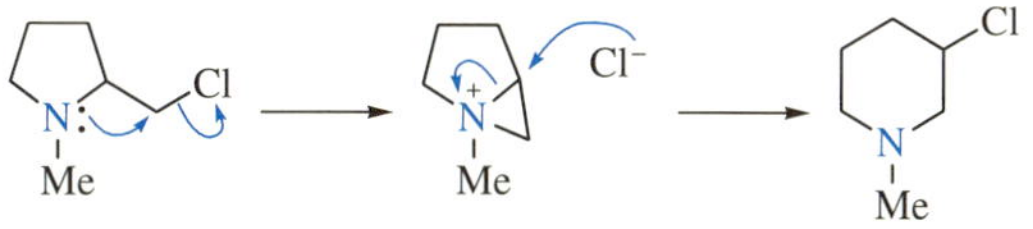

ヘテロ原子置換基だけではなく，フェニル基や二重結合の π 電子も分子内求核種として関与できる．さらに，歪みをもった分子の σ 結合や，反応条件によっては単なる σ 結合の関与も可能になる．フェニル基の関与については，立体化学，同位体標識実験，反応速度解析（置換基効果）などから，詳しく研究されている．(1*R*,2*S*)-2-フェニル-1-メチルプロピルトシラート（***4a***）を酢酸中で分解（アセトリシス）すると，完全にラセミ化した酢酸エステルが得られるが，(1*S*,2*S*)-ジアス

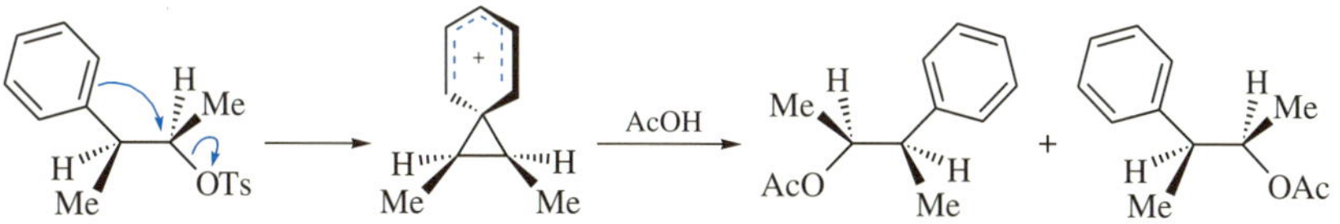

（***4a***）　（***A***）アキラル　ラセミ体　(4・19)

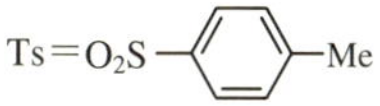

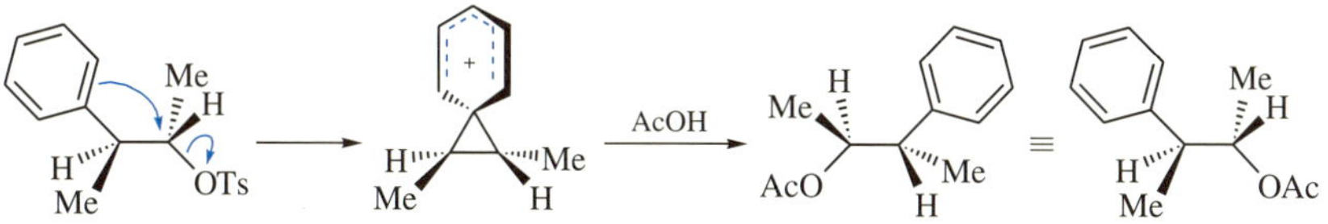

（***4b***）　（***B***）キラル　光学活性　(4・20)

テレオマー(**4b**)からは光学活性な酢酸エステルが得られる．この反応においては，フェニル基の関与により環状の**ベンゼニウムイオン**(フェノニウムイオンともいう)が中間体として生成し，酢酸の攻撃によって開環して酢酸エステルを生じる．(**4a**)から生成した中間体(**A**)は対称面をもつが，(**4b**)から生成した中間体(**B**)は C_2 対称軸をもっており，酢酸がどちらの炭素を攻撃しても基質と同じ立体化学をもつエステルが生じることになる．

例題 4・4 (4・20)式における中間体の環状ベンゼニウムイオンの共鳴構造を書け．

解答 共鳴混成体として表せる(3員環のメチル基を省略)ので，正電荷は分子全体に非局在化している．

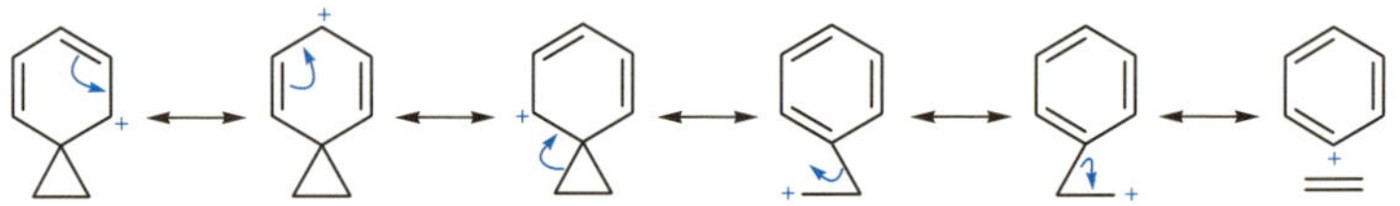

4-メチル-3-ペンテニルトシラート(**5**)のアセトリシス〔(4・21)式〕はエチルトシラートに比べて1200倍の速度で進み，単純な置換生成物のほかに2-シクロプロピルプロペンが生成する．この反応は二重結合の隣接基関与で説明できる．

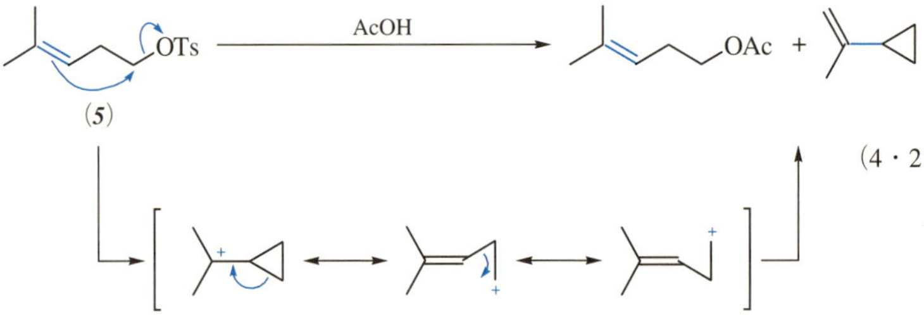

(4・21)

分子内二重結合の劇的な効果は anti-7-ノルボルネニルトシラート(**6a**)のアセトリシス〔(4・22)式〕にみられる．この反応の速度は対応する飽和基質(**7**)よりも 10^{11} 倍大きく，シン誘導体(**6b**)よりも 10^7 倍大きい．π結合の関与が脱離基の背後から効率よく起こり，中間体として古典的なケクレ構造では表現できないカルボカチオンを経て反応する．このような<u>三中心二電子結合</u>を含むカルボカチオンはカルボニウムイオンあるいは**非古典的イオン**とよばれる．

2-ノルボルニルトシラート(**8a**)の加溶媒分解では，σ結合の関与が起こる．エキ

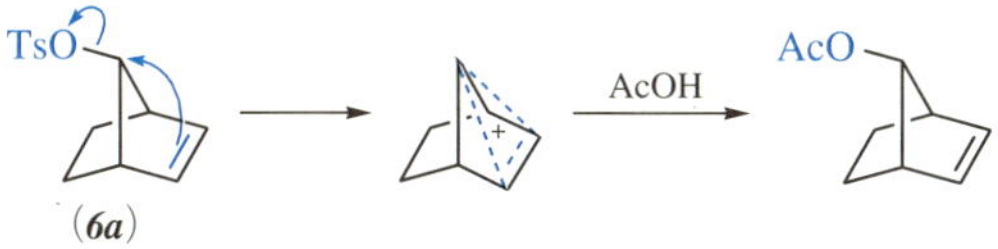

$$\text{(4·22)}$$

	(*6a*)	(*6b*)	(*7*)
相対速度	10^{11}	10^4	1.0

ソ体（**8a**）のアセトリシスはエンド体（**8b**）よりも約 350 倍速く，光学活性な（**8a**）の反応では，ラセミ化が起こる．生成物もエキソ体であり，^{14}C（*印）で標識しておくと 50% が転位していることもわかる．この反応でも非古典的イオンが中間体になる．

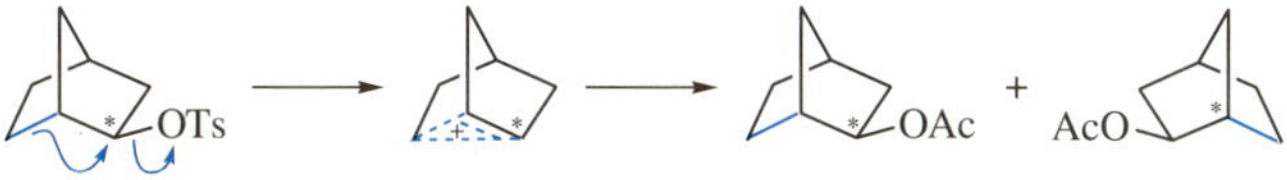

$$\text{(4·23)}$$

$$\underset{(\textbf{8a})}{\text{OTs}} : \underset{(\textbf{8b})}{\text{OTs}} = 350 : 1.0$$

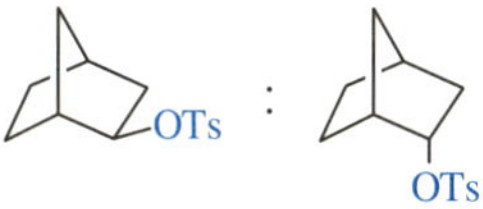

ネオペンチル誘導体は，第一級アルキル化合物であるにもかかわらず α 位の *t*-ブチル基の立体障害のために S_N2 反応は起こりにくく，求核性の低い溶媒中で転位を伴って単分子的に反応する〔(4·24) 式〕．生成物は主として転位したアルケンである．この反応では，メチル基の隣接基関与による<u>協奏的 1,2-転位</u>が起こっており，不安定な第一級カルボカチオンは生じていない（§7·2 参照）．

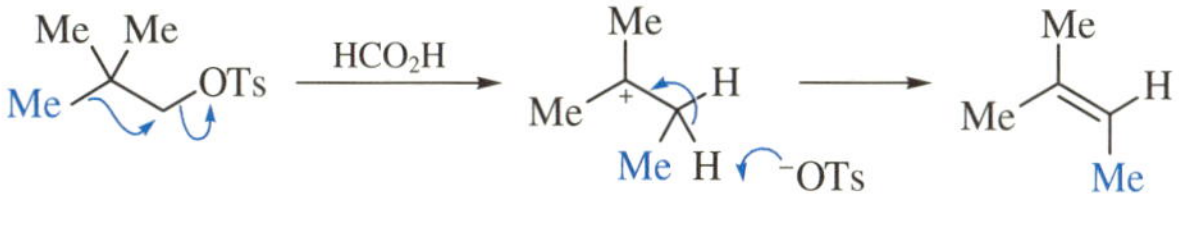

$$\text{(4·24)}$$

4·6 アルコールの変換

アルコールは基本的な有機化合物であり，有機合成の出発物としても重要である．アルコールの OH 基は，OH$^-$ としては脱離しにくく，強塩基を使うと OH 基の脱プロトン化でアルコキシドが生成する．酸性条件ではじめて，OH 基がプロトン化

され，H_2O として外れやすくなる．このような酸性条件では，S_N1 反応が起こりやすくなっており，ラセミ化やカルボカチオン転位を伴うことが多い〔(4・25)式〕*．

$$R^*-OH \xrightleftharpoons{H^+} R^*-OH_2 \longrightarrow R^+ \xrightarrow{Nu^-} R^*-Nu + Nu-R^* \quad (4・25)$$

アルコールをハロゲン化アルキルに変換するとき，HX との反応も可能であるが，ハロゲン化リンや塩化チオニル $SOCl_2$ を使うとカルボカチオンに起因する問題点（ラセミ化や転位）が解決される．この場合，OH 脱離基はいったんエステルに変換されており，S_N2 機構あるいは S_Ni とよばれる機構で反応する．**S_Ni 反応**は立体化学保持で進行する．

$$R^*-OH + PBr_3 \xrightarrow{-H^+} Br^- R^*-O-PBr_2 \xrightarrow[立体反転]{S_N2} Br-R^* \quad (4・26)$$

$$\underset{Me}{\overset{H\ Ph}{\underset{OH}{\bigg|}}} + SOCl_2 \xrightarrow[立体保持]{S_Ni} \underset{Me}{\overset{H\ Ph}{\underset{Cl}{\bigg|}}} + SO_2 + HCl \quad (4・27)$$

例題 4・5 (4・27)式の塩化チオニルによる S_Ni 反応は，どのように進むのか，巻矢印を用いて示せ．また，この反応系にピリジンを加えると立体反転の生成物が得られる．その理由を説明せよ．

解答 クロロ亜硫酸エステルから生成したイオン対で Cl^- が移動する．

[反応機構図：クロロ亜硫酸エステルの形成とイオン対を経由する S_Ni 反応の巻矢印機構]

イオン対

ピリジンはまずクロロ亜硫酸エステルと反応し，ついで S_N2 反応により立体反転を起こす．

[反応機構図：ピリジンによる S_N2 反応の巻矢印機構]

---

* (4・25)式以下で，R^* は X と結合してキラルになるアルキル基を示し，R^*-X と $X-R^*$ は互いにエナンチオマーであることを表している．

アルコールをスルホン酸エステルに変換することによっても，スルホナートの優れた脱離能によって，求核置換反応を効率よく進めることができる．

$$R^*-OH \quad Cl-SO_2Ar \longrightarrow Nu^- \quad R^*-O-SO_2Ar \xrightarrow{S_N2} Nu-R^* \quad (4\cdot28)$$

アルコールの OH 基を別のリン誘導体に変換して，立体配置反転で求核置換反応を効率よく行う反応が**光延反応**(みつのぶ)として知られており，広く合成反応に応用されている．特にカルボン酸エステルの合成において，通常のエステル化とは対照的に，アルコール側アルキル基の立体反転したエステルを得るために有用である〔(4・29)式の Nu-H は RCOOH〕．反応は(4・29a)式と(4・29b)式で表したように起こる．

$$\text{光延反応} \quad R^*-OH + Nu-H \xrightarrow[\text{DEAD}]{Ph_3P} Nu-R^* \quad (4\cdot29)$$

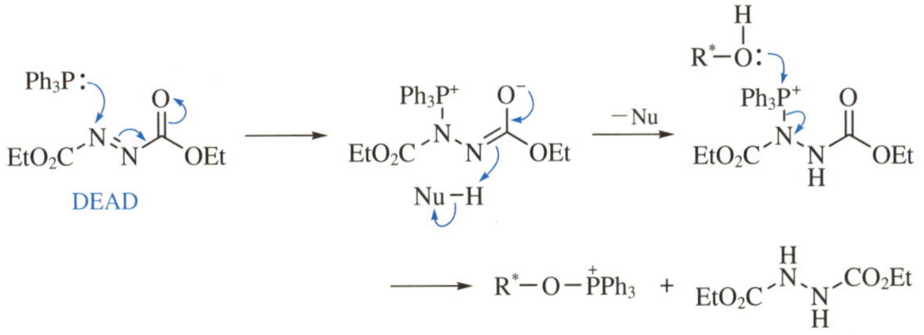

(4・29 a)

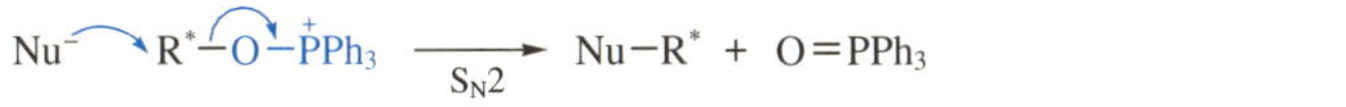

(4・29 b)

演習問題

4・1 S_N2 反応では，次の化合物のどちらの反応が速いか．理由も述べよ．〔§4・1〕

1)  CH₃CH₂CH₂Br と (CH₃)₂CHBr
2) 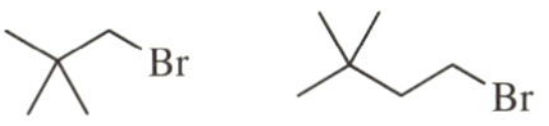 (CH₃)₃CBr と (CH₃)₃CCH₂Br
3) CH₃CH₂CH₂CH₂I と CH₃CH=CHCH₂I
4) CH₃CH₂CH₂Br と CH₃CH₂CH₂I

4・2 S_N1 反応では，次の化合物のどちらの反応が速いか．理由も述べよ．〔§4・3〕

48　4. 求核置換と脱離反応

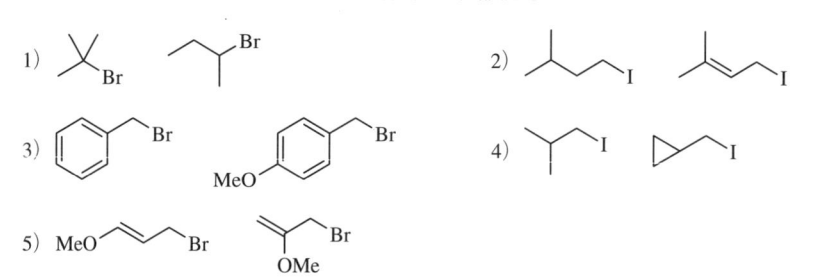

1) (t-BuBr)　(sec-BuBr)　　2) (イソペンチル I)　(プレニル I)

3) (PhCH₂Br)　(4-MeO-C₆H₄-CH₂Br)　　4) (iso-Bu-I)　(シクロプロピルメチル I)

5) (MeO-CH=CH-CH₂Br)　(CH₂=C(OMe)-CH₂Br)

4・3 2-ブロモプロパンをアセトン中で Bu₄NCl とともに加熱すると，2-クロロプロパンが得られる．一方，エタノール中で NaOEt と加熱すると，プロペンと 2-エトキシプロパンが 3：1 の比率で得られる．これらの事実を説明せよ．〔§4・1，§4・2〕

4・4 (S)-2-ヨードオクタンのアセトン溶液にヨウ化カリウムを加えて加熱すると，ヨードオクタンのラセミ化が起こった．この事実を説明せよ．〔§4・1〕

4・5 次のエーテルを合成するには，どのような反応剤を組合わせて反応させたらよいか．〔§4・1，§4・2〕

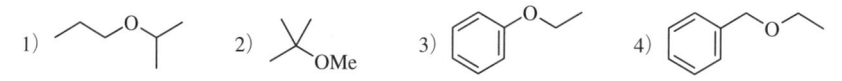

1) (n-Pr-O-i-Pr)　2) (t-Bu-OMe)　3) (PhOEt)　4) (PhCH₂OEt)

4・6 ヨードメタンとピリジンをアセトン溶液中で反応させると，次に示すような相対反応速度が得られた．この反応性を説明せよ．〔§4・1〕

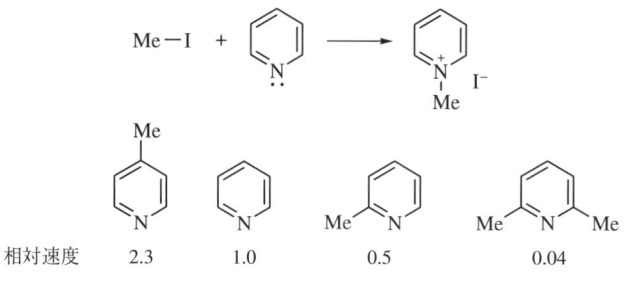

Me—I ＋ (ピリジン) ⟶ (N-メチルピリジニウム) I⁻

	4-Me-py	py	2-Me-py	2,6-Me₂-py
相対速度	2.3	1.0	0.5	0.04

4・7 次に示す第三級臭化物の加溶媒分解の相対速度を説明せよ．〔§4・3〕

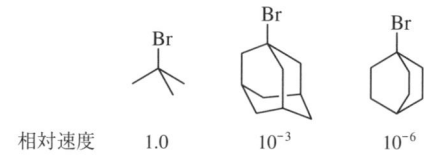

	t-BuBr	1-ブロモアダマンタン	1-ブロモビシクロ[2.2.2]オクタン
相対速度	1.0	10^{-3}	10^{-6}

4・8 t-ブチルアルコールを NaCl 水溶液と加熱しても反応しないが，HCl 水溶液

と加熱すると反応が起こるのはなぜか．また，生成物は何か．〔§4・3，§4・6〕

4・9 *t*-ブチルアルコールを同じモル濃度の HCl あるいは HBr 水溶液で反応させると，反応速度はほぼ同一である．しかし，HCl と HBr の等モル混合溶液の中で反応した場合には，主生成物は臭化 *t*-ブチルで，塩化 *t*-ブチルは副生物になる．これらの結果を説明せよ．〔§4・3，§4・6〕

4・10 2-ハロヘキサンの脱離反応を，メタノール中でナトリウムメトキシドを用いて行うと，2種類のアルケンが生成する．その生成比は，ハロゲンによって次のようになる．この結果を説明せよ．〔§4・2，§4・4〕

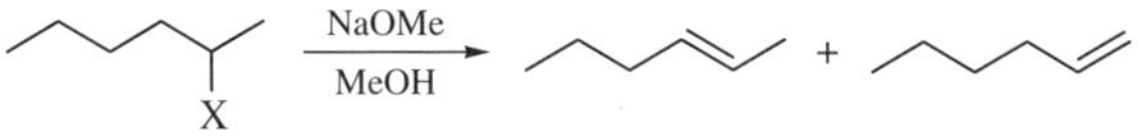

X =		
I	81	19
Br	72	28
Cl	67	33
F	30	70

4・11 次の置換反応は立体保持の生成物を与える．反応機構を示せ．〔§4・5〕

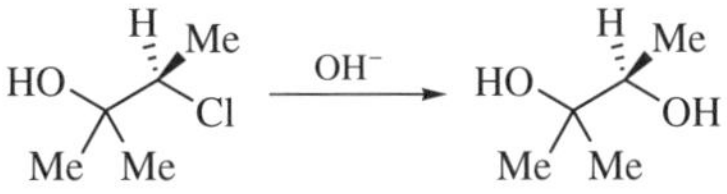

4・12 (S)-α-アミノ酸を NaNO$_2$ と HBr でジアゾ化すると立体配置保持の α-ブロモカルボン酸が得られる．さらに，この生成物をアンモニアで処理すると (R)-α-アミノ酸が得られる．ジアゾニウム塩から反応がどのように進むか，巻矢印で示せ．〔§4・1，§4・5〕

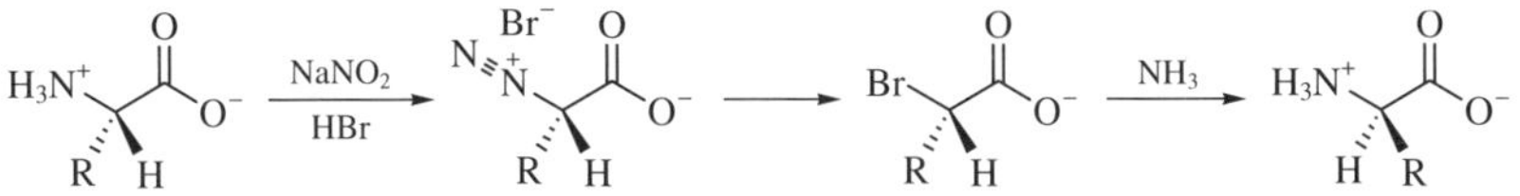

4・13 (4・22)式と (4・23)式の非古典的イオンを共鳴構造式で表せ．〔§4・5〕

4・14 次の置換反応は転位を伴う．反応機構を示せ．〔§4・3，§4・6〕

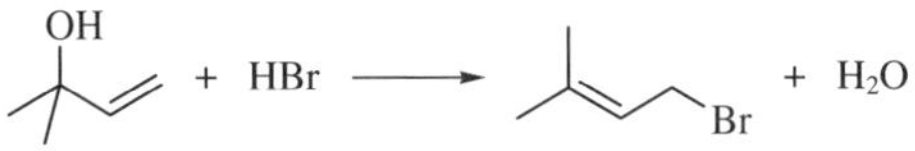

4・15 アミンやアルコールの保護基として用いられる 9-フルオレニルメチルオキシカルボニル（Fmoc）基の脱離（脱保護）は E1cB 反応で進む．反応機構を示して，なぜこの反応が起こりやすいのか説明せよ．〔§4・4〕

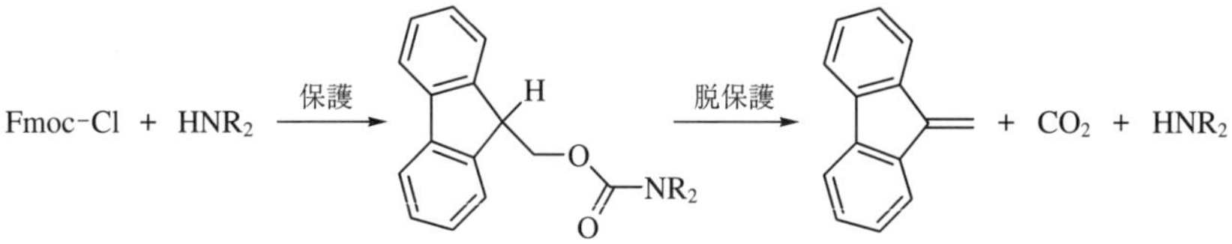

Fmoc-Cl + HNR₂ →(保護) [Fmoc-NR₂ intermediate] →(脱保護) [fluorene] + CO_2 + HNR₂

4・16 次の反応は，アンモニウム塩のシアン化物イオンによる S_N2 反応で進んでいるようにみえる．〔§4・1, §4・4〕

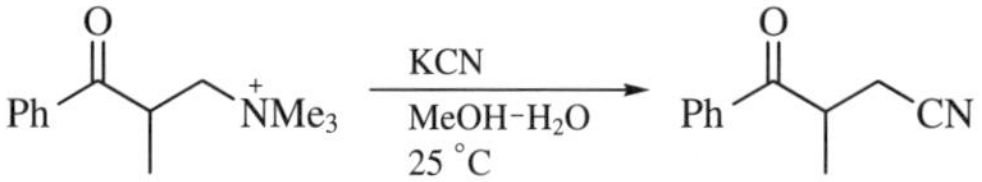

Ph-CO-CH(Me)-CH₂-N⁺Me₃ →(KCN, MeOH-H₂O, 25 °C) Ph-CO-CH(Me)-CH₂-CN

1) もし，この反応条件で S_N2 反応が起こっているとすると，別の位置で起こると予想される．その生成物は何と考えられるか．
2) 実際には，この反応は E1cB 反応と共役付加を経て進んでいると思われる．この反応機構を示して，それが合理的であるかどうか説明せよ．

4・17 メチルオキシラン（プロピレンオキシド）をメタノール中で，1) 酸性条件で反応させたとき，および 2) ナトリウムメトキシド存在下に反応させたとき，それぞれ主生成物は何か．巻矢印を用いた反応式で説明せよ．〔§4・1, §4・3, §4・6〕

4・18 次の反応はどのように進むか，巻矢印を用いた反応式で示せ．〔§4・1, §4・3, §4・6〕

1) 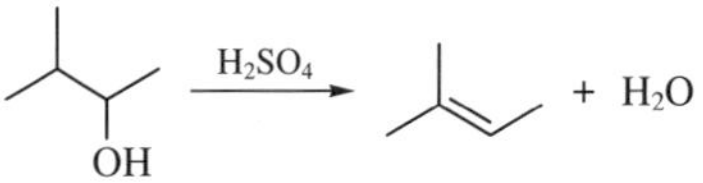 (CH₃)₂CH-CH(OH)-CH₃ →(H_2SO_4) (CH₃)₂C=CH-CH₃ + H_2O

2) Ph-O-Me + HBr → Ph-OH + MeBr

3) 2-methyltetrahydrofuran + HCl → CH₃-CH(OH)-CH₂-CH₂-CH₂-Cl

4・19 加溶媒分解における次の化合物の反応速度比を説明せよ．〔§4・3, §4・5〕

1) 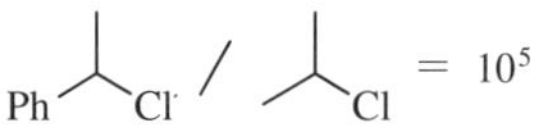 Ph-CH(Cl)-CH₃ / (CH₃)₂CH-Cl = 10^5

2) MeO-CH₂-Cl / CH₃CH₂CH₂-Cl = 10^6

3) Ph-CH₂-CH₂-OTs / CH₃-CH₂-CH₂-OTs = 3×10^3

4) PhS-CH₂-CH₂-Cl / CH₃-CH₂-CH₂-OTs = 6×10^2

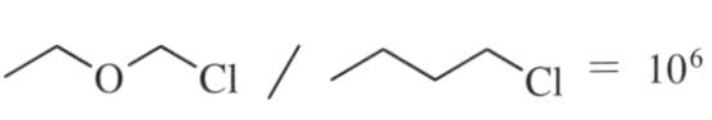

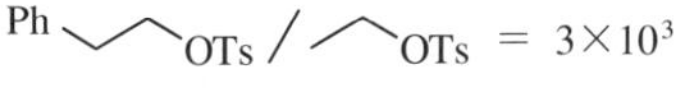

5) 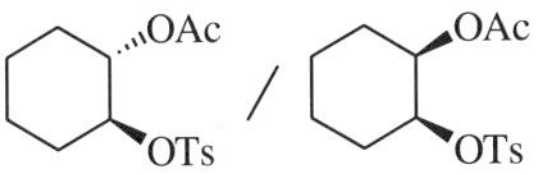 [trans-2-acetoxycyclohexyl tosylate] / [cis-2-acetoxycyclohexyl tosylate] = 10^3 6) 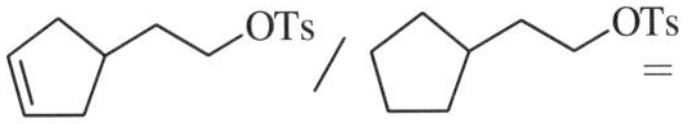 [2-(cyclopent-3-enyl)ethyl tosylate] / [2-cyclopentylethyl tosylate] = 10^2

4・20 R 体の s-ブチルアルコールから，R 体と S 体の酢酸 s-ブチルエステルをそれぞれ選択的に合成するための適切な方法を反応式で示せ．〔§4・6〕

5

付加反応と付加脱離型置換反応

　不飽和結合をもつ化合物の基本的な反応は付加である．付加する反応剤の種類によって，求電子付加と求核付加がある．脱離可能なグループがあると付加につづいて脱離が起こって，置換反応にもなる．本章では，これらの反応をみていこう．

5・1　アルケンへの求電子付加反応

　π電子は，σ電子ほど原子核に強く束縛されていないので，分極しやすく求核性を示す．アルケンの二重結合は，そのようなπ電子をもつので，求電子種 E^+ の攻撃を受けて，**求電子付加**を起こす．まず**カルボカチオン中間体**を生成し，ついで求核種 Nu^- と反応して，付加を完結する〔(5・1)式〕．非対称なアルケンでは，**配向性**（位置選択性）の問題が生じ，より安定な中間体カルボカチオンを生成するように反応する．カルボカチオンの安定性については§2・5で述べたが，アルキルカチオンの安定性は第一級＜第二級＜第三級の順に大きいので，単純なアルケンの場合，置換基の少ないほうの炭素に求電子種が攻撃し，より置換されたカルボカチオンを生成する傾向がある*．

主反応　　（図）　　(5・1 a)

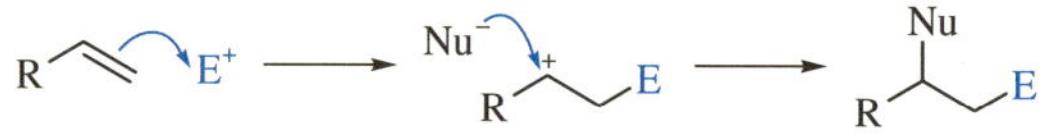

副反応　　（図）　不安定　　(5・1 b)

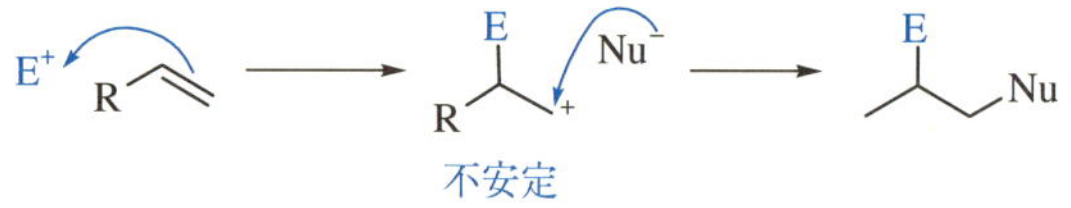

---

* プロトンが求電子種となる反応では，H が置換基の少ないほうの C に結合することになり，この配向性をマルコフニコフ配向という．

5・1 アルケンへの求電子付加反応

代表的な求電子種はプロトンとハロゲン X^+ であり，反応は次のように進む．

ハロゲン化水素付加

$$\text{CH}_2=\text{CHCH}_3 + \text{H-Cl} \longrightarrow \text{CH}_3\overset{+}{\text{C}}\text{HCH}_3 + \text{Cl}^- \longrightarrow \text{CH}_3\text{CHClCH}_3 \quad (5・2)$$

酸触媒水和反応

$$R\text{-CH=CH}_2 + H_2O \xrightarrow{H_2SO_4} R\text{-CH(OH)-CH}_3 \quad (5・3)$$

(経由: H^+ により $R\text{-CH=CH}_2 + H\text{-}\overset{+}{\text{O}}H_2 \longrightarrow R\text{-}\overset{+}{\text{C}}H\text{-CH}_3 \xrightarrow{:OH_2} R\text{-CH(}\overset{+}{\text{O}}H_2\text{)-CH}_3 \xrightarrow{-H^+}$ 生成物)

ハロゲン化

アルケン $+ \overset{..}{\text{Br}}\text{-Br} \longrightarrow$ ブロモニウムイオン $\xrightarrow{:Br^-}$ アンチ付加生成物 $(5・4)$

ハロゲンの付加においては，中間体が架橋型の**ハロニウムイオン**になり，立体特異的にアンチ付加（トランス付加ともいう）になることが多い．類似のカチオン*を経る反応として**オキシ水銀化**も知られている．水銀は還元によって取除けるのでアルコールの合成法になる．

オキシ水銀化

$$R\text{-CH=CH}_2 \xrightarrow[H_2O]{Hg(OAc)_2} R\text{-CH(OH)-CH}_2\text{HgOAc} \xrightarrow{NaBH_4} R\text{-CH(OH)-CH}_3 + Hg(0) \quad (5・5)$$

(経由: AcO-Hg-OAc とアルケンからメルクリニウムイオンを経て $:OH_2$ 付加 → $R\text{-CH(}\overset{+}{\text{O}}H_2\text{)-CH}_2\text{HgOAc}$)

---

* オキシ水銀化の中間体（メルクリニウムイオン）は，点線を使って書いたが，次のような共鳴構造で表現してもよい．この結合は三中心二電子結合ともよばれ（§7・1参照），結合に使われる電子がπ電子からきているのでπ錯体といわれることもある．Brと違って Hg には非共有電子対がないので，ブロモニウムイオンのような3員環構造は書けない．

例題 5・1 酸触媒水和反応と臭素付加の反応におけるメチル置換エテンの相対的な反応性は，次に示すようになっている．これらの反応性を説明せよ．

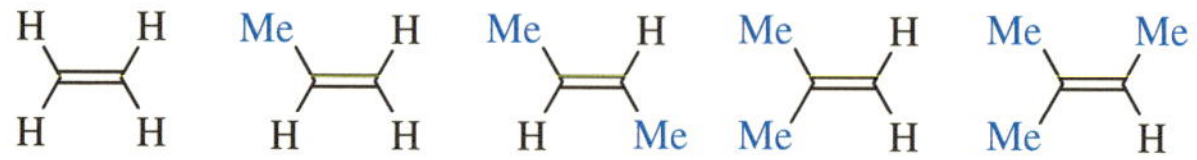

	CH$_2$=CH$_2$	CH$_2$=CHMe	(E)-MeCH=CHMe	Me$_2$C=CH$_2$	Me$_2$C=CHMe
H$_3$O$^+$	4.4×10^{-7}	1.0	0.8	1.6×10^5	0.9×10^5
Br$_2$	1.6×10^{-2}	1.0	28	89	2.2×10^3

解答 水和反応の律速段階はプロトン化であり，中間体カチオンが安定であるほど反応は速くなる．次のようにカチオンは α-メチル基で安定化されるので，そのために大きく加速されるが，β-メチル基はカチオン安定性にほとんど影響せず，むしろアルケンを安定化するために反応を阻害する傾向がある．

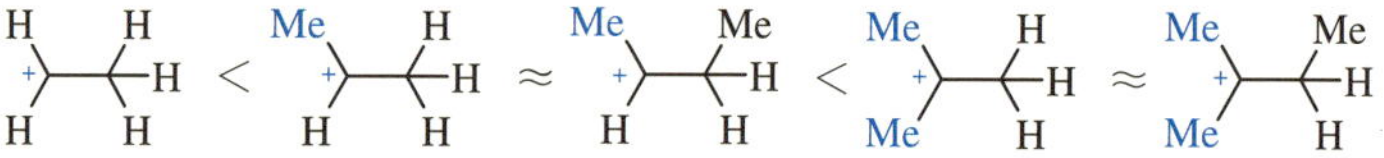

Br$_2$ の付加は，(5・4)式に示したようなブロモニウムイオンを中間体として進行するので律速遷移状態も対称的であり，どちらのメチル基も同じような安定化効果を示し，反応を加速する．

例題 5・2 1-フェニルプロペンの酸触媒水和反応の主生成物は，1-フェニル-1-プロパノールである．この配向性を説明せよ．

解答 フェニル基で安定化されたベンジル型カチオンが中間体となる．

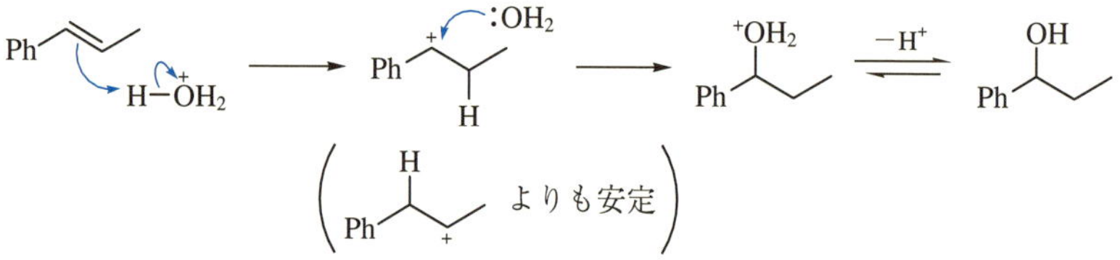

アルケンの酸触媒水和反応あるいはオキシ水銀化により得られるアルコールは，マルコフニコフ配向の生成物である．ボラン R$_2$BH（R ＝ H またはアルキル）の付加は**ヒドロホウ素化**とよばれ，付加に続いて酸化反応により −BR$_2$ を −OH に変換できるので，アルコールの合成法となる．ヒドロホウ素化は，1 段階で進み，シス付加になるが，B は求電子的であり，しかも立体障害の影響を大きく受けるので，得られるアルコールは逆マルコフニコフ配向になる．

ヒドロホウ素化

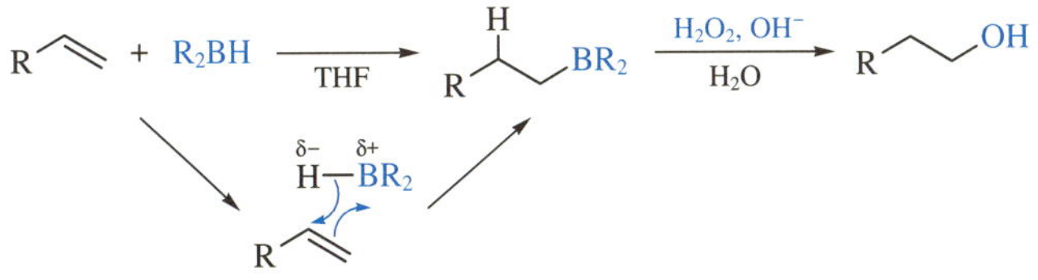

$$R-CH=CH_2 + R_2BH \xrightarrow{THF} R-CH_2-CH_2-BR_2 \xrightarrow[H_2O]{H_2O_2, OH^-} R-CH_2-CH_2-OH \quad (5・6)$$

5・2 芳香族求電子置換反応

芳香族 π 電子系にも同じように求電子付加が起こるが，中間体カチオンはプロトンを失って芳香族系を再生し，芳香族性に基づく安定化を取戻す．このような付加と脱離の結果として**置換反応**になる．求電子種を E^+ として，ベンゼンの置換反応は (5・7)式のように表せる．

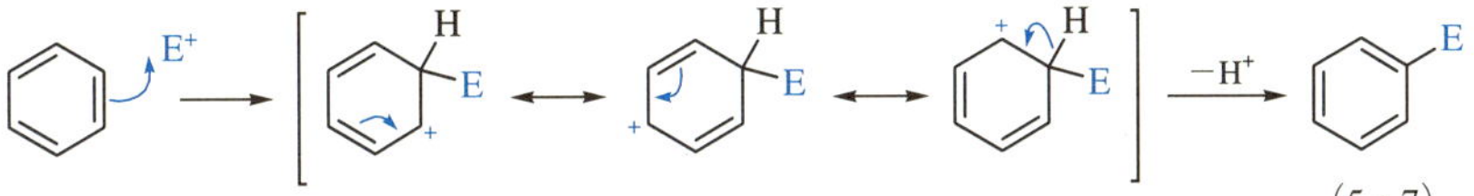

$$(5・7)$$

中間体カチオンは**ベンゼニウムイオン**であり，次のように書くこともできる．

求電子種は，実際にはカチオンとは限らない．たとえば，ルイス酸触媒による臭素化は (5・8)式のように表せる．

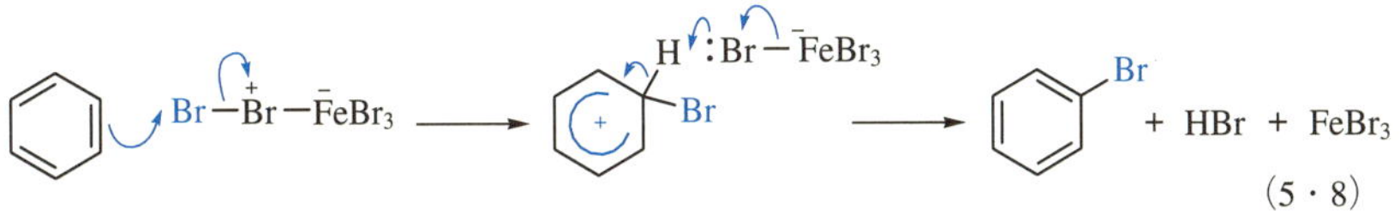

$$C_6H_6 + Br-Br-\bar{F}eBr_3 \longrightarrow [\text{中間体}] \longrightarrow C_6H_5Br + HBr + FeBr_3 \quad (5・8)$$

その他の代表的な求電子種は，NO_2^+（ニトロ化を起こす），SO_3（スルホン化），R^+（アルキル化），RCO^+（アシル化）*などである．これらの求電子種は，さまざまな方法で発生できる．次のような例がある．

$$HNO_3 + 2H_2SO_4 \rightleftharpoons NO_2^+ + H_3O^+ + 2HSO_4^- \quad (5・9)$$

---

* アルキル化とアシル化は発見者の名前をつけてフリーデル-クラフツ反応とよばれている．

$$H_2S_2O_7 \rightleftharpoons H_2SO_4 + SO_3 \qquad (5\cdot10)$$

$$R-Cl + AlCl_3 \rightleftharpoons R^+ \ ^-AlCl_4 \qquad (5\cdot11)$$

$$\underset{R}{\underset{|}{C}}\underset{Cl}{\overset{O}{\parallel}}\ \ AlCl_3 \rightleftharpoons R-\overset{+}{C}=O \ \ ^-AlCl_4 \qquad (5\cdot12)$$

通常の反応では，求電子性脱離基*としてプロトンが外れるが，アルキル基やケイ素置換基，ニトロ基などが脱離する反応〔イプソ（*ipso*）置換という〕もある．

付加中間体の正電荷は，(5・7)式に示したように，おもに付加位置からみてオルト位とパラ位に分散している．置換ベンゼンの反応は，より安定な中間体が生成するような配向性で進行する．すなわち，電子供与基はオルト位とパラ位の正電荷を安定化できるので，反応を促進（活性化）すると同時に**オルト・パラ配向**の生成物を与える．一方，電子求引基は正電荷を不安定化するので，その影響の少ないメタ位で反応する．ハロゲンは誘起効果による電子求引性のため不活性化基ではあるが，非共有電子対を供与できるのでオルト・パラ配向性を示す．代表的な置換基を活性化能の高いものから不活性化能の大きいものまで並べると，次のようになり，ハロゲンまでがオルト・パラ配向性で，不活性化基は**メタ配向性**である．

$O^- > NH_2 > OH > OMe > Me, R > Ph > F > Cl, Br, I > COMe, CF_3 > CN > NO_2 > N^+R_3$

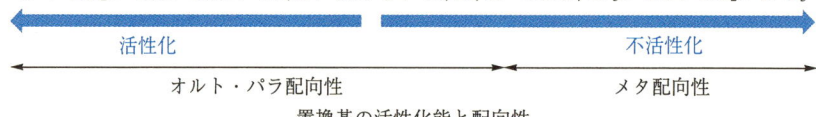

　　　　　活性化　　　　　　　　　　　　　不活性化
　　　　オルト・パラ配向性　　　　　　　　メタ配向性

置換基の活性化能と配向性

実際の生成物分布は，たとえばトルエンのニトロ化とニトロベンゼンの塩素化の場合，(5・13), (5・14)式のようになる．

$$\text{Me-C}_6\text{H}_5 \xrightarrow{HNO_3, H_2SO_4} \text{o-MeC}_6\text{H}_4\text{NO}_2 + \text{p-MeC}_6\text{H}_4\text{NO}_2 + \text{m-MeC}_6\text{H}_4\text{NO}_2 \qquad (5\cdot13)$$
　　　　　　　　　　　　　　　　　　60　　　　　35　　　　　5

---

* 4章で述べた求核置換反応の脱離基はアニオン性のものであり，求核性脱離基（nucleofuge）とよばれるが，求電子置換で脱離基となるのは求電子性脱離基（electrofuge）である．

5・2 芳香族求電子置換反応

$$\text{C}_6\text{H}_5\text{NO}_2 \xrightarrow{\text{Cl}_2, \text{FeCl}_3} \text{m-ClC}_6\text{H}_4\text{NO}_2 + \text{p-ClC}_6\text{H}_4\text{NO}_2 + \text{o-ClC}_6\text{H}_4\text{NO}_2 \quad (5・14)$$

$$ 95 4 1$$

例題 5・3 アニソールおよびニトロベンゼンから，求電子種 E^+ の付加により生成したベンゼニウムイオン中間体を書き，メトキシ基とニトロ基がそれぞれオルト・パラ配向性とメタ配向性であることを説明せよ．

解答 アニソールのオルト中間体とパラ中間体には，(5・7)式に示したのと同様の共鳴構造のほかに，酸素の非共有電子対が供与された次のような共鳴構造が大きく寄与して，中間体が安定化されている．しかし，メタ中間体はこのような供与性の寄与を受けず，むしろ酸素の電子求引誘起効果で不安定化されている．

オルト中間体　　　　　　　　　　パラ中間体

ニトロベンゼンのオルト中間体とパラ中間体は，ベンゼニウムイオンの共鳴構造のうち，次のような構造が N 上の正電荷とベンゼン環の正電荷の反発で不安定化されている．一方，メタ中間体では，このような不安定化効果が小さい．したがって，メタ中間体のほうが有利である．

オルト中間体　　　　　　　　　　パラ中間体

例題 5・4 次のアルキル化反応において，二つの異性体が生成することを説明せよ．

$$\text{C}_6\text{H}_6 + \text{CH}_3\text{CH}_2\text{CH}_2\text{Cl} \xrightarrow[5\,^\circ\text{C}]{\text{AlCl}_3} \text{C}_6\text{H}_5\text{CH}(\text{CH}_3)_2 + \text{C}_6\text{H}_5\text{CH}_2\text{CH}_2\text{CH}_3$$

解答 第一級カルボカチオンは非常に不安定で，1,2-水素移動を起こして第二級カチオンに転位しやすい（7章参照）．

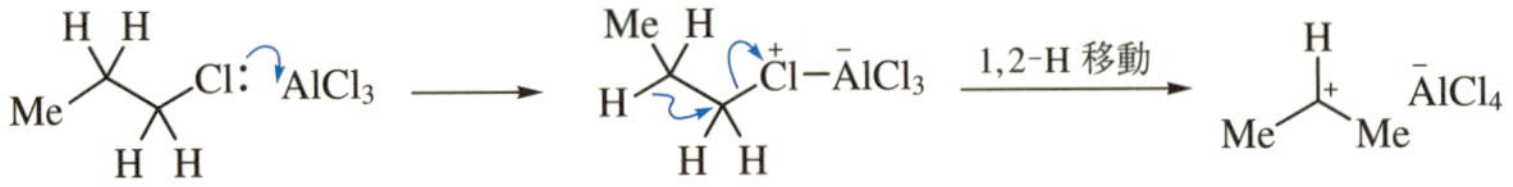

転位する前に反応すると

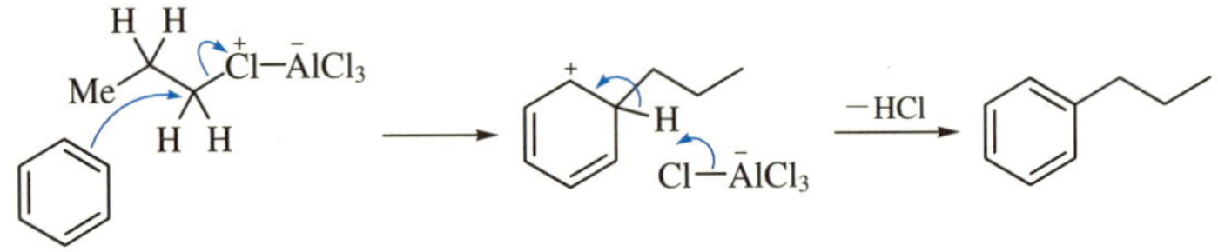

転位後に反応すると

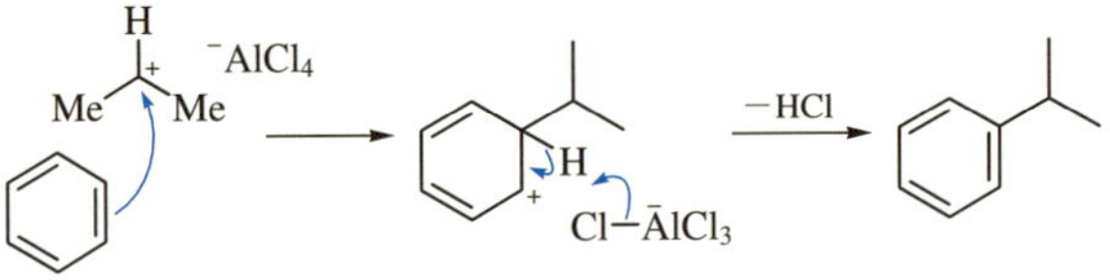

二置換ベンゼンの求電子置換反応においては，二つの置換基の配向効果のうち，より強い活性化効果をもつ置換基の配向性に従って生成物分布が決まる．典型的な例を，(5・15)式に示す．メチル基よりもアセチルアミノ（NHAc）基のほうが，活性化能が高いので，その配向性に従って反応する．

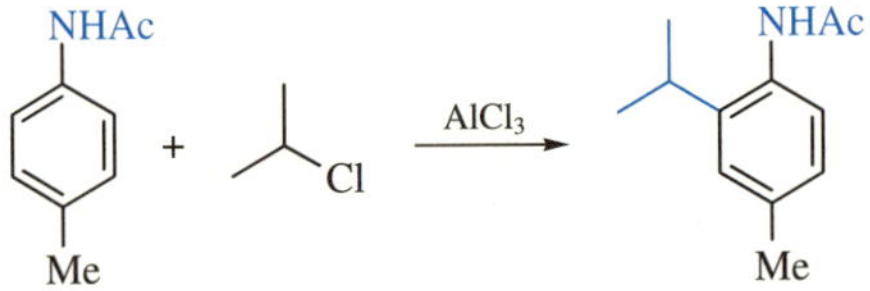

(5・15)

アミノ（NH_2）基は，塩基性で酸触媒や求電子剤と反応するなどの問題を生じるので，アセチル化してから反応させることが多い．NHAc 基は，アルカリ加水分解

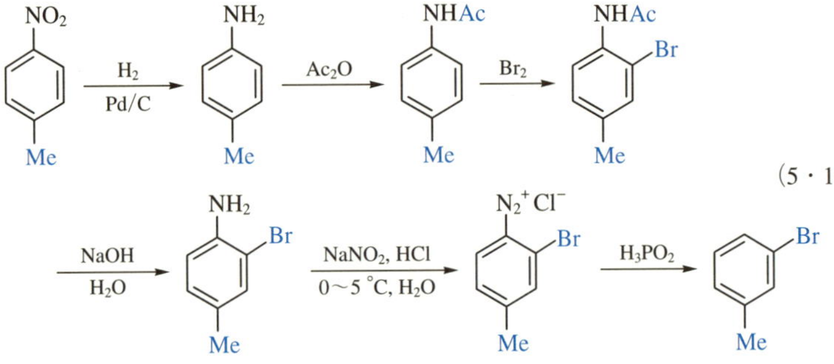

(5・16)

によって NH_2 に戻し，さらにジアゾ化し（§5・7），H_3PO_2 で還元すると取除くことができるので，反応性と配向性の制御のために用いられる．(5・16)式に例を示す．

配向性を制御するための保護基として，スルホン酸基も有用である．スルホン化反応が可逆であるために，この置換基も容易に取除くことができる．次の反応で，SO_3H 基はフェノールのパラ位を保護すると同時に，反応性を温和にする役割をしている．

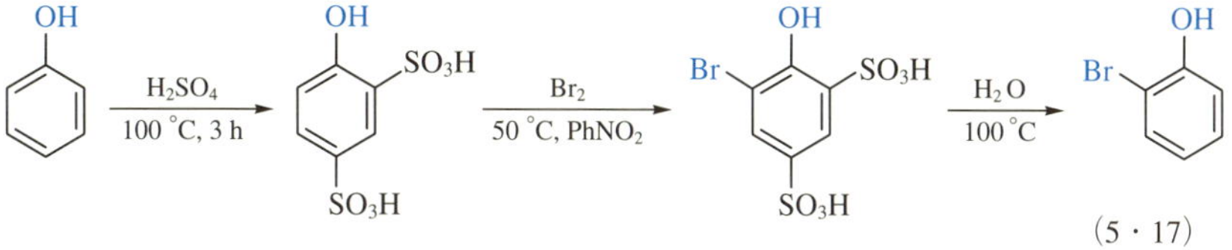

$$\text{(5・17)}$$

5・3 カルボニル基への求核付加反応

炭素－酸素二重結合（カルボニル結合）は，C と O の電気陰性度の違いのために分極しているので，カルボニル炭素は求電子的であり，求核攻撃を受けやすい．

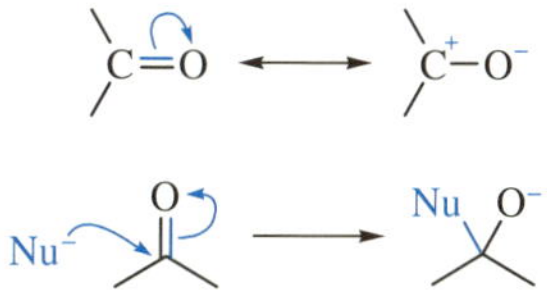

$$\text{(5・18)}$$

代表的な反応として，(5・19)～(5・21)式がある．付加中間体の酸素アニオンが電子を押込むために，逆反応が起こりやすくなっている〔(5・22)式〕ので，付加反応は可逆であり，酸が作用してはじめて平衡が生成系に偏る．

シアノヒドリン生成

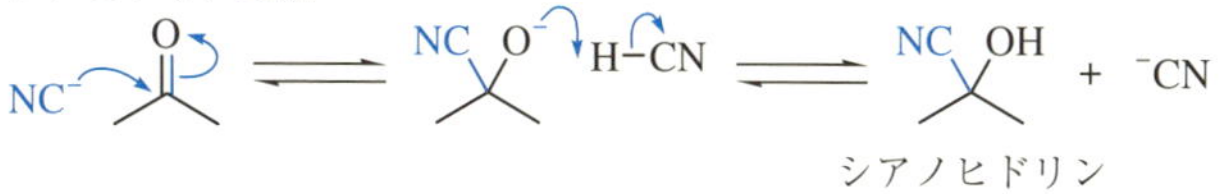

$$\text{(5・19)}$$

アルコールと水の付加

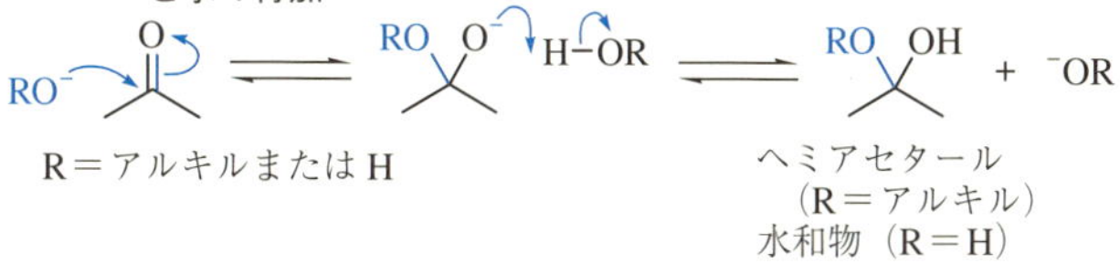

$$\text{(5・20)}$$

R＝アルキルまたは H

ヘミアセタール（R＝アルキル）
水和物（R＝H）

亜硫酸水素イオンの付加

$$\text{HO-S(=O)(O}^-\text{)} + \text{Na}^+ + \text{(C=O)} \xrightleftharpoons{\text{NaHSO}_3} \text{Na}^+ \text{{}^-O-S(=O)_2-C-OH} \rightleftharpoons \text{HO-S(=O)_2-C-O}^- \text{Na}^+ \quad (5\cdot21)$$

亜硫酸塩付加物
（結晶性）

逆反応

$$\text{Nu-C-O}^- \longrightarrow \text{C=O} + \text{Nu}^- \quad (5\cdot22)$$

一方，カルボニル酸素は非共有電子対をもっているので，塩基としてプロトンやほかのルイス酸と可逆的に結合することもできる．その結果，カルボニル基は活性化され，弱い（反応性の低い）求核種とも反応しやすくなる（酸触媒求核付加）．水和やアセタールの生成（水，アルコールの付加）がその典型的な例である．

酸触媒水和反応

$$\text{C=O} \xrightleftharpoons{\text{H}^+} \text{C=O}^+\text{H} \xrightleftharpoons{:\text{OH}_2} \text{HO-C-O}^+\text{-H} \xrightleftharpoons{-\text{H}^+} \text{HO-C-OH} \quad (5\cdot23)$$

例題 5・5 ^{18}O で標識されたアルデヒドを水溶液中で放置すると，同位体交換が起こり標識は失われる．反応式を示して，この同位体交換を説明せよ．

解答 水和反応と脱水反応が可逆的に起こる過程で標識された OH 基が失われる．反応は酸と塩基の触媒作用を受ける．

$$\text{R-C(=}{}^{18}\text{O)-H} + \text{H}_2\text{O} \xrightleftharpoons{\text{H}^+\text{または OH}^-} \text{R-C(}{}^{18}\text{OH)(OH)-H} \rightleftharpoons \text{R-C(=O)-H} + \text{H}_2{}^{18}\text{O}$$

水溶液中における**水和反応**の平衡定数を表 5・1 に示す．ホルムアルデヒドや電子求引基をもつアルデヒドは，水溶液中では水和されたほうが安定である．平衡定数は反応原系と生成系の安定性の差で決まるが，水和物では結合角が小さくなるのでケトンの二つのアルキル基の間の立体歪みが増大して不安定になる傾向を示す．

$$\text{sp}^2\ \text{R-C(=O)-R} \xrightarrow{\text{R,R が接近}} \text{sp}^3\ \text{R-C(OH)(OH)-R}$$
120°　　　　　　　　109.5°

$$\text{H-CH(Cl)-C(=O)-H} \leftrightarrow \text{H-CH(Cl)-C(-O}^-\text{)=}^+\text{H}$$

共鳴寄与が小さい

電子求引基があるとそれによる分極とカルボニル基の分極の反発のためにカルボニル化合物が不安定になる．その結果が平衡定数に現れている．

表 5・1 カルボニル化合物の水和反応の平衡定数

カルボニル化合物	K_h†	カルボニル化合物	K_h†
HCHO	2280	C_6H_5CHO	0.008
CH_3CHO	1.06	$p\text{-}NO_2C_6H_4CHO$	0.17
$ClCH_2CHO$	37.0	ピリジン-CHO	1.28
Cl_3CCHO	2000		
Me_2CHCHO	0.43	CH_3COCH_3	0.0014
$PhCH_2CHO$	2.93	CF_3COCF_3	1.2×10^6

† 25 ℃における K_h = [水和物]/[カルボニル化合物]．

酸触媒アセタール化は，ヘミアセタールから H_2O（もとのカルボニル酸素）が脱離することによって進行する．塩基性条件ではこの過程が進まないのでヘミアセタールしかできない．酸性条件では全過程が可逆であり，逆反応は酸触媒加水分解に相当する．すなわち，酸触媒反応はアルコール中ではアセタール生成に，水溶液中ではアセタールの加水分解になる．

酸触媒アセタール化

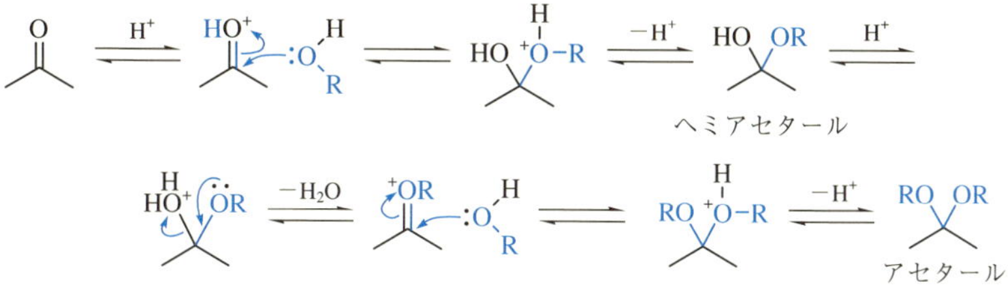

（ヘミアセタール）

（アセタール）
(5・24)

アミンの付加反応は少し様子が違う．通常アミンは十分求核性があり，中性のカ

イミンの生成

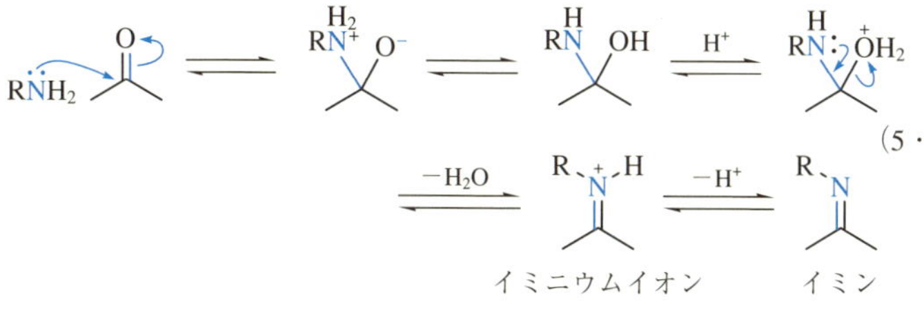

(5・25)

イミニウムイオン　　イミン

ルボニル結合を攻撃できる．この付加過程は可逆であるが，酸が OH に作用して脱離が起こると，C=N 結合を生成し，イミニウムイオン，ついで**イミン**（シッフ塩基ともいう）を生成することになる．第二級アミン（R_2NH）の場合には，イミニウムイオンの α 炭素から脱プロトン化して，エナミンを生じる．

例題 5・6 典型的なエナミンの生成反応は，次の反応例にみられる．イミニウム中間体からエナミンが生成する過程を巻矢印で示せ．

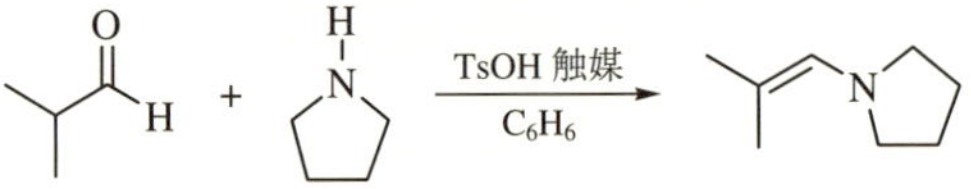

解答

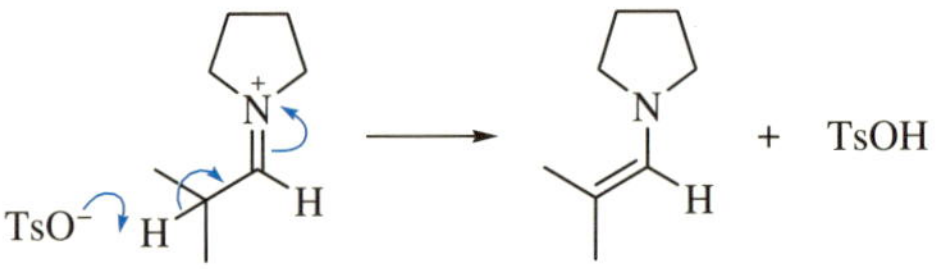

5・4 カルボニル基での求核置換反応

カルボニル炭素にヘテロ原子基をもつ化合物は，**カルボン酸誘導体**として分類される．このヘテロ原子基はアニオンとして脱離できるので，カルボニル付加体（**四面体中間体**）から脱離が起こり，結果的に**求核置換反応**になる．エステル加水分解がこの反応の代表例である．

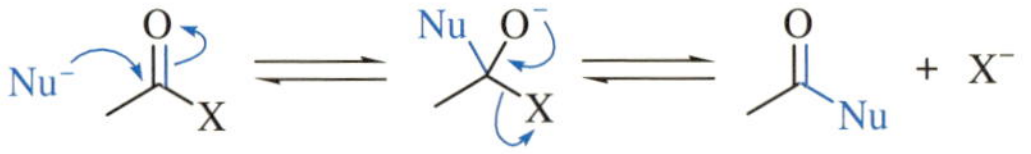

$$\text{Nu}^- + \underset{X}{\overset{O}{\|}}\text{C} \rightleftharpoons \underset{X}{\overset{\text{Nu} \ O^-}{\|}}\text{C} \rightleftharpoons \underset{\text{Nu}}{\overset{O}{\|}}\text{C} + X^- \quad (5 \cdot 26)$$

付加反応は，(5・23)式の水和反応と同じように酸触媒作用を受ける．エステルのアルカリ加水分解と酸触媒加水分解を反応例として示しておこう．酸触媒加水分解は完全に可逆であり，逆反応はカルボン酸の酸触媒エステル化に相当する．

エステルのアルカリ加水分解

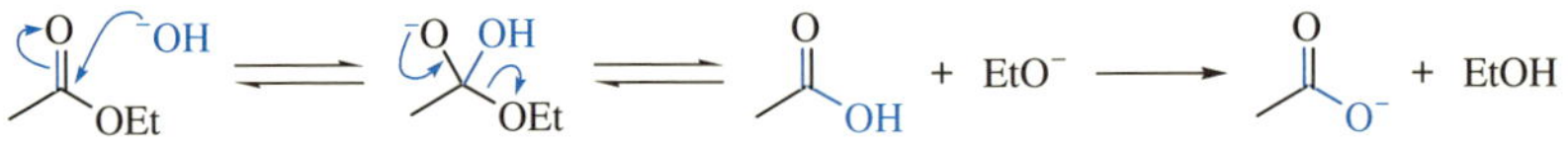

$$(5 \cdot 27)$$

エステルの酸触媒加水分解

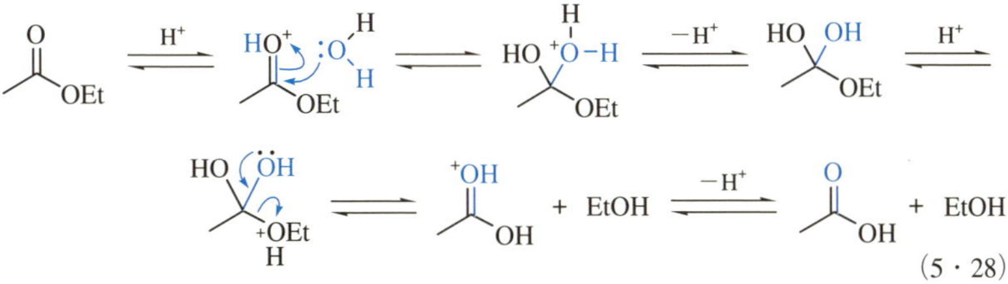

$$ (5\cdot28) $$

　カルボン酸誘導体のヘテロ原子基 X の非共有電子対は共鳴に関与しており，その寄与はヘテロ原子の電気陰性度が小さいほど大きく，その順に反応性も低下する．脱離基 X の脱離能も同じ順 Cl > OAc > OR > NR_2 に減少している．したがって，置換反応全体としても同じ順に反応性が低下する．

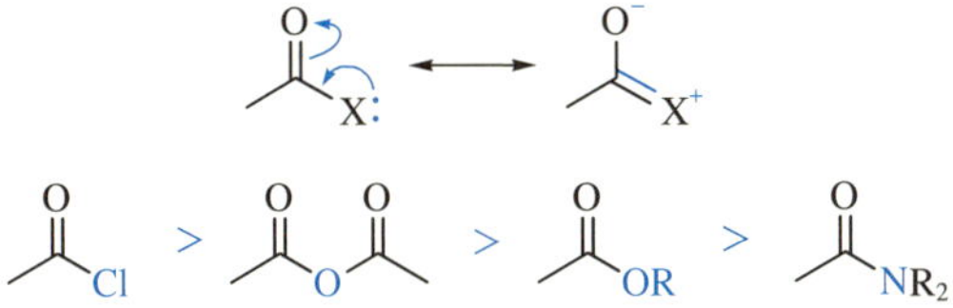

5・5 ヒドリド還元とグリニャール反応

5・5・1 ヒドリド還元

　カルボニル化合物のアルコールへの還元は，ヒドリドイオン H^- の付加とみなせる．実際に**金属水素化物**が還元剤として用いられ，その反応は求核付加と考えられる．ここで求核性を示すのは，非共有電子対ではなく弱い<u>金属-水素 σ 結合の結合電子対</u>であることに注意しよう．

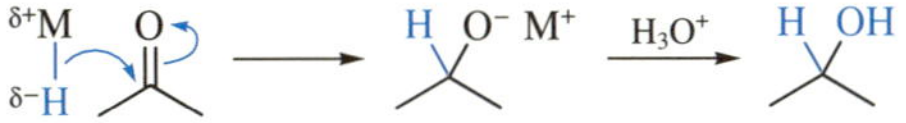

$$ (5\cdot29) $$

　よく用いられる還元剤は，**$LiAlH_4$** と **$NaBH_4$** であり，前者は反応性が高く，あらゆる種類のカルボニル化合物を還元できる．一方，後者は反応性が低く，アルコールや水を溶媒としてアルデヒド，ケトンの還元に用いられるが，エステルやアミドとは反応しない．

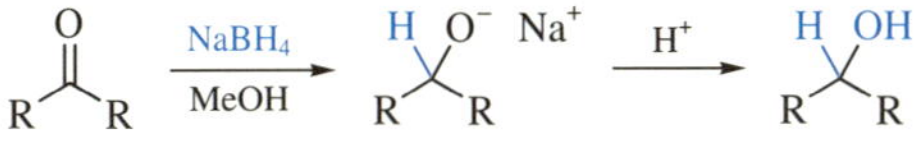

$$ (5\cdot30) $$

LiAlH$_4$ による還元で，エステルは第一級アルコールを，アミドはアミンを生成する．(5・31)式のリチウムオキシド中間体から RO$^-$ は脱離できるが，アミドから生成した中間体からは R$_2$N$^-$ が脱離できないためにイミニウムイオンを経てアミンを生成する〔(5・32)式〕．ヒドリド還元の選択性については，§8・4 でも述べる．

$$(5\cdot31)$$

$$(5\cdot32)$$

例題 5・7 ベンズアルデヒドを NaOH で処理すると，等モルのベンジルアルコールと安息香酸に変換される．この反応はカニッツァロ反応の一つであるが，どのように進むのか，巻矢印で示せ．

解答 OH$^-$ 付加中間体からもう 1 分子のベンズアルデヒドへのヒドリド移動で酸化還元が起こり，最後にプロトン移動でアルコールとカルボキシラートになる．

5・5・2 グリニャール反応

有機金属反応剤は，金属−炭素（M−C）結合をもち，この結合が金属ヒドリド（M−H）結合と同じように，炭素に部分負電荷をもつように分極しているので，炭素求核剤としてカルボニル基と反応する．すなわち，カルボアニオンが付加するかたちでC−C結合を形成する．

$$\underset{\delta-R}{\overset{\delta+M}{}}\overset{O}{\underset{}{}} \longrightarrow \underset{R}{\overset{R \; O^-M^+}{}} \xrightarrow{H_3O^+} \underset{R}{\overset{R \; OH}{}} \quad (5\cdot33)$$

アルキルリチウムとアルキルマグネシウムハロゲン化物 RMgX が代表的な反応剤であり，後者はグリニャール反応剤といわれる．**グリニャール反応**の例をあげておこう．アルデヒドやケトンに付加してアルコールを生成する．

$$R'MgX + \underset{R}{\overset{O}{}}R \xrightarrow{Et_2O} \underset{R}{\overset{O^- \; {}^+MgX}{\underset{R'}{}}} \xrightarrow{H_3O^+} \underset{R}{\overset{OH}{\underset{R'}{}}} \quad (5\cdot34)$$

エステルはグリニャール反応剤2当量と反応して，第三級アルコールを生成するのに対して，アミドは加水分解するとケトンを与える．これは，ヒドリド還元の場合と同じように，反応溶液中で RO⁻ は脱離できるのに R_2N^- が脱離できないからである．ニトリルとの反応も，ケトンの合成に用いられる．

$$\underset{R'-MgX}{\overset{O}{\underset{R}{}}OEt} \xrightarrow{Et_2O} \underset{R'}{\overset{O^- \; {}^+MgX}{\underset{R}{}}OEt} \xrightarrow{-\bar{O}Et} \underset{R'-MgX}{\overset{O}{\underset{R}{}}} \longrightarrow \underset{R'}{\overset{O^- \; {}^+MgX}{\underset{R'}{}R}} \xrightarrow{H_3O^+} \underset{R'}{\overset{OH}{\underset{R'}{}R}} \quad (5\cdot35)$$

$$\underset{R'-MgX}{\overset{O}{\underset{R}{}NMe_2}} \xrightarrow{Et_2O} \underset{R}{\overset{O^- \; {}^+MgX}{\underset{R'}{}NMe_2}} \xrightarrow{H_3O^+} \underset{R \; H}{\overset{:OH}{\underset{R'}{}\overset{+}{N}Me_2}}$$

$$\longrightarrow \underset{R' \; R}{\overset{{}^+OH}{}} + Me_2NH \rightleftharpoons \underset{R' \; R}{\overset{O}{}} + Me_2N^+H_2 \quad (5\cdot36)$$

二酸化炭素との反応はカルボン酸を与える．

$$RMgX + CO_2 \xrightarrow{\text{1)Et}_2\text{O, 2)H}_3\text{O}^+} RCO_2H \quad (5\cdot37)$$

5・6 求電子性アルケンへの求核付加反応

§5・1で述べたように，アルケンは元来求核的であり，電子求引基と共役してい

ても，臭素のような求電子剤と反応する．

$$\text{(CH}_3\text{CH=CHCOCH}_3) + \text{Br}_2 \longrightarrow \text{(CH}_3\text{CHBrCHBrCOCH}_3) \tag{5・38}$$

しかし，このような電子求引基と共役しているアルケンは，求電子的（電子不足）になっており，求核剤とも反応する．この反応はカルボニル基への**直接付加**（1,2-付加）に対応して**共役付加**（1,4-付加）*といわれる．

共役付加

$$\text{Nu}^- + \text{エノン} \longrightarrow \text{(Nu-CH-CH=C-O}^-) \longrightarrow \text{(Nu-CH-CH}_2\text{-CO-)}$$
$$\Updownarrow$$
$$\left(\text{Nu-CH-CH=C-OH}\right) \tag{5・39}$$

直接付加

$$\text{エノン} + \text{Nu}^- \longrightarrow \text{(CH=CH-C(Nu)-O}^-) \longrightarrow \text{(CH=CH-C(Nu)-OH)} \tag{5・40}$$

次のような反応が代表的な例である．エノンだけでなく，シアノ基やニトロ基と共役した二重結合も同じように求核付加を受ける．

$$(\text{CH}_3)_2\text{C=CHCOCH}_3 + \text{PhSH} \longrightarrow \text{PhS-C(CH}_3)_2\text{-CH}_2\text{-COCH}_3 \tag{5・41}$$

$$\text{CH}_2\text{=CHCOOMe} + \text{Me}_2\text{NH} \longrightarrow \text{Me}_2\text{N-CH}_2\text{CH}_2\text{-COOMe} \tag{5・42}$$

$$\text{CH}_2\text{=CHCN} + \text{EtOOC-CH}_2\text{-COOEt} \xrightarrow[30\,^\circ\text{C}]{\text{KOH, EtOH}} \text{EtOOC-CH(COOEt)-CH}_2\text{CH}_2\text{CN} \tag{5・43}$$

グリニャール反応剤や有機リチウム化合物は直接付加を起こしやすいが，銅塩を加えるとクプラート $R_2\text{CuLi}$ になり，選択的に共役付加体を与える．

---

* マイケル付加ともいう．

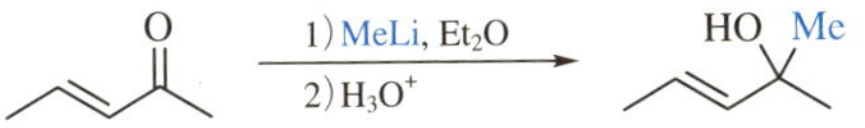

$$\text{(5·44)}$$

$$\text{(5·45)}$$

ハロゲン化水素の付加は酸触媒共役付加で進む。アルコールはカルボニル基への直接付加と同様に酸と塩基の触媒作用を受ける（§5·4参照）．

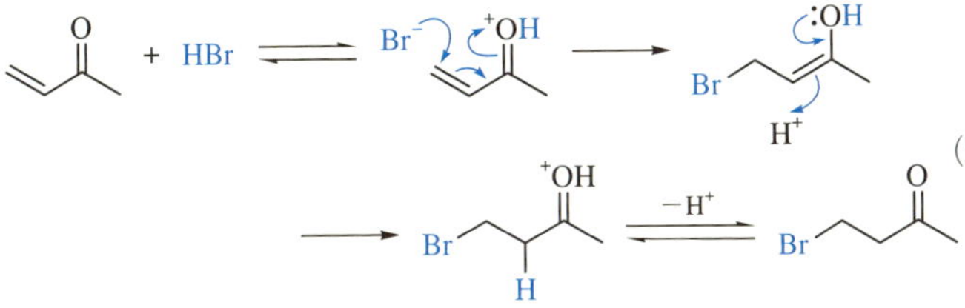

$$\text{(5·46)}$$

カルボニル基の β 位にハロゲンのような脱離可能なグループがあると，付加と脱離により β 位の置換反応になる．

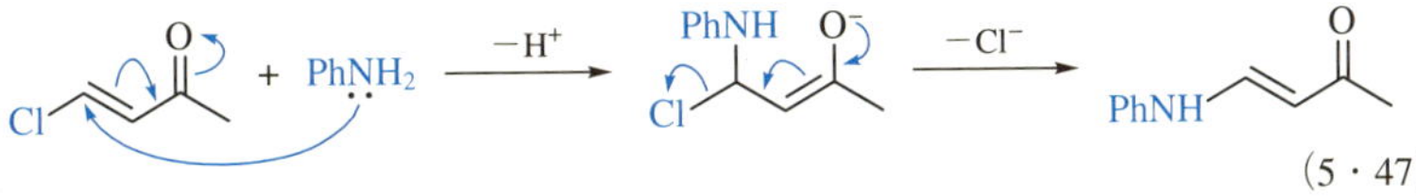

$$\text{(5·47)}$$

5·7 芳香族求核置換反応

ハロゲンのような<u>求核性脱離基</u>を有する芳香族化合物は求核置換反応も受ける．この反応は，反応条件によって付加脱離か脱離付加の段階的な反応として進行する．また，ジアゾニウム塩は，優れた脱離基 N_2 のために sp^2 炭素での S_N1 反応を起こすことができる．

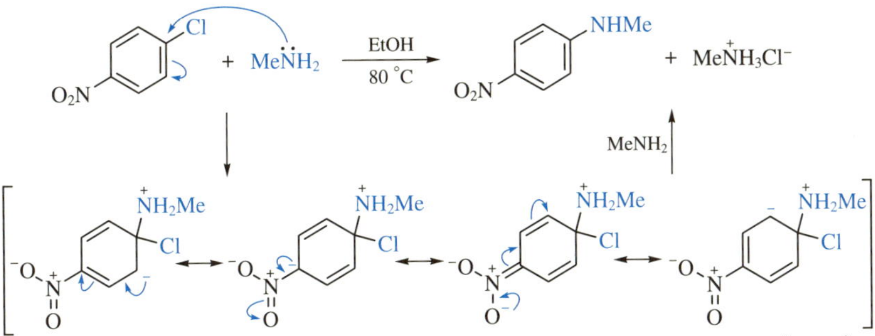

$$\text{(5·48)}$$

付加脱離反応は（5・48）式のように，ニトロ基などの電子求引基によって求核攻撃を促進し，中間体アニオンが安定化されるときに起こる．

活性化されていないハロベンゼンを，強塩基性条件あるいは塩基性で高温条件のような，強力な反応条件で反応させると，脱離反応により**ベンザイン**中間体を生じ，さらに求核付加を起こして，置換反応となる〔（5・49）式，（5・50）式〕．

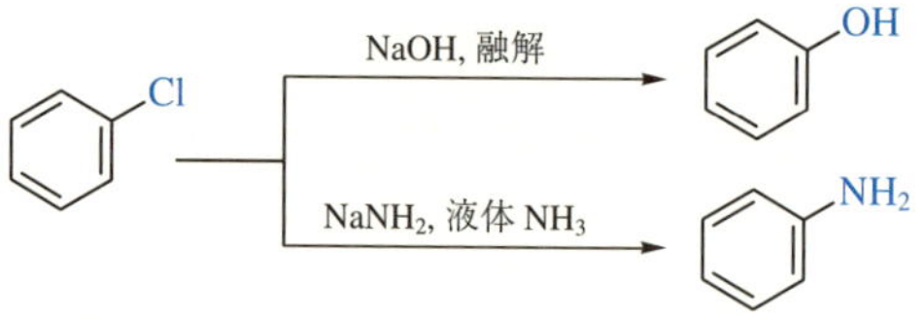

$$(5・49)$$

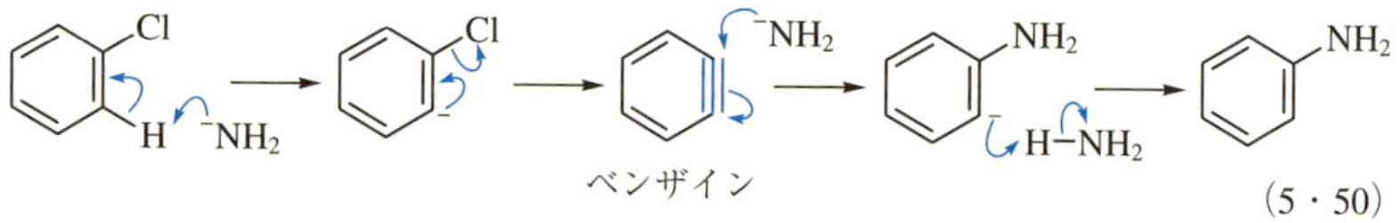

$$(5・50)$$

生成物は単純にハロゲンを置換したものだけでなく，隣接炭素に置換した生成物も生じる．このことはベンゼン環の炭素を同位体で標識して確かめることができる．また（5・51）式のように，p-メチル置換体の反応では位置異性体がほぼ等量生成してくることからもわかる．

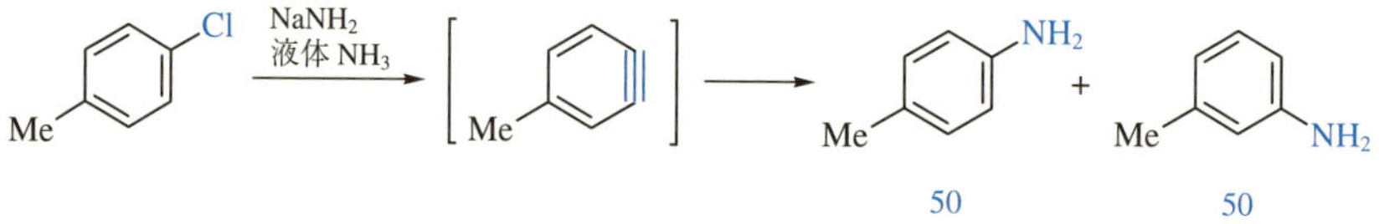

$$(5・51)$$

アニリンを氷冷下に亜硝酸（$NaNO_2$ + H_2SO_4 または HCl）で処理すると，ジアゾニウム塩を生じる（**ジアゾ化**）．N_2 は非常に優れた脱離基なので，加熱するとフェニルカチオンを生じ，S_N1 的な置換反応を起こす．

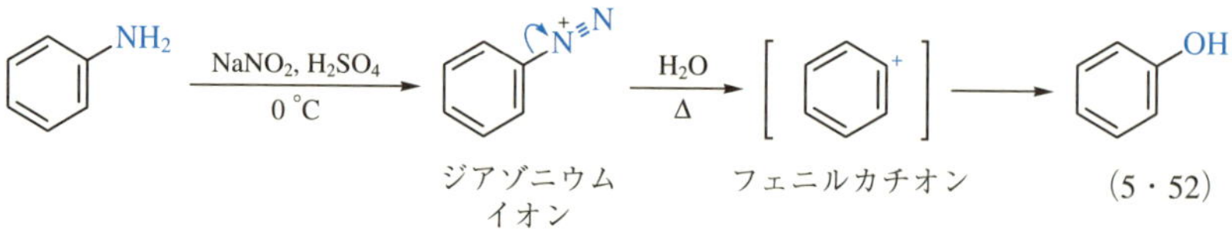

$$(5・52)$$

Cu(I)塩存在下の反応はザンドマイヤー反応とよばれ，電子移動を経て，フェニル

ラジカルを中間体とする反応と考えられている．

$$Y\text{-}C_6H_4\text{-}NH_2 \xrightarrow[0°C]{NaNO_2, HX} Y\text{-}C_6H_4\text{-}N_2^+ \ X^- \xrightarrow{CuX} Y\text{-}C_6H_4\text{-}X \quad (5\cdot53)$$

X = Cl, Br, CN

これらの反応を応用すれば，アニリン誘導体はジアゾ化を経て次に示すような種々の芳香族化合物に変換できる．

Ar–X (X = Cl, Br, CN, NO₂) ← CuX — Ar–N₂⁺ → 1) HBF₄ 2) Δ → Ar–F
Ar–H ← H₃PO₂ — Ar–N₂⁺
Ar–N₂⁺ → NaN₃ → Ar–N₃
Ar–N₂⁺ → H₂O → Ar–OH
Ar–N₂⁺ → KI → Ar–I

演習問題

5・1 次の反応の主生成物は何か，構造を示せ．〔§5・1〕

1) (CH₃)₂C=CH₂ + HI $\xrightarrow{Et_2O}$

2) Ph-CH=CH₂ + H₂O $\xrightarrow{H_2SO_4}$

3) 1-メチルシクロヘキセン + HCl $\xrightarrow{Et_2O}$

4) MeO-CH=CH₂ + MeOH $\xrightarrow{TsOH}$

5) 1-メチルシクロヘキセン + Br₂ + OH⁻ $\xrightarrow{H_2O}$

6) 1-メチルシクロヘキセン + H₂O $\xrightarrow{H_2SO_4}$

7) 1-メチルシクロヘキセン $\xrightarrow[2) NaBH_4]{1) Hg(OAc)_2, H_2O}$

8) 1-メチルシクロヘキセン $\xrightarrow[2) H_2O_2, NaOH]{1) BH_3, THF}$

9) CH₃CH₂C≡CH + H₂O $\xrightarrow[HgSO_4]{H_2SO_4}$

10) CH₃CH₂C≡CH $\xrightarrow[2) H_2O_2, NaOH]{1) BH_3, THF}$

5・2 1,5-シクロオクタジエンの BH₃ 付加と酸化によって，cis-1,5-ジオールが選択的に得られる．この反応を段階的に示せ．〔§5・1〕

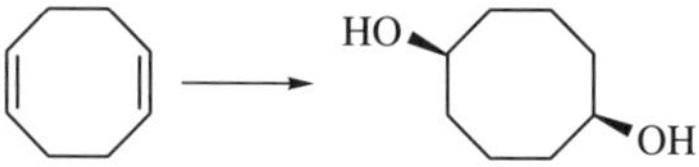

5・3 次の反応の主生成物は何か，構造を示せ．〔§5・2〕

1)  PhCOMe + HNO₃/H₂SO₄ →

2)  PhNHCOMe + Br₂/AcOH →

3) 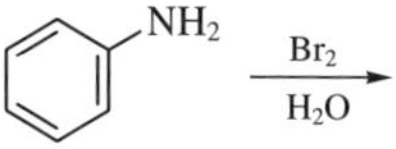 PhNH₂ + Br₂/H₂O →

4) 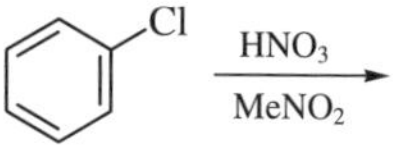 PhCl + HNO₃/MeNO₂ →

5) 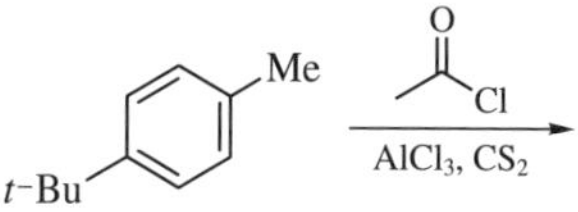 t-Bu-C₆H₄-Me + MeCOCl / AlCl₃, CS₂ →

6) 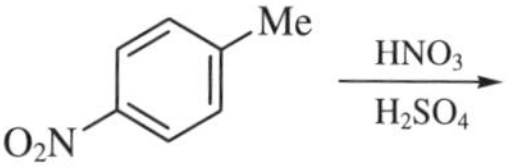 O₂N-C₆H₄-Me + HNO₃/H₂SO₄ →

7) 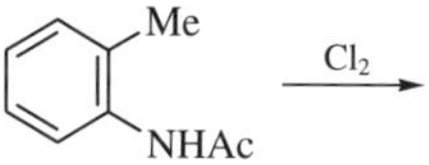 2-Me-C₆H₄-NHAc + Cl₂ →

8) 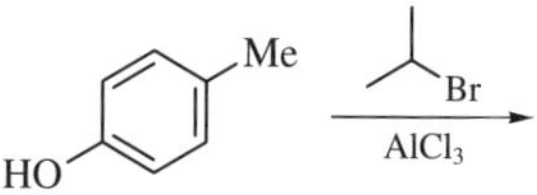 4-HO-C₆H₄-Me + i-PrBr / AlCl₃ →

5・4 次の反応がどのように進むか，巻矢印で示せ．

1) 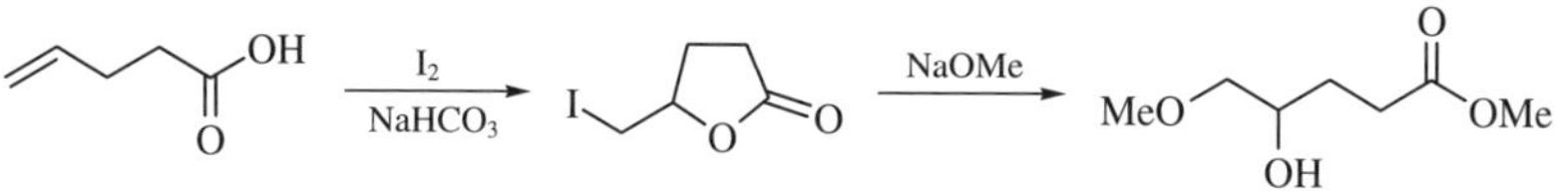 CH₂=CHCH₂CH₂COOH + I₂/NaHCO₃ → (ヨードラクトン) + NaOMe → MeOCH₂CH(OH)CH₂CH₂COOMe

2) 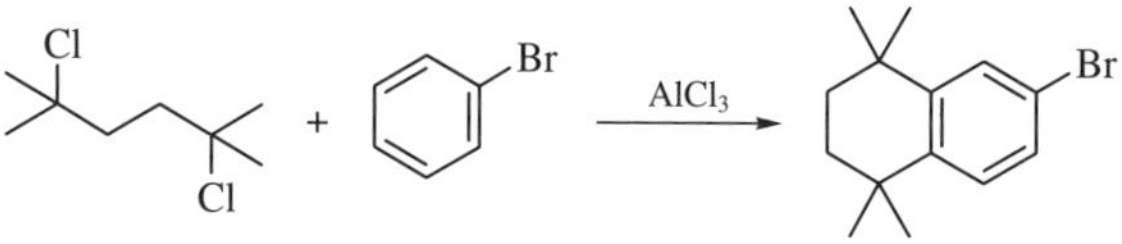 2,5-ジクロロ-2,5-ジメチルヘキサン + PhBr → (AlCl₃) → 臭素置換テトラメチルテトラヒドロナフタレン

3) 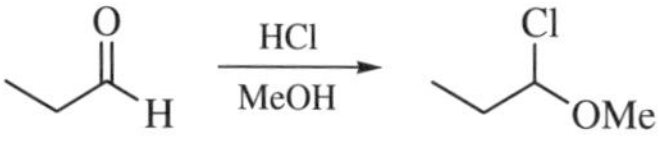 CH₃CH₂CHO + HCl/MeOH → CH₃CH(Cl)CH(OMe)

4) 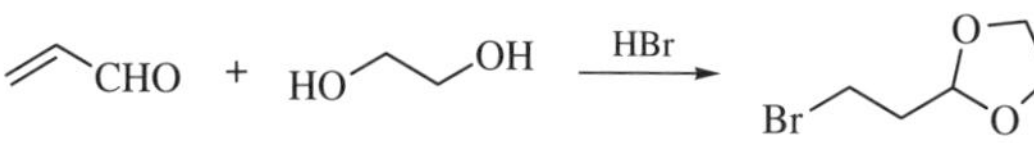 CH₂=CHCHO + HOCH₂CH₂OH → (HBr) → BrCH₂CH₂-1,3-ジオキソラン

5) (CH₃)₂C(OH)SO₃⁻Na⁺ + NaCN → (CH₃)₂C(OH)CN

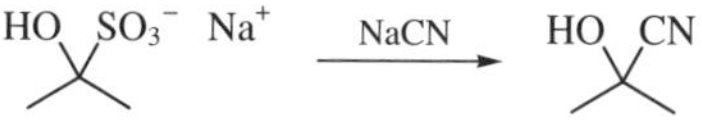

6) 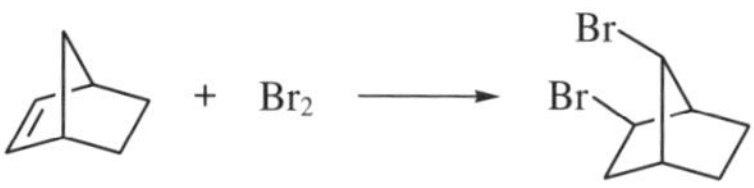 ノルボルネン + Br₂ → ジブロモノルボルナン

5・5 次の反応について以下の問いに答えよ．〔§5・2〕

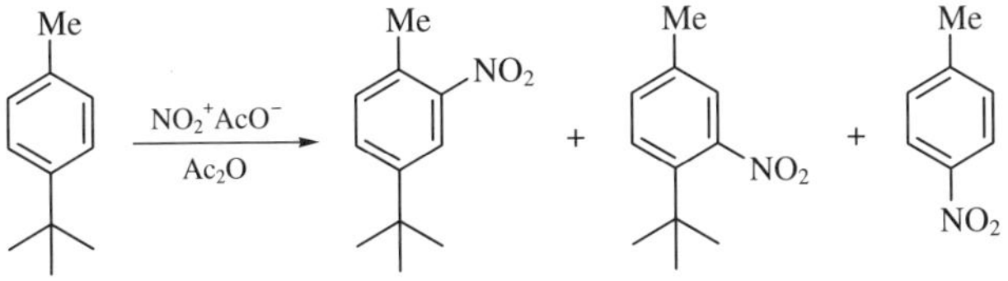

(A) 82 + (B) 8 + (C) 10

1) 生成物 (B) よりも (A) が多く生成する理由を説明せよ．
2) 生成物 (C) が生成する反応経路を，巻矢印を使って段階的に示し，この反応が進む理由を述べよ．

5・6 ベンゼンから次の化合物を合成するための反応経路を示せ．〔§5・2〕

1) 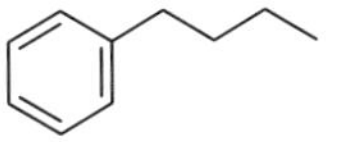 (フェニルブタン) 2) 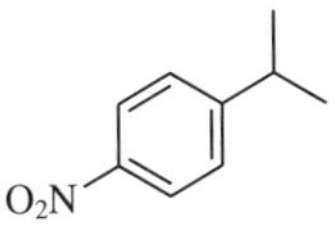 p-ニトロクメン 3) 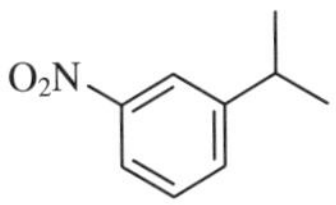 m-ニトロクメン 4) 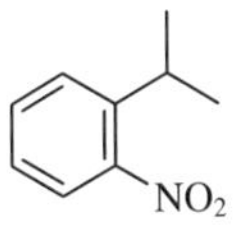 o-ニトロクメン
5) 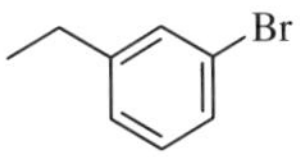 m-ブロモエチルベンゼン 6) 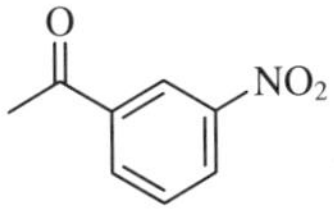 m-ニトロアセトフェノン 7) 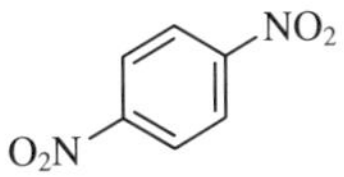 p-ジニトロベンゼン 8) 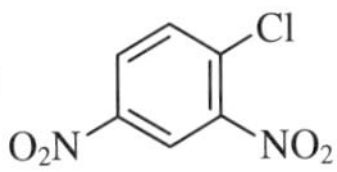 2,4-ジニトロクロロベンゼン

5・7 アニリンのスルホン化を硫酸中で行うとき，アニリンは硫酸でプロトン化されてアニリニウムイオンになるので，アンモニオ基 NH_3^+ のメタ配向性を考えて，m-アミノベンゼンスルホン酸が生成すると予想した．実際に反応を行ってみると，主生成物としてオルト異性体とパラ異性体が得られた．この結果について説明せよ．〔§5・2〕

5・8 1-ナフタレンスルホン酸を水とともに加熱すると，脱スルホン化が起こりナフタレンを生成する．この反応の機構を巻矢印を用いて示せ．〔§5・2〕

5・9 シアノヒドリンを合成するとき，NaCN 水溶液に H_2SO_4 を加える．この反応条件が合理的である理由を説明せよ．〔§5・3〕

5・10 水和平衡定数が，HCHO > MeCHO > MeCOMe の順になる理由を説明せよ．〔§5・3〕

5・11 ベンズアルデヒドの水和平衡定数がアセトアルデヒドよりも小さい理由を述べよ．〔§5・3〕

5・12 シクロペンタノンとシクロヘキサノンのシアノヒドリン生成反応の平衡定数は，34 と 1700 である．この平衡定数の違いを説明せよ．〔§5・3〕

5・13 アセタールが酸性水溶液中で加水分解されるのに，塩基性水溶液中では安定である．その理由を述べよ．〔§5・3〕

5・14 イミンの酸触媒加水分解の反応機構を式で示せ．〔§5・3〕

5・15 次に比較する二つのエステルは，どちらが加水分解されやすいと考えられるか．a) 酸触媒加水分解と b) アルカリ加水分解の場合について，理由とともに答えよ．〔§5・4〕

1) $H_3C-CO-OEt$ $FH_2C-CO-OEt$ 2) $H_3C-CO-OEt$ $(H_3C)_3C-CO-OEt$

3) $H_3C-CO-OEt$ $H_3C-CO-OPh$ 4) $PhCO-OEt$ $4\text{-}Cl\text{-}C_6H_4\text{-}CO-OEt$

5・16 メチルエステルを酸性エタノールに溶かすと，エステル交換が起こる．この反応を段階的に巻矢印を用いて示せ．また，塩基性エタノール中ではどのような反応が起こるか，反応式で示せ．〔§5・4〕

5・17 酢酸エチルを $H_2{}^{18}O$ 中でアルカリ加水分解すると，^{18}O で標識された酢酸が生じるとともに，カルボニル酸素が ^{18}O 標識された酢酸エチルも検出された．反応機構を示してこれらの事実を説明せよ．〔§5・4〕

$$Me-CO-OEt + H^{18}O^- \longrightarrow CH_3-C(^{18}O)-O^- \text{ および } CH_3-C(^{18}O)-OEt$$

5・18 無水コハク酸はメタノール中で酸性条件と塩基性条件で異なる生成物を生じる．反応式を示して理由を説明せよ．〔§5・4〕

無水コハク酸 + MeOH $\xrightarrow{H^+}$ $MeO_2C\text{-}CH_2\text{-}CH_2\text{-}CO_2Me$

無水コハク酸 + MeOH $\xrightarrow{MeO^-}$ $MeO_2C\text{-}CH_2\text{-}CH_2\text{-}CO_2H$

5・19 次のエステルとアミドは水溶液中では平衡状態にあり，平衡は pH＜4 で

はエステルに，pH > 10 ではアミドに偏っている．〔§5・4〕

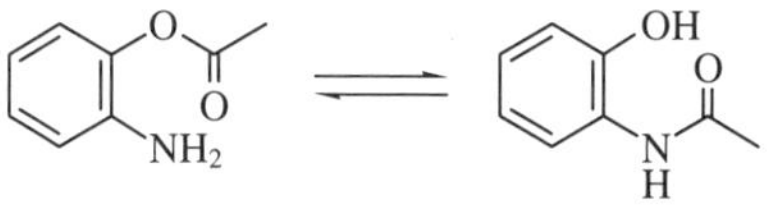

1) この平衡反応の機構を巻矢印で示せ．
2) 平衡の位置が酸性とアルカリ性で異なる理由を説明せよ．

5・20 ニトリル R^1CN とグリニャール反応剤 R^2MgBr の反応でケトンが生じる反応経路を巻矢印で示せ．〔§5・5〕

5・21 グリニャール反応を用いて，次の化合物を合成するための反応式を書け．出発物を示してある場合には，必要な反応剤を示すこと．〔§5・5〕

1) 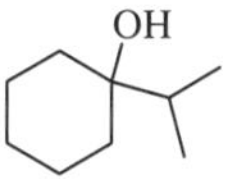 2) 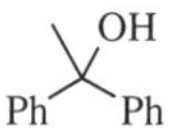 3) 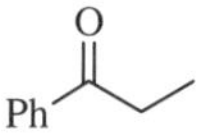 4) 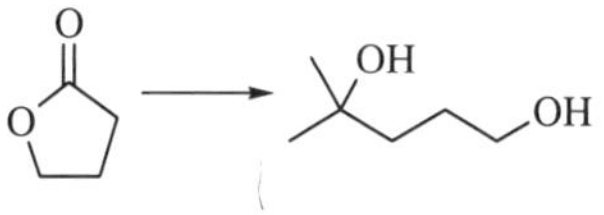 →

5) 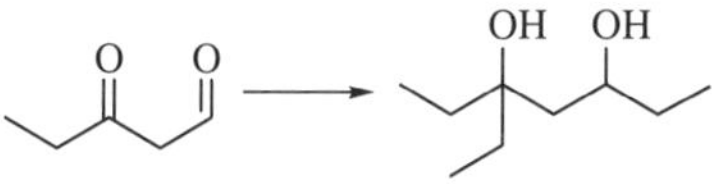 → 6) 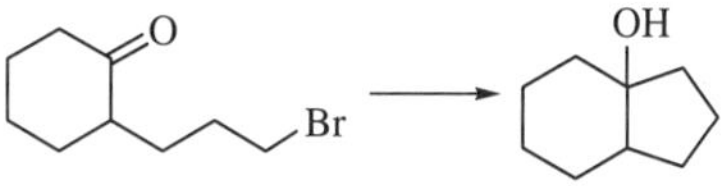 →

5・22 (5・41), (5・42), および (5・43)式の反応がどのように進むか，巻矢印を用いて段階的に示せ．〔§5・6〕

5・23 次の反応はどのように進むか，巻矢印を用いて段階的に示せ．〔§5・6〕

1)

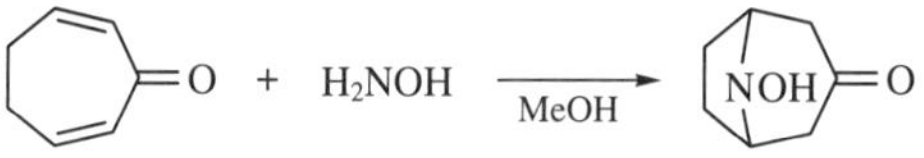

2)

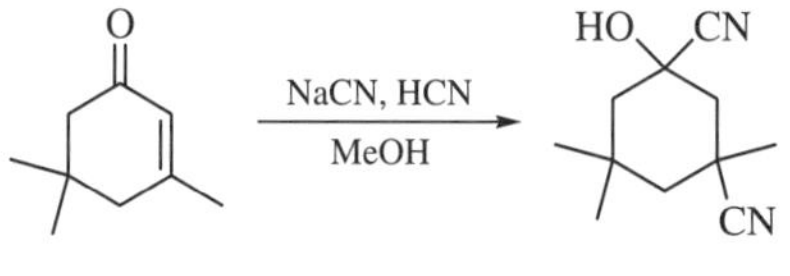

5・24 次の二つのグリニャール反応において，それぞれ主生成物は直接付加体と共役付加体である．その理由を説明せよ．〔§5・6〕

1)

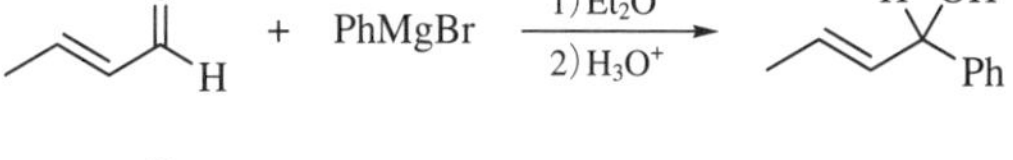

2)

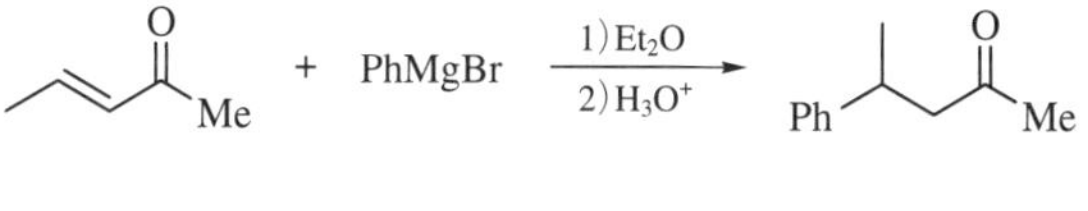

5・25 次のグリニャール反応は，反応剤を過剰に用いても，酸処理後に出発エノンを含む3種類の化合物を与える．反応中間体を示し，それらの生成機構を巻矢印を用いて示せ．〔§5・5, §5・6〕

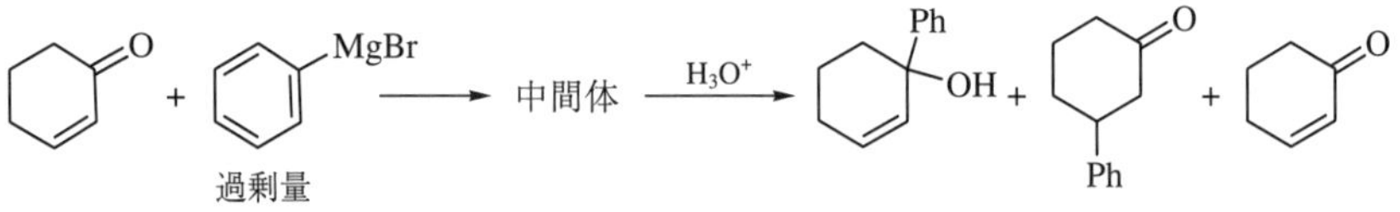

5・26 次の反応はどのように進むと考えられるか．反応式を書いて示せ．ヒント: 第三級アミンは求核種にもなる．〔§5・3, §5・6〕

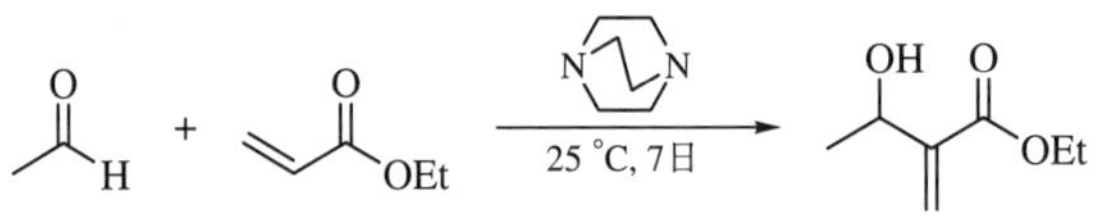

5・27 o-ニトロハロベンゼンの求核置換反応において，フルオロ体はクロロ体あるいはブロモ体よりも $10^2 \sim 10^3$ 倍速く反応する．これはハロゲンの電気陰性度と関係している．反応機構に基づいて，フルオロ体の反応性が高い理由を説明せよ．〔§5・7〕

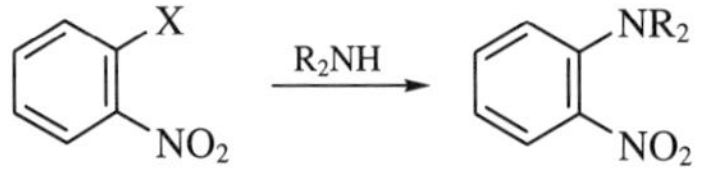

反応速度　X: F > Cl ≈ Br > I

5・28 o-クロロアニソールを液体アンモニア中で $NaNH_2$ と反応させると，m-アミノ体だけが得られる．この理由を反応機構に基づいて説明せよ．〔§5・7〕

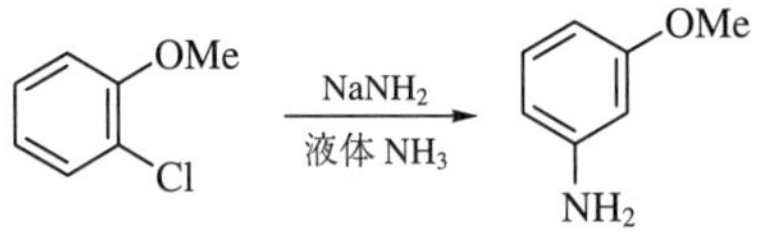

5・29 次の反応の主生成物は何か．理由をつけて答えよ．〔§5・7〕

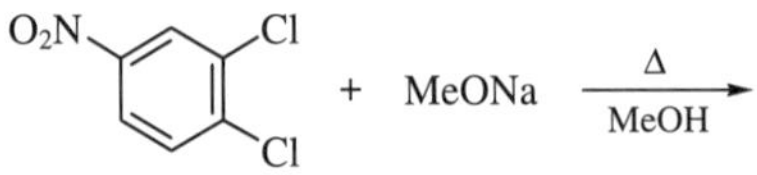

5・30 ベンゼンから次の化合物を合成するための反応経路を示せ．〔§5・7〕

演 習 問 題

1) 4-chloro-1-fluorobenzene (F para to Cl)

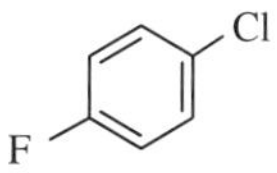

2) 1-chloro-2-iodobenzene

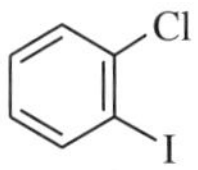

3) 3-bromophenol

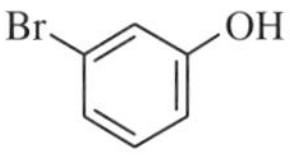

4) 4-nitrobenzonitrile

5) 1-ethoxy-2,4-dinitrobenzene

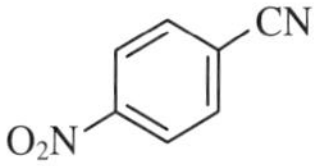

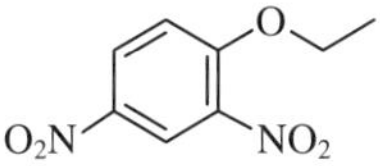

6

エノールとエノラートの反応

　カルボニル基の隣接水素（α水素）は，カルボニル基の電子求引性のために酸性になっている（§2・3参照）．その水素の移動によってエノールが生成し，カルボニル化合物はエノール互変異性体と平衡状態になる．カルボニル基は，その極性のために求核種の攻撃を受けやすく，求電子種として反応する（§5・3参照）が，エノールおよびエノラートのC＝C結合は酸素の非共有電子対のために求核性が大きいので，求電子種と速やかに反応する．エノール化することによって極性が変わるといえる．本章ではエノールとその誘導体の反応について述べる．

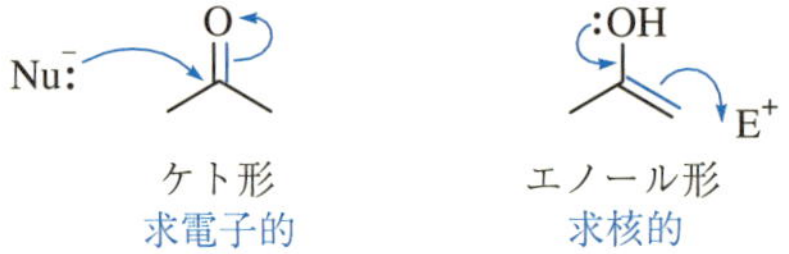

ケト形　　　　　　エノール形
求電子的　　　　　求核的

6・1 エノール化

　カルボニル化合物のエノール化は，酸および塩基の触媒作用によって加速される．酸が作用してカルボニル酸素にプロトン化が起こると，その電子引出し効果によって弱塩基（溶媒）で脱プロトン化が起こる〔(6・1)式〕．一方，塩基が直接作用すると，まずエノラートイオンが生成し，ついで酸素にプロトン化することによりエノールが生成する〔(6・2)式〕．

酸触媒エノール化

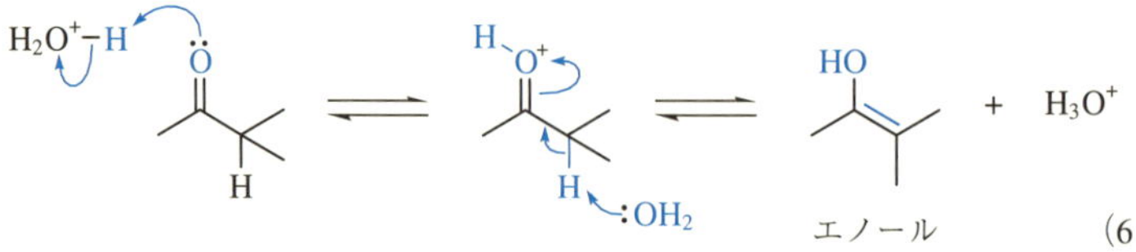

$$\text{(6・1)}$$

6・1 エノール化

塩基触媒エノール化

$$\text{(反応式)} \quad \text{エノラートイオン} \quad \text{エノール} \quad + \ ^-\text{OH} \qquad (6\cdot 2)$$

ケト-エノール平衡とそれぞれの酸解離は次のようなサイクルをなしている．単純なカルボニル化合物のエノール化平衡定数 K_E は非常に小さい．pK_E（$= -\log K_E$）は pK_a とともに表 6・1 にまとめたように求められている．ケトンの α 水素の pK_a は 18～20 であるが，エノールの pK_a は約 11 であり，フェノールの pK_a に匹敵する．二つの pK_a の差が pK_E に相当する．

表 6・1　カルボニル化合物のエノール化と酸性度定数

ケト形	pK_E	$pK_a^{K\dagger}$	$pK_a^{E\dagger}$	ケト形	pK_E	$pK_a^{K\dagger}$	$pK_a^{E\dagger}$
アセトアルデヒド	6.23	16.73	10.50	アセトフェノン (Ph)	7.96	18.31	10.34
イソブチルアルデヒド	3.86	15.49	11.63	シクロヘキサノン	6.39	18.09	11.70
アセトン	8.33	19.27	10.95	シクロペンタノン	7.94	19.1	11.2

† pK_a^K はケト形の pK_a．pK_a^E はエノール形の pK_a．

2 種類の α 水素をもつケトンのエノール化には，位置選択性の問題が生じる．この問題は §8・2 でも述べるが，(6・3)式と(6・4)式は<u>熱力学的な選択性</u>を示して

$$\text{メチルエチルケトン} \xrightleftharpoons[pK_E = 7.51]{} \text{エノール} \qquad (6\cdot 3)$$

$$\text{メチルエチルケトン} \xrightleftharpoons[pK_E = 8.76]{} \text{エノール} \qquad (6\cdot 4)$$

いる．メチレン水素のほうが，メチル水素よりも 20 倍ほど酸性が強いことを意味し，多置換アルケンの安定性を反映しているといえる．

6・2 エノールの反応

ハロゲン存在下，アルデヒドやケトンに酸あるいは塩基を作用させると，**α-ハロゲン化**が起こる．この反応の速度はハロゲンの種類や濃度に依存せず，エノール化過程を律速段階として進行している．

α-ハロゲン化

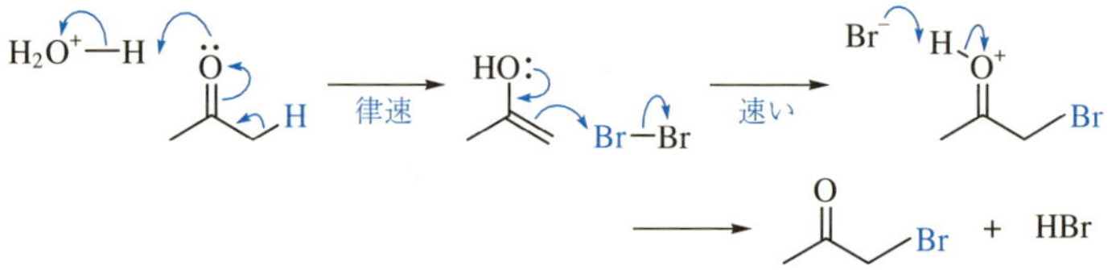

$$(6・5)$$

メチルケトンを塩基性条件でハロゲン化すると，生成した α-ハロケトンの反応性がもとのメチルケトンよりも大きくなるので，さらにハロゲン化が進行する．最終的には OH⁻ が求核種としてカルボニル基に付加し，酸素アニオンの電子押込み効果によってトリハロカルボアニオンが脱離して，ハロホルムとカルボン酸を与える．この反応は**ハロホルム反応**とよばれる．

ハロホルム反応

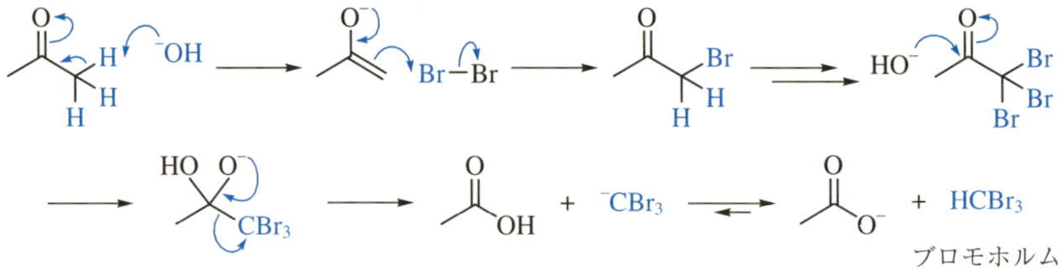

ブロモホルム

$$(6・6)$$

重水中でエノール化が可逆的に起こると，H/D 交換反応が誘起される．α 炭素が立体中心になっている場合には，ラセミ化（またはエピ化）が起こる．

H/D 同位体交換反応

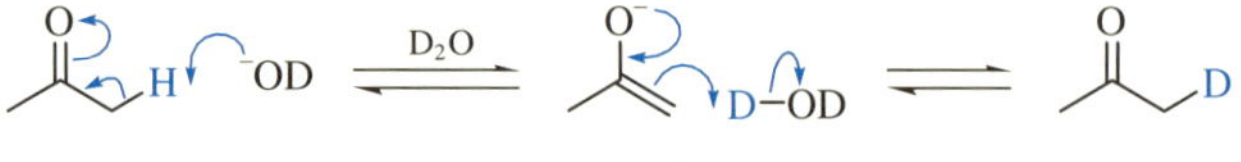

$$(6・7)$$

例題 6・1　(*R*)-3-フェニル-2-ブタノンを酸性エタノールに溶かすと，溶液の旋光度が徐々に失われていく．この現象を説明せよ．

解答　酸触媒エノール化が可逆的に起こると，エノールでキラリティーがなくなるのでラセミ化を伴う．

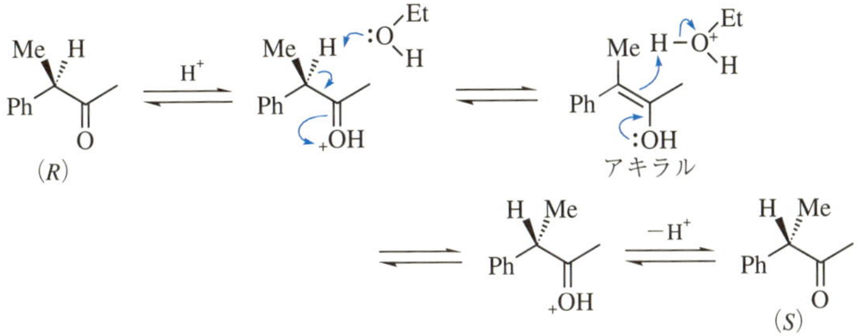

6・3 アルドール反応

エノラートあるいはエノールが求核種として C=O 結合に付加すると，**アルドール**（β-ヒドロキシアルデヒドまたはケトン）を生成する．生成したアルドールは脱水反応を受けて，エノンを与える．この脱離過程は，塩基触媒と酸触媒で，それ

塩基触媒アルドール反応

(6・8)

脱水反応（E1cB 反応）

(6・9)

酸触媒アルドール反応と E1 反応

(6・10)

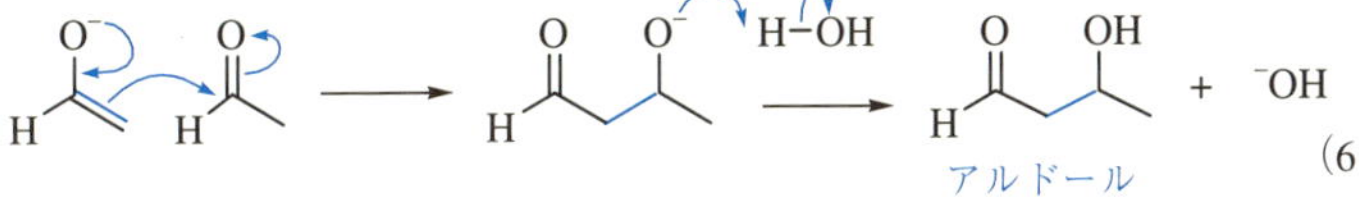

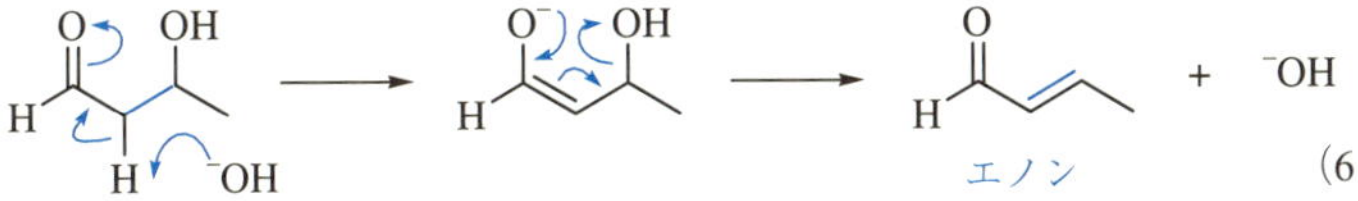

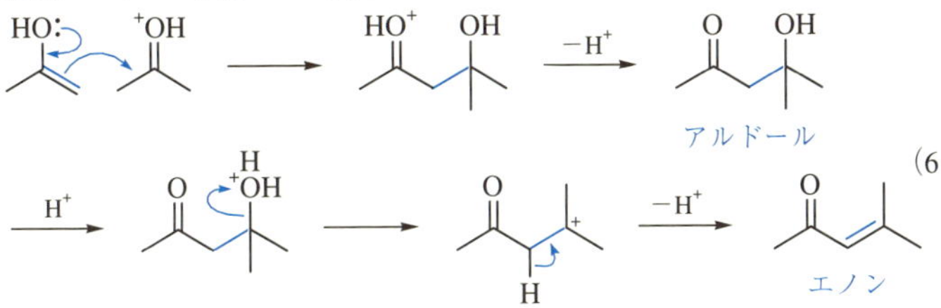

それE1cB機構とE1機構で進行する．

6・4 クライゼン縮合: カルボニル化合物のアシル化

エノラート求核種がエステルと反応すると，付加脱離によりβ-ケト誘導体を生じる．すなわち，エノラートの前駆体がアシル化される．この反応は**クライゼン縮合**とよばれる．酢酸エチルが自己縮合すれば，アセト酢酸エチルが生成する〔(6・12)式〕．クライゼン縮合の各段階は可逆であるが，生成物のβ-ケト誘導体の酸性度が高いので，エノラートになって平衡が生成系に偏る．

クライゼン縮合

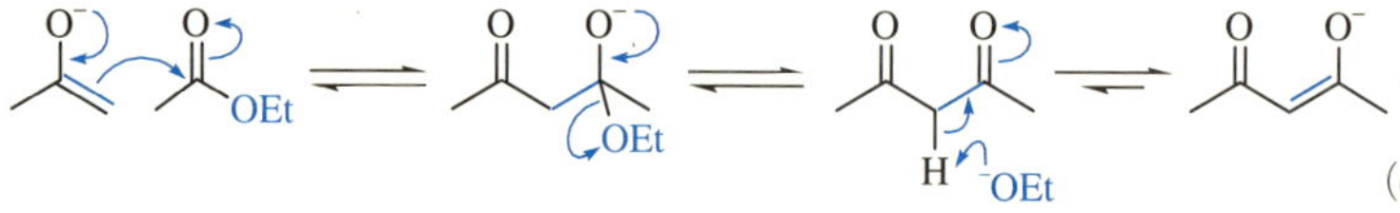

（式 6・11）

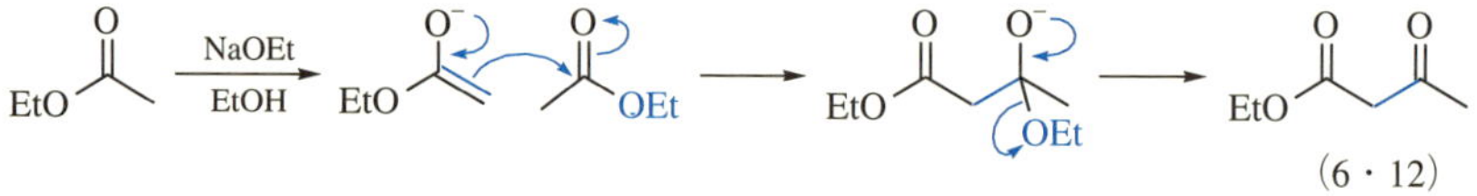

（式 6・12）

6・5 エノール等価体のアルキル化

エノラートを求核種とするS_N2反応が起こると，その結果はカルボニル化合物のアルキル化になる．エノラートを平衡的に発生させるような反応条件では，共存するカルボニル化合物が求電子種としてアルキル化剤と競争することになり，反応性の高いアルデヒドやケトンではアルドール反応が避けられない．またジアルキル化も無視できない．このような場合には，**エノール等価体**を用いることによって副反応を避けることができる．

（式 6・13）

6・5・1 リチウムエノラート

強塩基を1当量用いてケトンを完全にエノラートに変換し，ケトンが共存しない条件でアルキル化すれば，アルドール反応が抑制できる．低温で立体障害の大きいリチウムアミドを塩基として用いてエノラートを生成し，ついでアルキル化剤を加えて反応する．よく使われる塩基はリチウムジイソプロピルアミド（**LDA**）である．

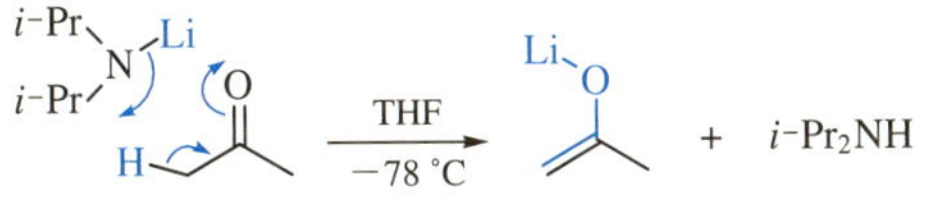

6・5 エノール等価体のアルキル化

$$\text{(6・14)}$$

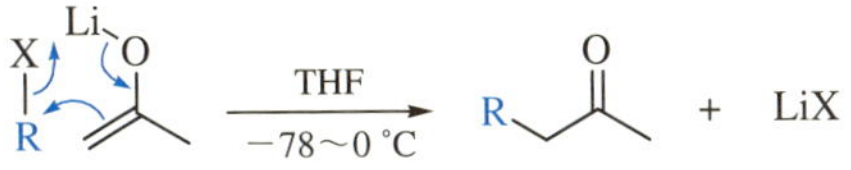

$$\text{(6・15)}$$

反応は S_N2 機構で進むので，次のような反応性序列になり，第三級アルキル誘導体は反応しない．

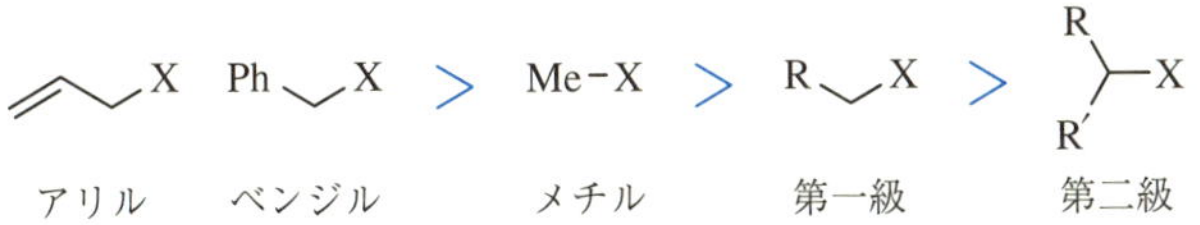

アリル　ベンジル　メチル　第一級　第二級

エステルのアルキル化もリチウムエノラートを用いて行える．しかし，アルデヒドは反応性が高いために，低温でもアルドール反応が避けられないし，塩基として用いたアミド（LDA）がカルボニル基へ付加する可能性も問題になる．

6・5・2 エナミン

アルデヒドおよびケトンを第二級アミンと反応させると，エナミンが生成する（§5・3参照）．エナミンは求核性の強いアルケンであり，反応性の高いアルキル化剤と反応する．

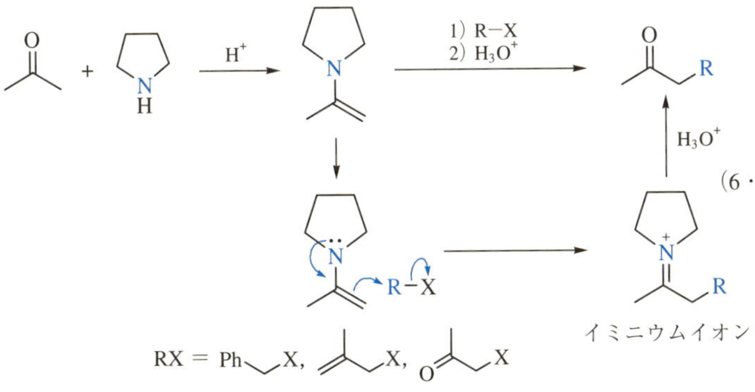

$$\text{(6・16)}$$

イミニウムイオン

第一級アルキルハロゲン化物のような単純で反応性の低いアルキル化剤は，N-アルキル化〔(6・17)式〕を起こしやすいので，C-アルキル化の収率が下がる．

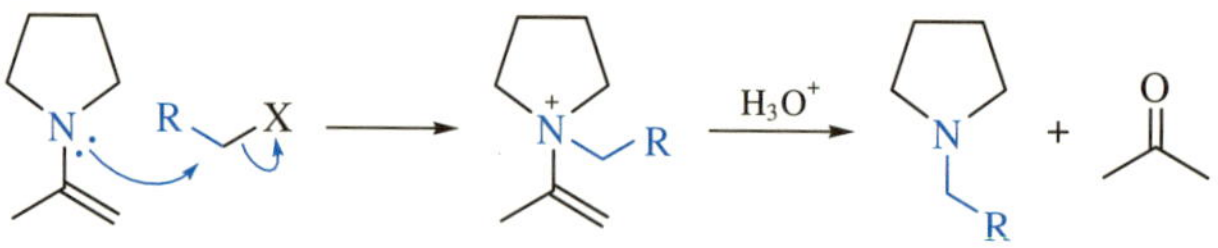

6・5・3 エノールシリルエーテル

エノールシリルエーテルはエノラートをシリル基で保護したものとみなせる.エナミンよりも低反応性であり,強力なアルキル化剤を使う必要がある.$TiCl_4$ や $SnCl_4$ のようなルイス酸存在下にハロゲン化第三級アルキルなどの S_N1 反応しやすい求電子剤を用いると,カルボカチオンが生成して,これがアルキル化剤になる.

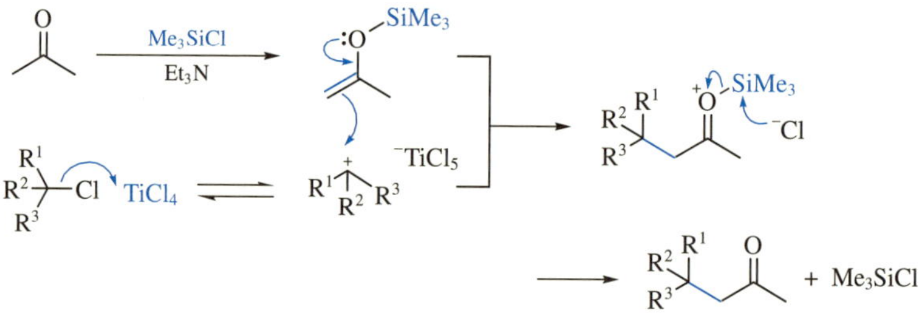

$$(6・18)$$

6・5・4 アザエノラート

アルデヒドと第一級アミンから生成したイミンをLDAのような強塩基で処理すると,エノラートの窒素等価体であるアザエノラートが得られる.アザエノラートは強力なエノラート等価体として S_N2 反応を起こす.イミンはアルデヒドほど求電子性が高くないので,自己縮合の問題も起こらない.したがって,アルデヒドのアルキル化にはアザエノラートを用いるのがよい.

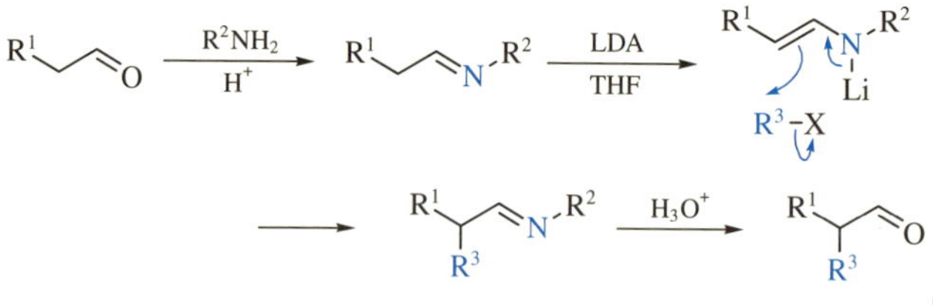

$$(6・19)$$

6・5・5 ニトリルとニトロアルカンのアルキル化

シアノ基とニトロ基は,カルボニル基よりも強い電子求引基としてカルボアニオ

ンを安定化するが，求核種に対する反応性は小さいので，アルデヒドの場合のような自己縮合の問題は小さい．ニトリルから生成したカルボアニオンは，その直線構造のために立体障害が小さく，S_N2 反応の優れた求核種となる．

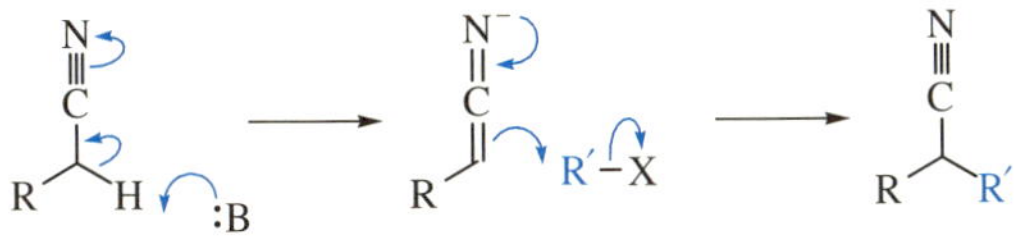

$$(6・20)$$

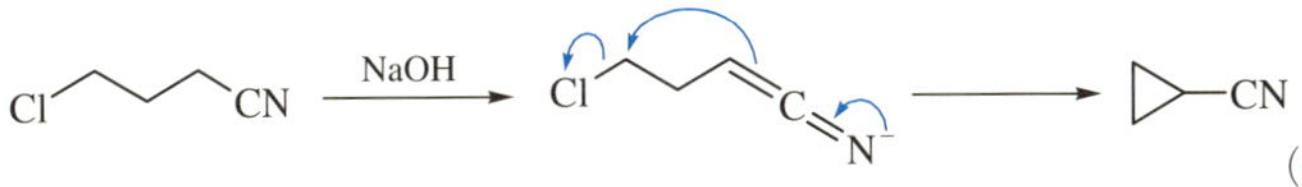

$$(6・21)$$

ニトロアルカンの pK_a は非常に小さい（H_3CNO_2 の $pK_a = 10$）ので，かなり弱い塩基でも脱プロトン化できる．

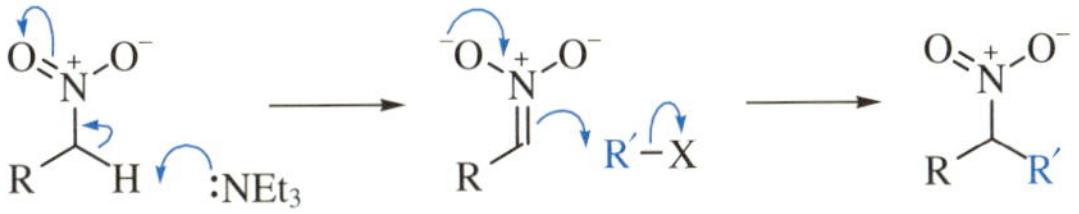

$$(6・22)$$

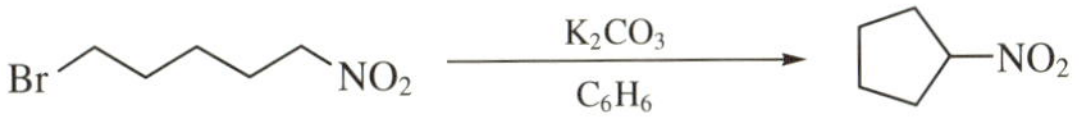

$$(6・23)$$

6・6 安定なエノラートのアルキル化

6・6・1 アセト酢酸エステル合成

二つの電子求引基にはさまれた CH_2 の酸性度はかなり強くなる（このような化合物を**活性メチレン化合物**という）．したがって，弱塩基を用いて選択的にエノラートを生成できる．アセト酢酸エステル（$pK_a = 11$）はその一つであり，アルコキシドで脱プロトン化して，2段階のアルキル化が可能である．

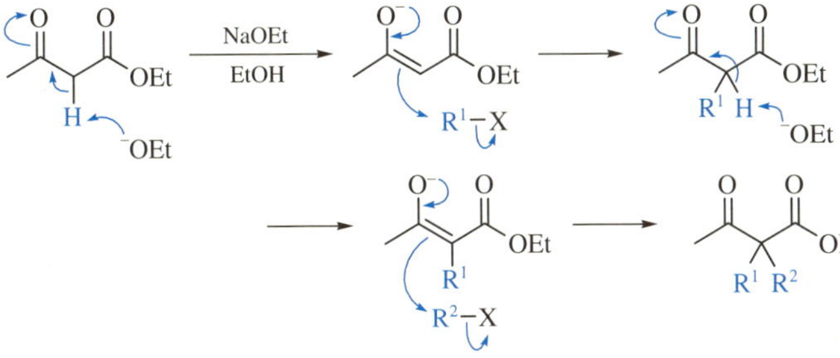

$$(6・24)$$

β-カルボニル基をもつカルボン酸は，加熱によって容易に**脱炭酸**を起こすので，ケトンに誘導できる．脱炭酸はエノールを経て起こっている．この反応はケトンの合成法となる．

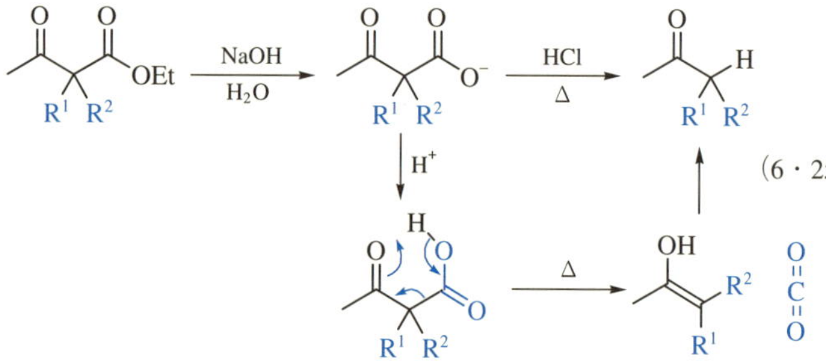

脱炭酸

$$(6・25)$$

6・6・2 マロン酸エステル合成

マロン酸エステル ($pK_a = 13$) も同様に反応することができ，脱炭酸の生成物はアルキル化された酢酸であり，カルボン酸合成法になる．

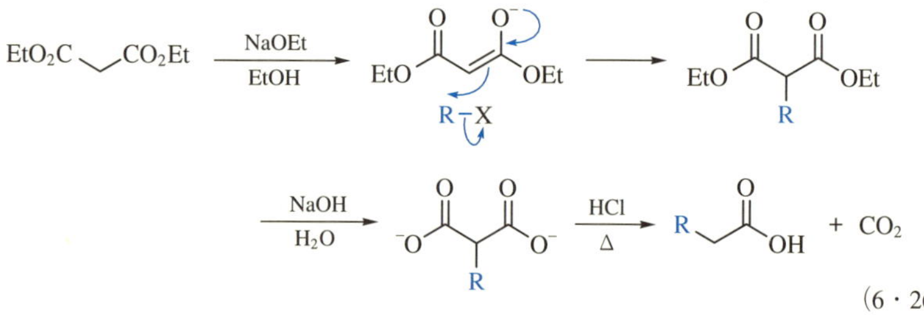

$$(6・26)$$

演習問題

6・1 エノール化の平衡定数は，次に示すような順に大きくなる．この結果を説明せよ．〔§6・1〕

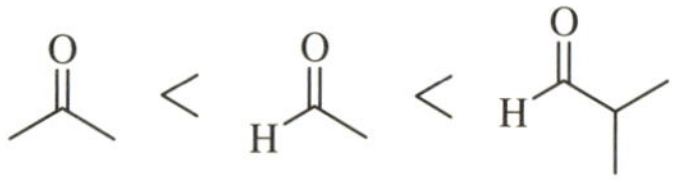

6・2 アセトンのエノールについて，酸触媒と塩基触媒によるケト化の反応機構を示せ．〔§6・1〕

6・3 鎮痛剤イブプロフェンは，体内で簡単にラセミ化を起こす．酸の作用による

イブプロフェンのラセミ化の反応機構を示せ．〔§6・2〕

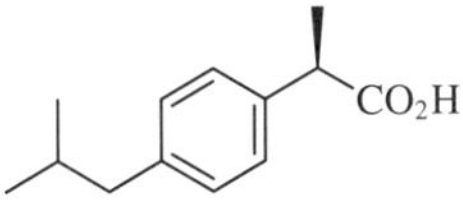

イブプロフェン

6・4 3-シクロヘキセノンは，酸性条件で異性化して2-シクロヘキセノンになる．この反応の機構を巻矢印を用いて示せ．〔§6・2〕

6・5 次の二環性ケトンを，水酸化ナトリウムを含む重水中で処理すると，α位で重水素交換が起こった．しかし，橋頭位水素は交換しなかった．この事実を説明せよ．〔§6・2〕

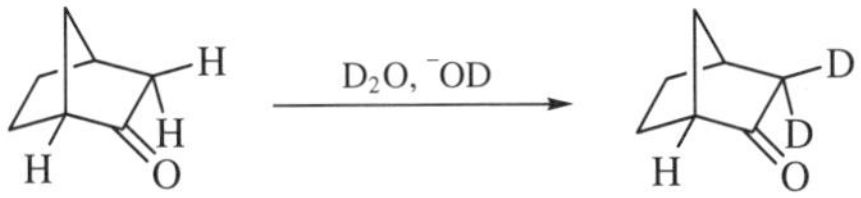

6・6 1），2）に示す芳香族化合物に，$AlCl_3$ 存在下，Br_2 を反応させると，それぞれ主生成物として次のような化合物が得られる．それぞれの反応がどのように進むのか，巻矢印で示せ．〔§5・2，§6・2〕

1)

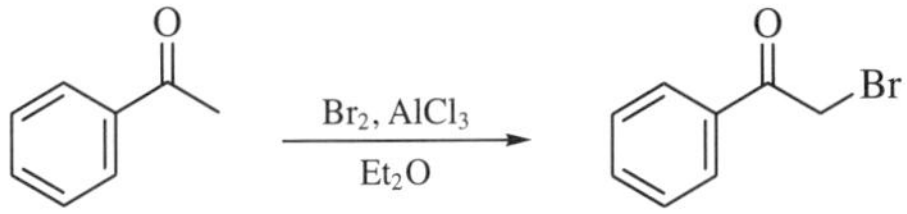

2)

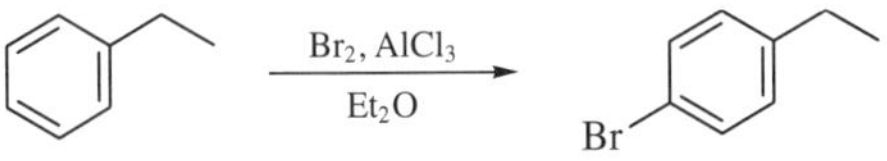

6・7 次の化合物のアルドール反応あるいはクライゼン縮合における主生成物を示せ．〔§6・3，§6・4〕

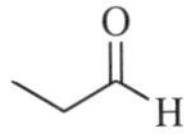

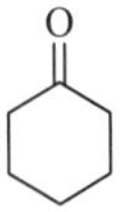

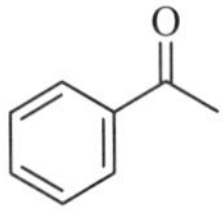

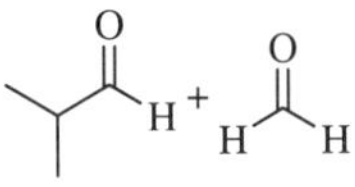

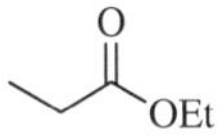

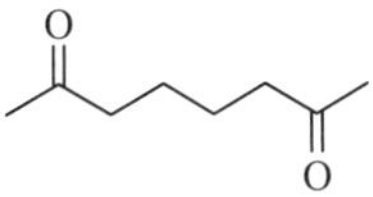

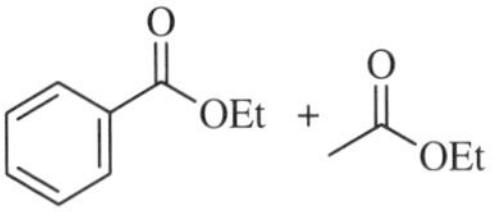

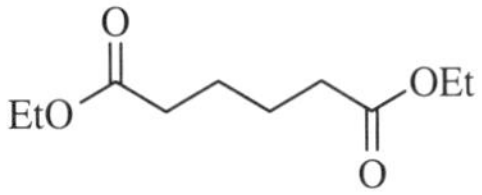

6・8 次の反応がどのように進むか，巻矢印を用いて示せ．〔§6・2, §6・3〕

1) 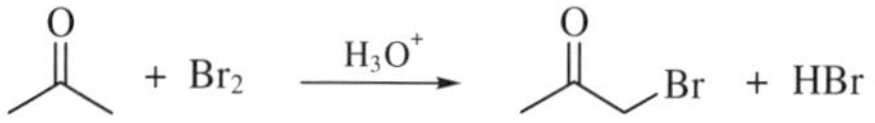 CH₃COCH₃ + Br₂ →(H₃O⁺) CH₃COCH₂Br + HBr

2) シクロヘキサノン + HCHO →(H₂SO₄) 2-(ヒドロキシメチル)シクロヘキサノン

3) 2-メチル-1,3-シクロヘキサンジオン + CH₂=CHCOCH₃ →(AcOH, H₂O) 2-メチル-2-(3-オキソブチル)-1,3-シクロヘキサンジオン

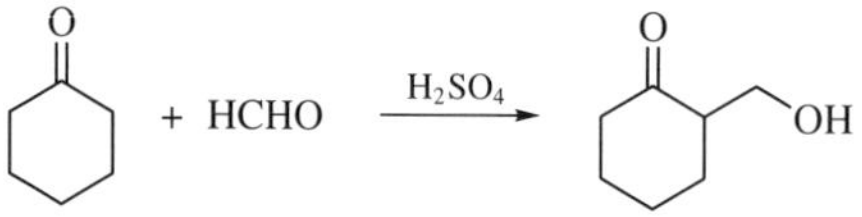

4) 2-メチルシクロヘキサノン + CH₂=CHCOCH₃ →(NaOEt, EtOH) ウィーランド・ミーシャーケトン類縁体

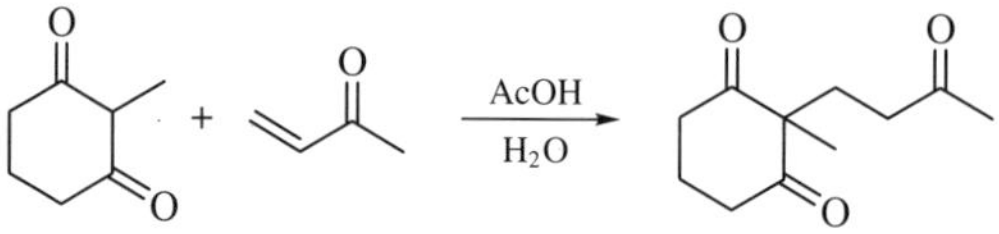

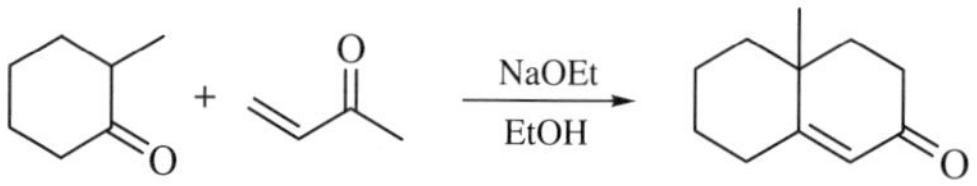

5) シクロヘキサンカルボアルデヒド + CH₂=CHCOCH₃ →(KOH, H₂O) スピロ環エノン

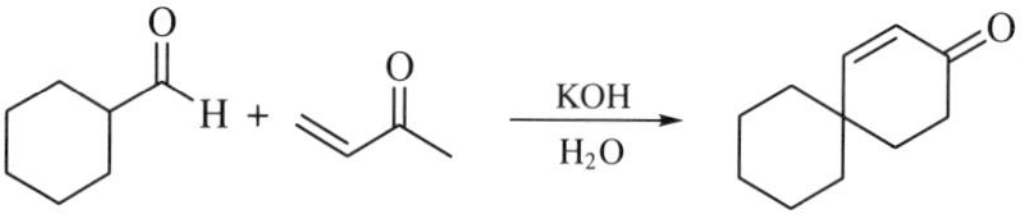

6・9 次の反応がどのように進むか，巻矢印を用いて示せ．〔§6・5〕

1) 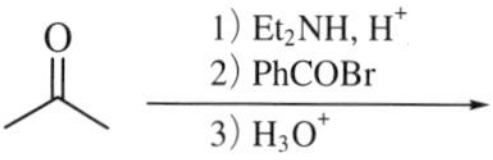 アセトン →(1) Et₂NH, H⁺ 2) PhCOBr 3) H₃O⁺)

2) 1-(シクロヘキセン-1-イル)ピロリジン →(1) CH₂=CHCH₂Cl 2) H₃O⁺)

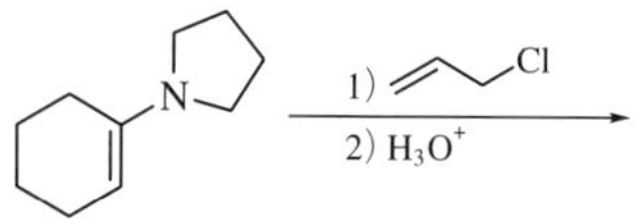

3) シクロペンタノン →(1) Me₃SiCl, Et₃N 2) Me₃CCl, TiCl₄)

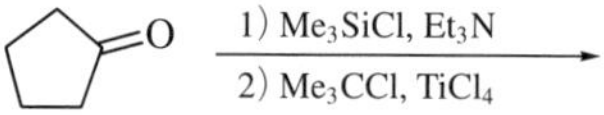

6・10 次の反応に必要な反応剤を示し，反応を段階的に示せ．〔§6・6〕

1)  EtO₂C–CH₂–CO₂Et → Ph–CH₂CH₂–CO₂H

2) EtO₂C–CH₂–CO₂Et → シクロブタンカルボン酸

3) CH₃COCH₂CO₂Et → シクロペンチルメチルケトン

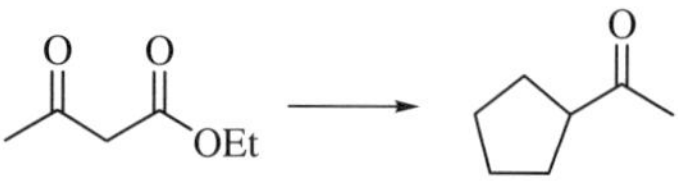

7

転 位 反 応

 分子内で結合組替えを起こし，異性体に変換する反応を転位という．有機反応でよくみられる転位は，電子不足原子への 1,2-転位であり，共通の反応原理に基づいて起こっている．本章では，この 1,2-転位を中心にみていく．

7・1 電子不足原子への 1,2-転位

 カルボカチオンが **1,2-転位** を起こしやすいことは §4・3 で述べ，3 章でも反応の表し方を示した．この転位は，隣接基関与のかたちで生成しつつある電子不足炭素に対しても起こる（§4・5）．同様の 1,2-転位は，電子不足ヘテロ原子にも起こることから，共通の反応推進力があると考えられる．反応の遷移状態は三中心二電子系であり，アルケンへのハロゲン付加におけるハロニウムイオンと同じ電子状態になっている．この環状二電子系は，最小の $4n+2$ 電子系であり，芳香族性遷移状態になっているといえ，これが反応を推進する共通の因子である．

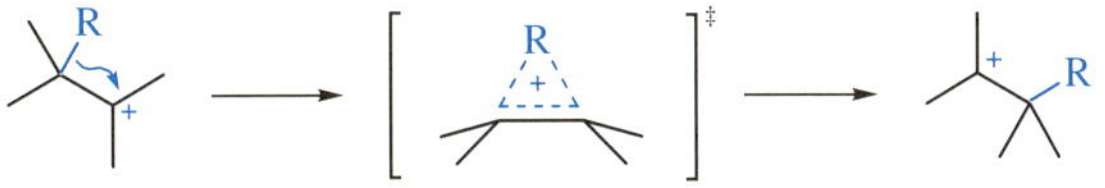

$$\text{（7・1）}$$

1,2-転位の遷移状態

 移動するグループ（原子）は，結合電子対をもって移動するので，水素移動のときには一般に 1,2-ヒドリド移動といわれ，アニオンが移動していることを示唆しているが，実際には遷移状態の三中心二電子系は電子不足であり，カチオンを安定化できるようなグループが移動する傾向をもつ．一般的な **転位傾向** は

$$\text{H, Ph} > \text{Et} > \text{Me} > \text{ClCH}_2$$

であるが，H はカチオン安定化には寄与しないにもかかわらず例外的に容易に転位する．

7・2 カルボカチオンの転位

カルボカチオンは求核種に対して高い反応性を示すが，フルオロ硫酸 FSO_3H や FSO_3H-SbF_5，$SO_2-HF-SbF_5$，SbF_5-SO_2ClF などのような求核性をもたない**超強酸**[*]媒質の中では長時間存在できる．このような超強酸にネオペンチルアルコールを溶かして NMR を測定すると，第三級の 2-メチル-2-ブタノールを溶かしたときと同じカルボカチオンのスペクトルが観測される．1,2-メチル移動が起こった結果である．

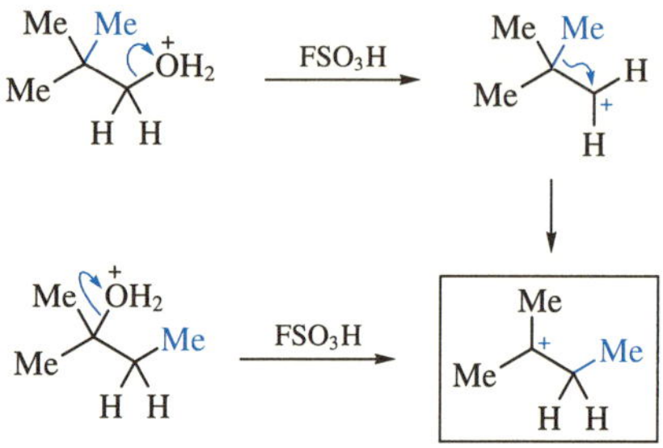

$$(7・2)$$

塩化 s-ブチルを低温で超強酸に溶かすと，初めは第二級の s-ブチルカチオンが観測されるが，温度を上げると完全に t-ブチルカチオンに変わってしまう〔(7・3)式〕．この変換は 1 段階では不可能であり，(7・4)式のように，第一級の不安定なカチオンを経て起こっていると考えられる．

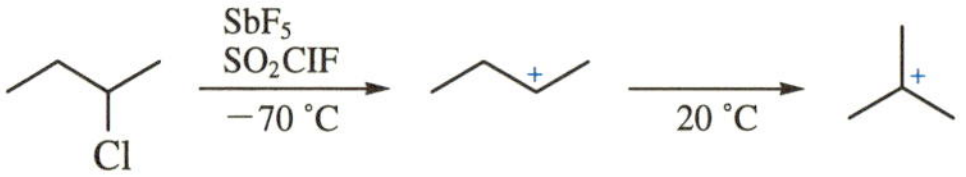

$$(7・3)$$

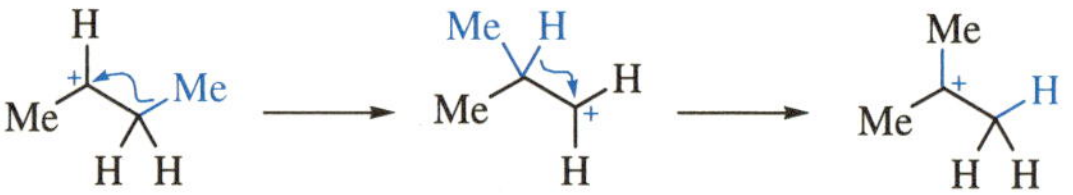

$$(7・4)$$

カルボカチオンの 1,2-転位は，§4・3 でも述べたようにさまざまな反応中にみられ，**ワグナー–メーヤワイン転位**とよばれる．超強酸中以外の通常の反応条件では，第一級カルボカチオンは不安定で生成している可能性は小さいと考えられている．隣接基関与のかたちで協奏的に反応して転位生成物を与える（§4・5）．加溶媒分解とフリーデル–クラフツ反応における転位の例を次に示す．

---

[*] 100% 硫酸よりも強い酸を超強酸といい，強酸性媒質として用いられる．液体の強いプロトン酸やそれにルイス酸を組合わせたものが超強酸となる．この媒質中では第一級カルボカチオンも存在できる．

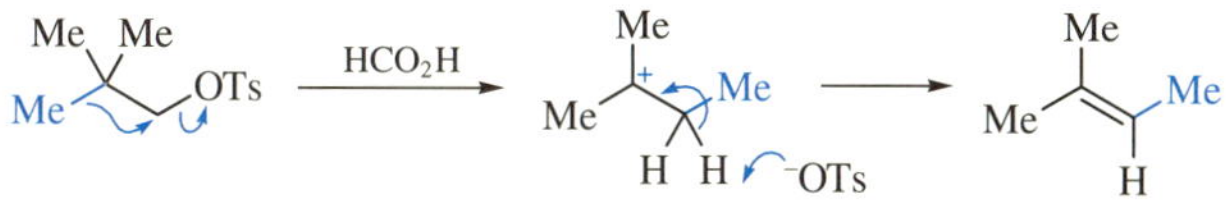

7・2 カルボカチオンの転位

$$(7・5)$$

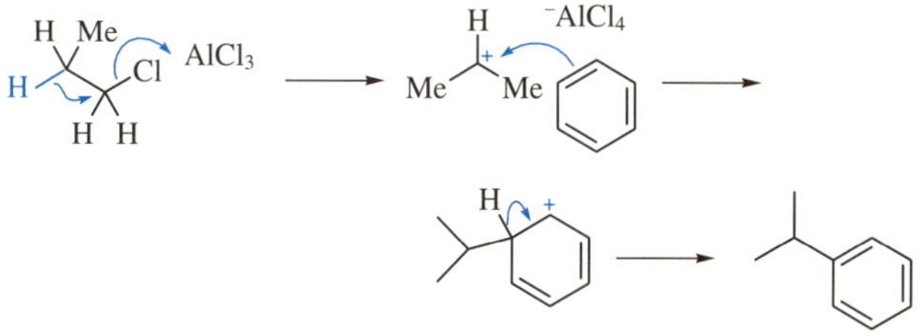

$$(7・6)$$

イソボルネオールからカンフェンへの転位〔(7・7)式〕は構造の関係がわかりにくいが,アルキル基(C-C結合)の1,2-移動になっている.

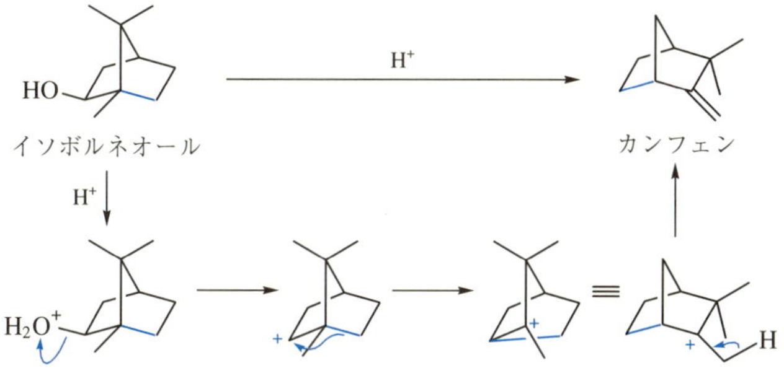

$$(7・7)$$

(7・8)式に示すジオールはピナコールとよばれ,酸性条件でケトン(ピナコロン)に転位する(**ピナコール転位**).第三級カルボカチオンがヒドロキシ基でさらに安定化されたカチオン(オキソニウムイオン)に転位している.

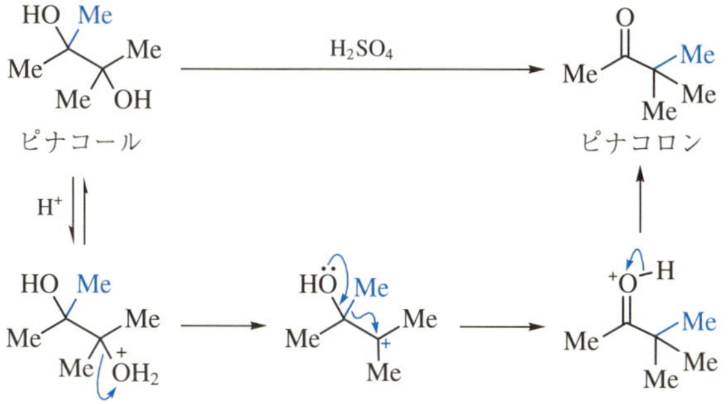

$$(7・8)$$

7・3 カルボニル化合物の転位

α-ヒドロキシケトン（α-ケトール）は酸触媒によって転位する〔(7・9)式〕．プロトン化ケトンはヒドロキシカルボカチオンとみなせるので，この反応はカルボカチオン転位と考えてよい．この転位反応では，生成するカチオンが特に安定化されるわけではないが，ヒドロキシ基の非共有電子対が，アルキル基の移動を助けているところ（電子押込み）はピナコール転位と似ている．

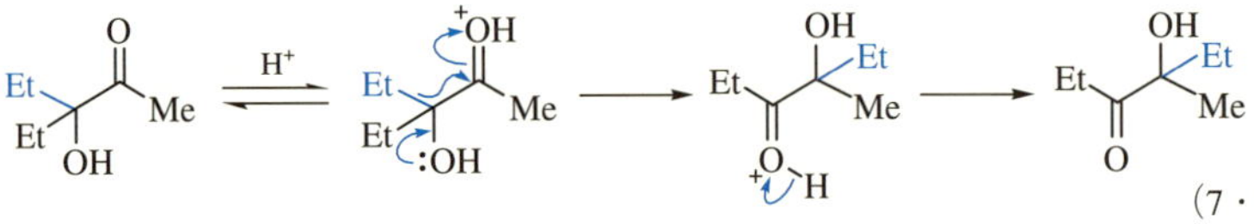

(7・9)

塩基性条件で進行する**ベンジル酸転位**とよばれる反応〔(7・10)式〕は，$^-$O$-$の押込みによって促進された電子不足のカルボニル炭素へのフェニル基の移動とみなせる．これはアニオンの転位ではあるが，電子の動きはα-ケトールの酸触媒転位と同じである．

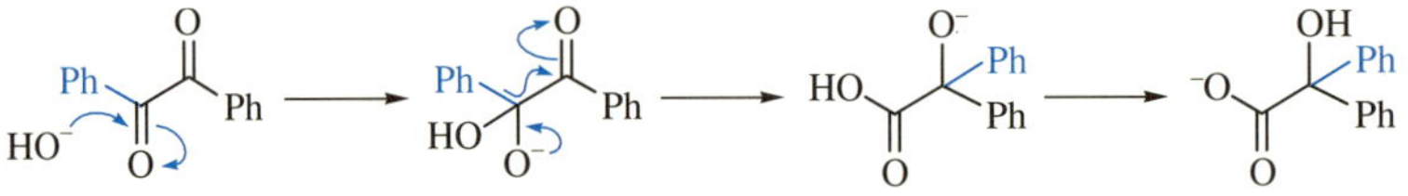

ベンジル酸
(7・10)

塩基によるもう一つの転位反応，**ファボルスキー転位**〔(7・11)式〕では，α-ハロケトンのカルボニル基が移動してエステルになっている．この反応はα-ハロケ

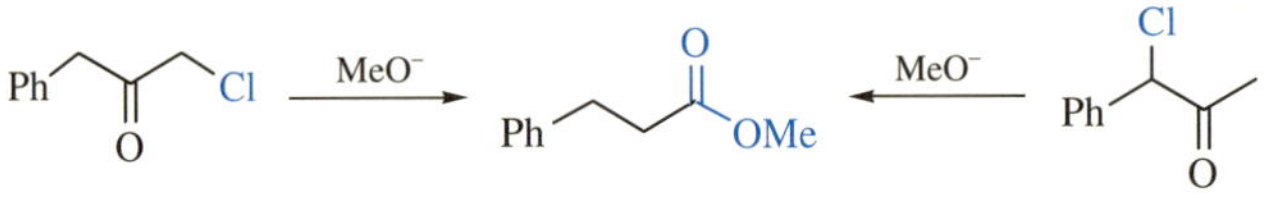

(7・11)

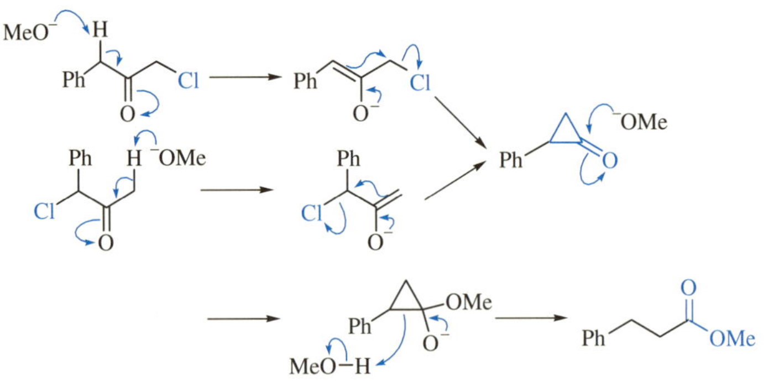

トンの位置異性体が同じエステルを与えることから，エノラートによる分子内求核置換（あるいは隣接基関与）によって生成するシクロプロパノンを中間体として進むものとして説明できる（エノラートのπ結合の1,2-転位と考えてもよい）．

ケトンへジアゾメタンを付加させると，N_2の脱離により1,2-転位が速やかに起こる．

$$(7 \cdot 12)$$

7・4 酸素への転位

ケトンを過酸と反応させるとカルボニル基の隣に酸素原子が挿入してエステルになる．この反応は**バイヤー-ビリガー酸化**（転位）とよばれ，酸素原子への1,2-アルキル転位を含む反応である．この反応でも，カルボニル付加についで転位が起こる．CF_3COO^-がよい脱離基であり酸素原子が電子不足になり，OH基による電子押込みもあって，1,2-転位が容易に進む〔(7・13)式〕．

バイヤー-ビリガー酸化

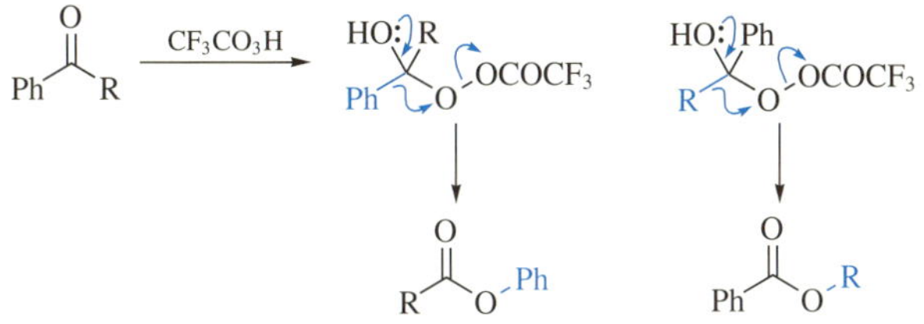

$$(7 \cdot 13)$$

R =		
Me	100	0
Et	94	6
i-Pr	34	66
t-Bu	3	97

アルキル基の転位傾向は第一級＜第二級＜第三級アルキルの順であり，カルボカチオン転位の場合と同じである．

この反応をシクロヘキサノンに適用すると(7・12)式と類似の環拡大を起こす．

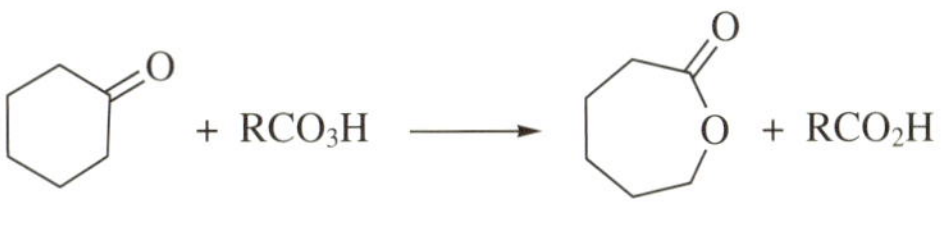

$$+ RCO_3H \longrightarrow + RCO_2H \qquad (7 \cdot 14)$$

例題 7・1 フェノールの製法の一つは，イソプロピルベンゼン（クメン）の空気酸化で得られるヒドロペルオキシドを，酸触媒によって転位させる方法（クメン法）である．ヒドロペルオキシドからフェノールが生成する過程を，巻矢印を用いて示せ．

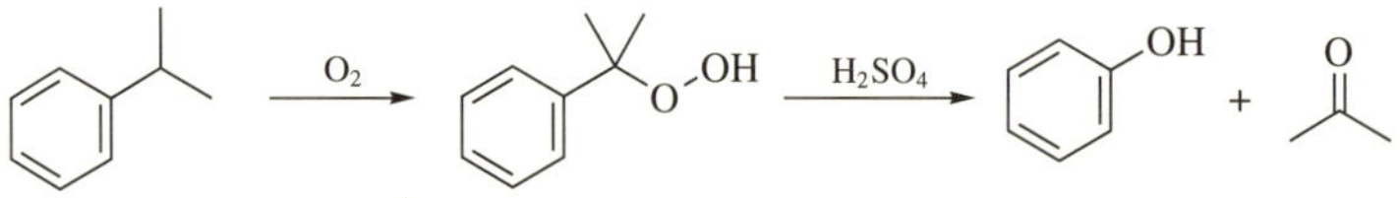

解答 プロトン化した OH 基が H_2O として外れると同時にフェニル基が転位する．生じたフェノキシカルボカチオンに H_2O が付加し，ヘミアセタールが加水分解してフェノールとアセトンを生じる．

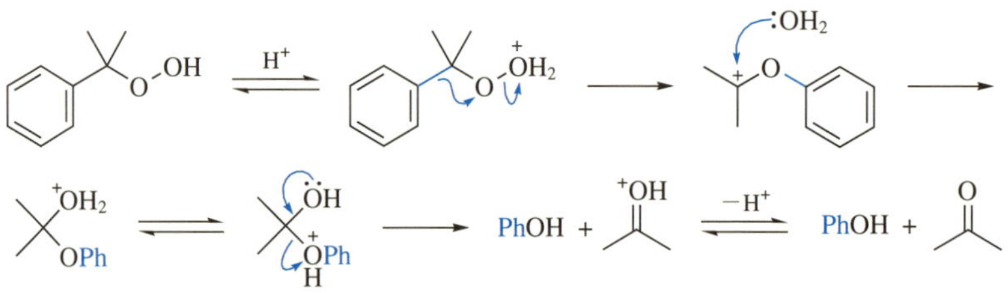

7・5 窒素への転位

ナイロンの原料であるカプロラクタムは，シクロヘキサノンのオキシムを酸で処理して得られる．この環拡大反応はベックマン転位の一つであり，(7・16)式のように進む．

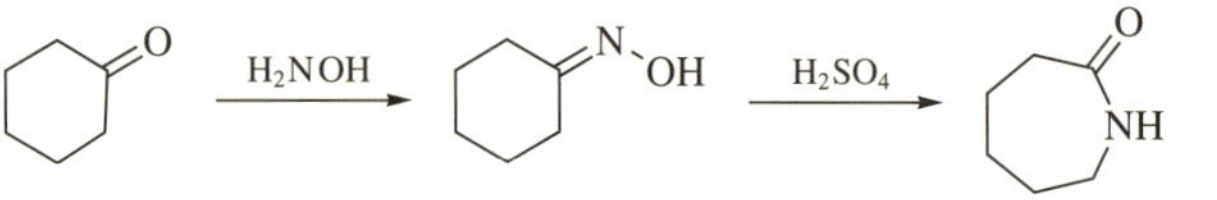

$$(7 \cdot 15)$$

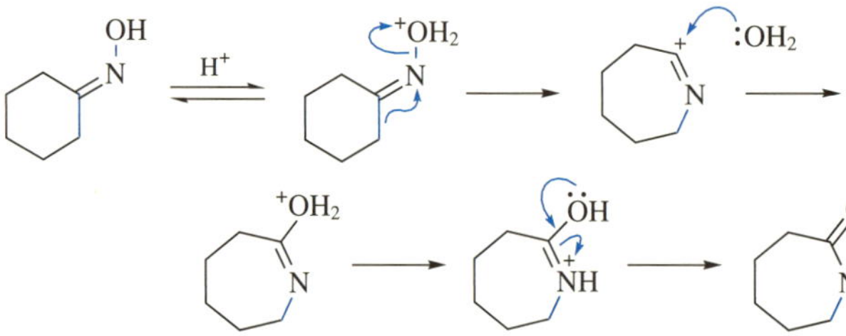

$$(7 \cdot 16)$$

オキシムからアミドへの転位反応である**ベックマン転位**では，プロトン化されたオキシムから H_2O が脱離するのと協奏的に，電子不足になってくる N にトランス側のアルキル基が立体特異的に転位する．しかし，ケトンのオキシムのシス-トランス異性化が速いので，生成物は混合物になり，見かけ上立体特異性を示さない．

$$(7 \cdot 17)$$

7・6 カルベンの転位

α 脱離で生じる 2 価の中性炭素化学種 R_2C: は**カルベン**とよばれる．炭素上の 2 電子は，対をなして一つの軌道に入っている（一重項）か，別の軌道に入っている（三重項）．ふつう，三重項状態のほうが一重項状態よりも安定であるが，そのエネルギー差は小さく，ほとんどの反応は一重項状態から起こる．2 価炭素上には二つの軌道が結合に関与しないで残っているので，一重項カルベンには空軌道が残されており，カルボカチオンと同じような 1,2-転位が可能になる．

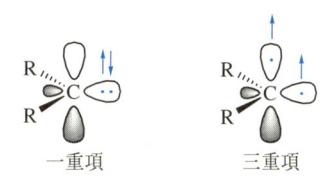

一重項　　　三重項

アルキルカルベンからはアルケン，ケトカルベンからはケテンが生成する．

$$(7 \cdot 18)$$

ケトカルベンの転位は**ウォルフ転位**とよばれ，カルベンのよい前駆体としてジアゾケトンが用いられる．ジアゾケトンを加熱するとカルベンを生じ，転位してケテンを与える．ケテンはただちに水やアルコールと反応してカルボン酸やエステルになる〔(7・19) 式〕．ジアゾケトンは酸塩化物とジアゾメタンの反応で得られる〔(7・20) 式〕ので，この転位反応を用いると，カルボン酸から出発して炭素一つ増

えたカルボン酸を合成できる（アルント-アイステルト合成）．

$$\left[\begin{array}{c} \underset{R}{\overset{O}{\|}}\text{C}-\overset{..}{\underset{H}{\text{C}}}=\overset{+}{\text{N}}=\overset{..}{\underset{..}{\text{N}}}^{-} \longleftrightarrow \underset{R}{\overset{O^-}{\|}}\text{C}=\underset{H}{\text{C}}-\overset{+}{\text{N}}\equiv\text{N} \end{array} \right] \xrightarrow{-N_2} \underset{R}{\overset{O}{\|}}\text{C}-\underset{H}{\overset{..}{\text{C}}} \\ \text{カルベン}$$

$$\longrightarrow \text{H}_2\text{O}: \underset{R}{\overset{O}{\|}}\text{C}=\underset{R}{\text{C}}-\text{H} \longrightarrow \underset{R}{\overset{O^-}{\|}}\text{C}=\underset{R}{\text{C}}-\text{H} \cdots \text{H}-\text{OH} \longrightarrow \underset{HO}{\overset{O}{\|}}\text{C}-\underset{H}{\overset{R}{\underset{|}{\text{C}}}}-\text{H}$$

(7・19)

$$\underset{R}{\overset{O}{\|}}\text{C}-\text{Cl} \quad \text{H}_2\text{C}=\overset{+}{\text{N}}=\overset{..}{\underset{..}{\text{N}}}^{-} \longrightarrow \underset{R}{\overset{O}{\underset{|}{\text{C}}}}-\underset{H}{\overset{Cl}{\underset{|}{\text{C}}}}-\overset{+}{\text{N}}=\overset{..}{\underset{..}{\text{N}}}^{-} \longrightarrow \underset{R}{\overset{O}{\|}}\text{C}-\underset{H}{\overset{H}{\underset{|}{\text{C}}}}-\overset{+}{\text{N}}=\overset{..}{\underset{..}{\text{N}}}^{-} \longrightarrow \underset{R}{\overset{O}{\|}}\text{C}-\underset{H}{\overset{..}{\text{C}}}=\overset{+}{\text{N}}=\overset{..}{\underset{..}{\text{N}}}^{-}$$

(7・20)

7・7 ニトレンの転位

電荷をもたない1価の窒素化学種は**ニトレン**とよばれ，カルベンの窒素類似体である．アシルアジドを加熱すると N_2 を放出して分解し，ニトレンを生じ，ウォルフ転位と同じように，アルキル基が電子不足のNに移動してイソシアナートになる．この<u>イソシアナート</u>は不安定で，加水分解されてカルバミン酸になり，さらに分解してアミンを与える．この反応は**クルチウス転位**とよばれ，酸塩化物を炭素の一つ少ないアミンに変換できる〔(7・22)式〕．

$$\underset{R}{\overset{O}{\|}}\text{C}-\text{Cl} \xrightarrow{NaN_3} \left[\underset{R}{\overset{O}{\|}}\text{C}-\overset{..}{\underset{..}{\text{N}}}^{-}-\overset{+}{\text{N}}\equiv\text{N}: \longleftrightarrow \underset{R}{\overset{O}{\|}}\text{C}-\overset{..}{\underset{..}{\text{N}}}-\overset{+}{\text{N}}=\overset{..}{\underset{..}{\text{N}}}^{-} \right] \xrightarrow{-N_2} \underset{R}{\overset{O}{\|}}\text{C}-\overset{..}{\underset{..}{\text{N}}}:$$

ニトレン

(7・21)

$$\underset{R}{\overset{O}{\|}}\text{C}-\overset{..}{\underset{..}{\text{N}}}: \longrightarrow \text{O}=\text{C}=\underset{R}{\text{N}}\text{-R} \xrightarrow{\text{H}_2\text{O} \atop :\text{OH}_2} \underset{HO}{\overset{O}{\|}}\text{C}-\underset{H}{\overset{R}{\underset{|}{\text{N}}}} \rightleftharpoons \underset{O^-}{\overset{O}{\|}}\text{C}-\underset{H_2}{\overset{R}{\underset{|}{\overset{+}{\text{N}}}}}$$

(7・22)

$$\longrightarrow \text{RNH}_2 + \text{CO}_2$$

アミドを塩基性条件でハロゲン化すると，ニトレンに導くことができ，同じ反応が起こる．その結果，炭素数が一つ小さいアミンを生じる．この反応は**ホフマン転位**として知られている〔(7・23)式〕．

$$\text{(7・23)}$$

演習問題

7・1 次の 1,2-転位がどのように進むか,巻矢印を用いて段階的に示せ.

1) プロピルアミン $\xrightarrow{\text{NaNO}_2,\text{HCl}}_{\text{H}_2\text{O}}$ 2-プロパノール

2) 1-(アミノメチル)シクロペンタノール $\xrightarrow{\text{NaNO}_2,\text{HCl}}_{\text{H}_2\text{O}}$ シクロヘキサノン

3) 1-(ジフェニルヒドロキシメチル)シクロペンタノール $\xrightarrow{\text{H}_2\text{SO}_4}$ 2,2-ジフェニルシクロヘキサノン

4) ノルボルナノール誘導体 $\xrightarrow{\text{H}_2\text{SO}_4}$ ノルボルネン誘導体

5) α-ピネン $\xrightarrow{\text{HCl}}$ ボルニルクロリド

6) ジメチルシクロヘキサジエノール $\xrightarrow{\text{H}_2\text{SO}_4}$ o-キシレン

7) 4,4-ジメチルシクロヘキサジエノン $\xrightarrow{\text{H}_2\text{SO}_4}$ 3,4-ジメチルフェノール

8) 1,2-シクロヘキサンジオン $\xrightarrow[\text{MeOH}]{\text{NaOMe}}$ 1-ヒドロキシシクロペンタンカルボン酸メチル

9) シクロヘキサノン $\xrightarrow{\text{CF}_3\text{CO}_3\text{H}}$ ε-カプロラクトン

10) (2-クロロ-1,1-ジメチルエチル)ベンゼン $\xrightarrow[\text{$t$-BuOH}]{\text{$t$-BuOK}}$ 2-メチル-1-フェニルプロペン

7・2 アルデヒドに,ルイス酸として SnCl_2 を用いてジアゾ酢酸エステルを反応させると,β-ケトエステルが得られる.この反応がどのように起こるか,巻矢印を用いて示せ.

$$\text{RCHO} \xrightarrow[\text{SnCl}_2]{\text{N}_2\text{CHCO}_2\text{Et}} \text{R-CO-CH}_2\text{-CO}_2\text{Et}$$

7・3 ヒドロホウ素化の後に行われるボランの酸化反応は,酸素原子への 1,2-転位を含んでいる.この反応を巻矢印で示せ.

7・4 次のエステル合成反応がどのように進むか，巻矢印で示せ．

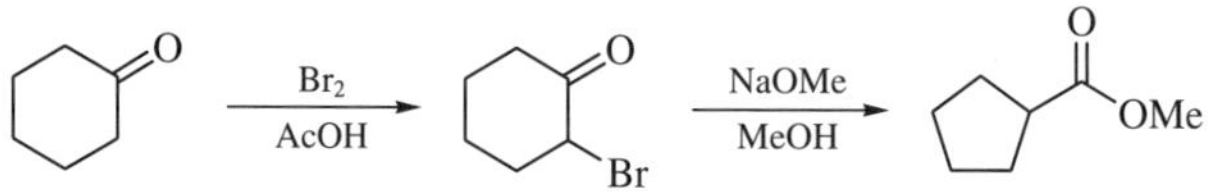

7・5 2-アミノ-4-t-ブチルシクロヘキサノールの四つの立体異性体をジアゾ化すると，次に示すような生成物が得られる．それぞれの反応を説明せよ．ヒント：いす形配座における脱離基の配向を考え，開裂する結合とアンチペリプラナーの関係にある結合が関与でき，転位できることに注目する．

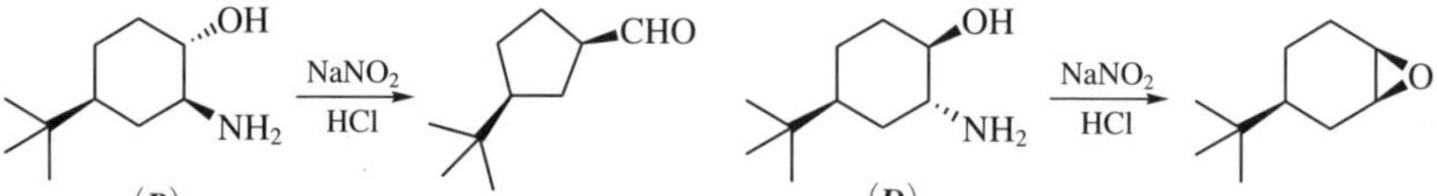

8

反応選択性

　実際の反応においては，2種類以上の生成物ができることが多く，その生成比を反応選択性という．有機反応を目的化合物の合成反応としてみるとき，その選択性をいかに高くするかが重要課題となる．一方，反応選択性はその反応の機構（しくみ）を強く反映しているので，選択性から機構に関する情報が得られる．逆に，反応機構に基づいて選択性を上げる方策を考えることができる．

8・1 速度支配と熱力学支配

　併発して起こる反応の速度は，それぞれの活性化エネルギーによって決まり，生成物比はその速度比によって決まる．

$$P_1 \xleftarrow{k_1} S \xrightarrow{k_2} P_2 \qquad (8 \cdot 1)$$

$$P_1/P_2 = k_1/k_2 = e^{-\Delta G_1^{\ddagger}/RT} / e^{-\Delta G_2^{\ddagger}/RT}$$
$$= e^{-(\Delta G_1^{\ddagger} - \Delta G_2^{\ddagger})/RT} = e^{\Delta\Delta G^{\ddagger}/RT}$$

しかし，これは逆反応がないときに限っていえることである．すなわち，逆反応が関係しない場合には，選択性は活性化自由エネルギーの差 $\Delta\Delta G^{\ddagger} (= \Delta G_2^{\ddagger} - \Delta G_1^{\ddagger})$ によって決まる（図 8・1）．このような選択性は **速度支配** であるという．

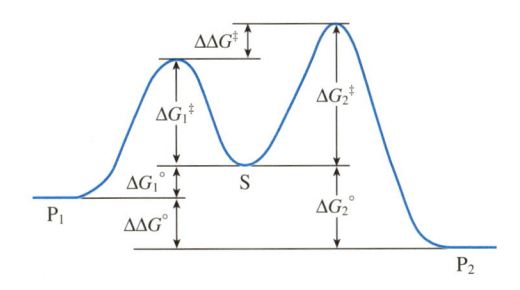

図 8・1　反応のエネルギーと反応選択性〔(8・1)式〕

逆反応が起こると，生成物比に生成物の安定性が関係してくる．生成物が安定であるほど，逆反応の活性化エネルギーが大きくなり，逆反応が起こりにくいので生成物としてたまってくる．十分逆反応が起こって平衡状態になると，生成物比は生成物の安定性の差 $\Delta\Delta G°$ によって決まってくる．このような選択性は**熱力学支配**であるという．

$$P_1/P_2 = K_1/K_2 = e^{-(\Delta G_1° - \Delta G_2°)/RT} = e^{\Delta\Delta G°/RT}$$

反応条件を変化させると速度支配から熱力学支配になって，選択性が変化することがよくある．その一例は，ブタジエンへの求電子付加における1,2-付加から1,4-付加への変化である．たとえば，HBr の付加において，低温では1,2-付加体が主生成物になるが，温度を高くして長時間反応させると熱力学的に安定な1,4-付加体が主生成物になる〔(8・2)式〕．ブタジエンの末端炭素にプロトン化が起こるとアリル型カチオンが生成する〔(8・3)式〕が，この共役イオンにおいては末端の第一級炭素よりも第二級炭素のほうに正電荷が偏っている（左の共鳴構造式の寄与のほうが大きい）ので，求核種の Br^- は2位を攻撃しやすく，1,2-付加の反応速度のほうが1,4-付加よりも大きい．しかし，内部アルケンである1,4-付加体のほうが末端アルケンの1,2-付加体よりも安定であるため，逆反応が関係するようになると1,4-付加の割合が多くなる．

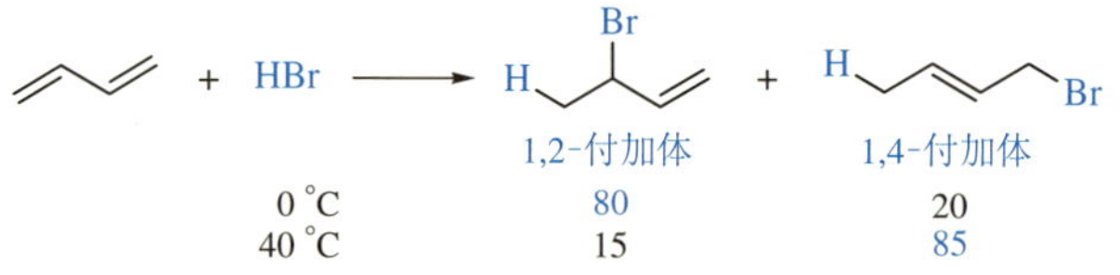

	1,2-付加体	1,4-付加体
0 °C	80	20
40 °C	15	85

(8・2)

(8・3)

エノンの反応にも同じような問題がある．シアン化物イオンを低温で反応させると，カルボニル基に**直接付加**（1,2-付加）して生じるシアノヒドリンが主生成物になるが，80 °C では**共役付加**（1,4-付加）の生成物が主になる（§5・6参照）．

(8・4)

(8・5)

§5・3で述べたように，シアノヒドリンの生成は可逆反応であるが，共役付加の生成物は熱力学的に安定であり，逆反応も起こりにくい．したがって，低温で逆反応があまり起こらない条件では速度支配でシアノヒドリンが生じるが，高温では熱力学支配の β-シアノケトンが主生成物になる．

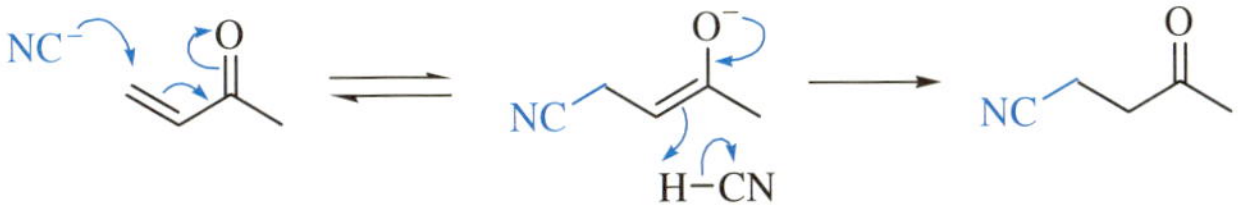

$$(8・6)$$

芳香族化合物のスルホン化やアルキル化でも逆反応が起こりやすく（§5・2参照），反応条件によって速度支配と熱力学支配の反応選択性が観測される．(8・7)式に示すのは，トルエンのアルキル化の例である．メチル基はオルト・パラ配向性であり，反応初期にはその選択性がみられるが，反応時間とともにより安定なジアルキルベンゼンのメタ体が増えてくる．

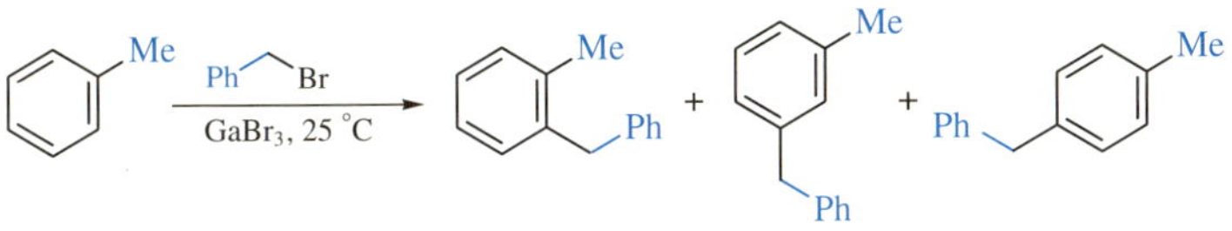

$$(8・7)$$

	ortho	meta	para
0.01 秒	40	21	39
10 秒	23	46	31

8・2 エノラート生成の位置選択性

非対称で2種類の α 水素をもつケトンから生成するエノラートには，二つの位置異性体が可能である．熱力学支配では，より安定な多置換エノラートが生成する（§6・1参照）が，速度支配の条件では，立体障害を避けて塩基が攻撃し置換基の少ないエノラートを生成する傾向がある．<u>熱力学支配のエノラート</u>は，ケトンが過剰にある（ケトンがプロトン供与体になる）条件で，比較的弱い塩基を用いて，高温で長時間かけて反応させると生成する．一方，<u>速度支配のエノラート</u>は，嵩高い強塩基を用いて，低温で短時間反応させるとできる．

その反応例を(8・8)式と(8・9)式に示す．KH は室温で使え，エノラート間の平衡を可能にする条件で反応できる．低温で，嵩高い強塩基である LDA (i-Pr$_2$NLi) の THF 溶液に，（ケトンが過剰にならないように）ケトンをゆっくり加えて反応させると，LDA が立体障害の小さい位置の α 水素を引抜いて，速度支配のエノラートを生成する．

$$\text{(cyclohexanone-2-Ph)} \xrightarrow[\text{室温}]{\text{KH, THF}} \text{(enolate-Ph)} \qquad (8・8)$$

$$\text{(cyclohexanone-2-Ph)} \xrightarrow[-78\ ^\circ\text{C}]{\text{LDA, THF に加える}} \text{(enolate with Ph on sp3)} \qquad (8・9)$$

速度支配の条件でリチウムエノラートを生成してからアルキル化を行うと,99%の選択性で(8・10)式のような反応が起こる.

$$\text{(2-methylcyclohexanone)} \xrightarrow[-78\ ^\circ\text{C}]{\text{LDA, THF に加える}} \text{(Li enolate)} \xrightarrow{\text{PhCH}_2\text{Br}} \text{(2-methyl-6-benzylcyclohexanone)} \qquad (8・10)$$

このような選択性は,鎖状のケトンでも同様である.その一例を(8・11)式に示す.

$$\text{(2-pentanone)} \longrightarrow \text{(enolate A)} + \text{(enolate B)} + \text{(enolate C)} \qquad (8・11)$$

		A	B	C
速度支配	LDA, THF, $-78\ ^\circ$C	100	0	0
熱力学支配	KH, THF, $20\ ^\circ$C	42	46	12

8・3 環化反応における位置選択性

結合が生成するためには,関係する分子軌道(あるいは原子軌道)間の相互作用(重なり)が起こる必要があり,軌道の向きが反応の進行や立体化学に影響を及ぼす.このような効果を**立体電子効果**という.環化反応のような分子内反応においては,新しい結合の生成にかかわる軌道の向きに制約が生じるので,環化の速度や位置選択性に立体電子効果が現れる.

たとえば,(8・12)式に示すような α,β-不飽和エステルにおいて分子内のアミンが求核的付加を起こすとき,共役付加によって生じるはずの環状アミン (**B**) は生

$$\text{(aminoalkyl acrylate)} \longrightarrow \underset{(\boldsymbol{A})}{\text{(3-methylene-pyrrolidin-2-one)}} + \underset{(\boldsymbol{B})}{\text{(methyl pyrrolidine-3-carboxylate)}} \qquad (8・12)$$

8・3 環化反応における位置選択性

成しないで，直接的な求核置換によってラクタム（環状アミド，**A**）が選択的に生成する．

二重結合に対する求核付加では，求核種が二重結合の垂直方向から反結合性の π 軌道（π^* 軌道）を攻撃する．(8・12)式の α,β-不飽和エステルで分子内アミンがカルボニル基を攻撃するときには，カルボニル基が 5 員環状遷移構造の外にあって 5 員環平面から立った立体配座をとるので，C=O 結合の垂直方向から π^* 軌道への攻撃が可能になる〔(8・12a)式〕．しかし，共役付加で C=C 二重結合に反応するときには，二重結合が 5 員環状遷移状態の環内に入り，(8・12b)式に示すような立体配座で N の非共有電子対が C=C の垂直方向から π^* 軌道を攻撃することはできない．

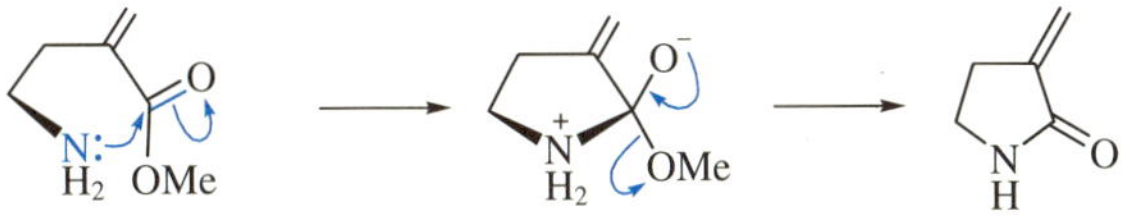

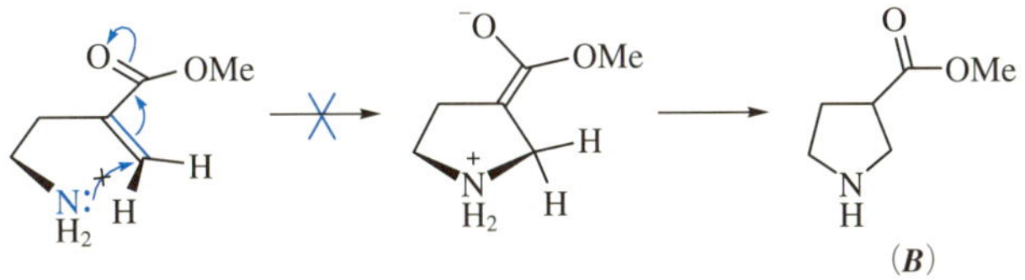

$$(8\cdot 12\mathrm{a})$$

$$(8\cdot 12\mathrm{b})$$

このような環化反応の立体電子効果は**ボールドウィン則**としてまとめられている．

求電子付加においても求電子種の攻撃は C=C 結合の垂直方向から起こる．(8・13)式のエノラートによる環化は，末端ブロモメチル基での分子内 S_N2 反応とみられるが，C-アルキル化は C=C 結合への求電子付加でもある．この反応過程では，二重結合が 5 員環内に入った遷移状態を経ることになり，垂直方向からの反応は困難である．O-アルキル化では，酸素の非共有電子対が反応するので，そのような立体電子効果に関係なく環化が起こる．

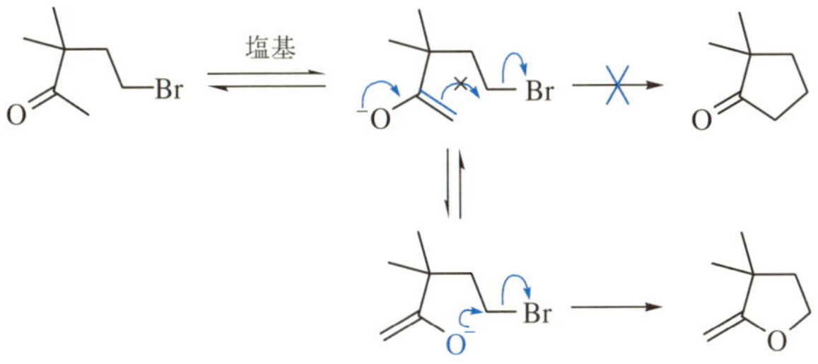

$$(8\cdot 13)$$

8・4 HSAB 原理

化学反応の進行を支配する大きな因子は，新しい結合の生成に至る分子間の相互作用であり，反応選択性もこの観点から説明できる．分子間相互作用には軌道相互作用と静電相互作用がある．電子を出す軌道（HOMO*）と電子を受け入れる軌道（LUMO*）のエネルギー差が小さいときには前者が支配的に作用し**軌道制御**で反応するが，このエネルギー差が大きいと反応は後者が作用して**電荷制御**になる．求核種（ルイス塩基）と求電子種（ルイス酸）を**硬さ**（hardness）と**軟らかさ**（softness）を基準にして分類すると，軟らかい求核種は軟らかい求電子種と反応しやすく，硬い求核種と硬い求電子種は反応しやすい傾向がある．この傾向は **HSAB 原理**とよばれている．

軟らかい求核種と求電子種は電荷が広く分布して分極率の大きい化学種であり，HOMO が高く LUMO が低いので軌道制御で反応する．一方，硬い求核種と求電子種は電荷分布が局在して分極率が小さい化学種であり，HOMO と LUMO のエネルギー差が大きいので電荷制御で反応するものと考えられる．代表的なルイス塩基とルイス酸は次のように分類できる．

表 8・1 硬い酸塩基と軟らかい酸塩基

	硬 い	中 間	軟らかい
ルイス塩基 （求核種）	F^-, HO^-, AcO^-, Cl^-, H_2O, ROH, NH_3	Br^-, N_3^-, $PhNH_2$	R^-, CN^-, HS^-, I^-, H^-, RSH, PR_3, $H_2C=CH_2$, C_6H_6, CO
ルイス酸 （求電子種）	H^+, Li^+, Na^+, Mg^{2+}, Al^{3+}, BF_3, $B(OR)_3$, $AlCl_3$	Cu^{2+}, Zn^{2+}, R^+	Br_2, Br^+, I_2, I^+, Cu^+, Ag^+, Cd^{2+}, Tl^+, Hg^{2+}, Pd^{2+}, BH_3, $R-X$, $TCNE$, $:CH_2$

このような硬さと軟らかさの分類は定性的なものであるが，次のような序列が参考になる（硬いもの h から軟らかいもの s の順に示している）．

・電気陰性度の小さい求核種のほうが軟らかい

$$\text{h} \longrightarrow \text{s}$$
$$F^- < HO^- < H_2N^- < H_3C^-$$

---

* HOMO は電子の詰まった分子軌道のうち一番エネルギーの高い軌道，LUMO は電子の入っていない一番エネルギーの低い軌道のことをいう．したがって，分子は HOMO から電子を出し，LUMO に電子を受け入れる．HOMO が高いほど求核性が大きく，LUMO が低いほど求電子性が大きい．

8・4 HSAB 原理

・<u>分極率</u>の大きい求核種のほうが軟らかい

$$\underset{\text{h}}{\longleftrightarrow}\underset{\text{s}}{}$$
$$F^- < Cl^- < Br^- < I^-$$

・<u>負電荷が非局在化</u>しているほど，電荷が小さいほど求核種は軟らかい．非局在化した多中心求核種では電気陰性な原子がより硬い部位になる

$$\underset{\text{h}}{\longleftarrow}\underset{\text{s}}{\longrightarrow}$$
$$R_3C^- < \left[\underset{\bar{C}H_2}{\overset{O}{\diagdown}} \longleftrightarrow \underset{CH_2}{\overset{-O}{\diagdown}}\right] < \left[\underset{CH_2}{\overset{R_2N}{\diagdown}} \longleftrightarrow \underset{\bar{C}H_2}{\overset{R_2N^+}{\diagdown}}\right] < H_2C=CH_2$$

・<u>分極しやすいルイス酸は軟らかい</u>

$$\underset{\text{h}}{\longleftrightarrow}\underset{\text{s}}{}$$
$$Mg^{2+} < Cu^{2+} < Cd^{2+} < Hg^{2+}$$

・<u>電荷が小さいほどルイス酸は軟らかい</u>

$$\underset{\text{h}}{\longleftrightarrow}\underset{\text{s}}{}$$
$$Al^{3+} < Mg^{2+} < Na^+$$

・<u>正電荷が非局在化</u>しているほど，電荷が小さいほど求電子種は軟らかい

$$\underset{\text{h}}{\longleftarrow}\underset{\text{s}}{\longrightarrow}$$
$$R-\overset{+}{C}=O < R_3C^+ < RCH_2-OSO_2Ar < RCH_2-Br$$

HSAB 原理で説明できる反応選択性の例を二，三あげておこう．基質分子のなかで硬い部位と軟らかい部位をそれぞれ h と s で示してある．

(8・14)

(8・15)

エノラートイオンのアルキル化は，通常おもに炭素で起こりケトンを与えるが，

硬い求電子種は酸素で反応してエノール誘導体を生じる．ただ，C-アルキル化とO-アルキル化の比率は，エノラートイオンのイオン対あるいは溶媒和の状態によっても変化する．

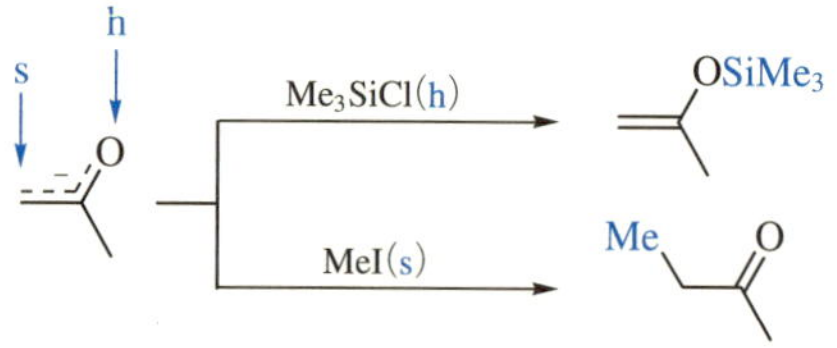

$$(8・16)$$

スルフィン酸イオンはハロゲン化アルキルと反応してスルホンを生成するが，硬いアルキル化剤と反応させるとOで反応してスルフィン酸エステルを与える．

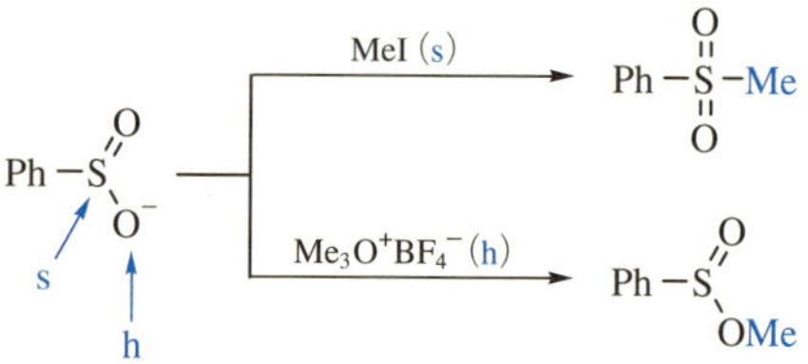

$$(8・17)$$

8・5 官能基選択性

前節でみてきたような反応部位の選択性は**位置選択性**といわれるが，**官能基選択性**（化学選択性ともいう）と分類される反応の選択性がある．

その一つは置換と脱離反応の競争でアルコールとアルケンを生成する例であり，この問題については§4・2と§4・3で述べた．また，二つの官能基が共存するような条件で同じ種類の反応がどちらに起こるかという問題があり，合成反応を考えるときによく直面する問題である．次のようなアミノフェノールをアセチル化すると，求核性の強いアミノ基に反応が起こり，アミドが選択的に生成する〔(8・18)式〕．

$$(8・18)$$

しかし，(8・19)式に示すようなアミノアルコールを酸性条件で反応させると，アミノ基がプロトン化されて反応性を失うので，酸素で反応したエステルが生じやすくなる．実際には，この反応は可逆であり，塩基性条件ではアミドが安定であるが，酸性条件ではアミンがプロトン化されて反応の平衡から除外されるためにエステルを生成することになる〔(8・20)式〕．

8・5 官能基選択性

(反応式 8・19, 8・20 省略)

　反応性の高い官能基を選択的に反応させることは容易であるが，反応性の低い官能基を優先的に反応させるためには工夫が必要である．カルボニル基の還元は，反応剤によって選択性を制御できる（§5・5・1参照）．カルボニル炭素の求電子性（求核種に対する反応性）は次のような序列になっており，ヒドリド還元剤の反応性によって，その適用範囲が異なる．

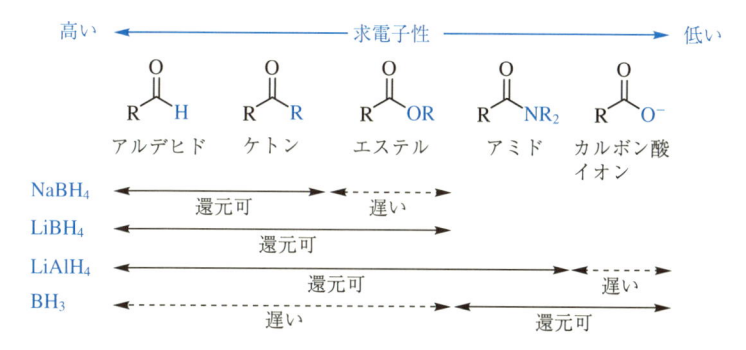

高い ←――――― 求電子性 ―――――→ 低い

アルデヒド　ケトン　エステル　アミド　カルボン酸イオン

- NaBH$_4$：アルデヒド〜ケトン 還元可，エステル 遅い
- LiBH$_4$：アルデヒド〜エステル 還元可
- LiAlH$_4$：アルデヒド〜アミド 還元可，カルボン酸イオン 遅い
- BH$_3$：アルデヒド〜エステル 遅い，アミド〜カルボン酸イオン 還元可

　NaBH$_4$ は反応性が低くカルボン酸誘導体は還元できないが，LiBH$_4$ はエステルまで還元できる．一方，反応性の高い LiAlH$_4$ はどのカルボニル化合物でも還元できる．これに反して，BH$_3$ はアミドとカルボン酸の還元に有効であり，他のカルボニル化合物とはゆっくりとしか反応しない．これらの還元で，アミドはアミンを与えるが，他はいずれもアルコールまで還元される．

$$R\text{-CO-}R \xrightarrow[\text{MeOH}]{\text{NaBH}_4} R\text{-CH(OH)-}R \quad (8・21)$$

$$\text{MeO}_2\text{C}\diagdown\diagdown\text{CO}_2\text{H} \xrightarrow[\text{THF}]{\text{LiBH}_4} \text{HO}\diagdown\diagdown\text{CO}_2\text{H} \qquad (8\cdot22)$$

$$\underset{\text{R}}{\overset{\text{O}}{\|}}\text{C}-\text{NR}_2 \xrightarrow[\text{Et}_2\text{O}]{\text{LiAlH}_4} \underset{\text{R}}{\overset{\text{O}^-\text{AlH}_3}{|}}\underset{\text{H}}{\text{C}}-\text{NR}_2 \longrightarrow \underset{\text{R}}{\overset{\text{H}}{\|}}\text{C}\overset{+}{=}\text{NR}_2 \xrightarrow{\text{LiAlH}_4} \underset{\text{R}}{\overset{\text{H H}}{|}}\underset{}{\text{C}}-\text{NR}_2 \qquad (8\cdot23)$$

<u>ヒドリド還元は求核付加</u>として反応するので，カルボニル基の求電子性の序列で説明できたが，<u>ボラン BH_3 は求電子剤</u>として反応するので電子豊富なカルボニル基と反応しやすい．そのためにカルボン酸をアルコールに変換するためのよい反応剤となる．ボランは二量体の気体であるが，THFやジメチルスルフィド Me_2S との錯体として用いられることが多い．

$$\text{MeO}_2\text{C}\diagdown\diagdown\text{CO}_2\text{H} \xrightarrow[\text{THF}]{\text{BH}_3} \text{MeO}_2\text{C}\diagdown\diagdown\text{OH} \qquad (8\cdot24)$$

アルデヒドを得るためには，温和な条件で制御しながら反応を進める必要がある．アミドを 0 ℃ で $LiAlH_4$ によって還元し，この温度で加水分解するとアルデヒドが得られる．温度を制御しないと，アミドはアミンにまで還元される．また，エステルを低温で $i\text{-Bu}_2\text{AlH}$（DIBAL）と反応させてもアルデヒドが得られる．

$$\underset{\text{R}}{\overset{\text{O}}{\|}}\text{C}-\text{NMe}_2 \xrightarrow[0\ \text{℃}]{\text{LiAlH}_4,\ \text{THF}} \left[\underset{\text{R}}{\overset{\text{Li}^+\ \ \text{O}^-\text{AlH}_3}{|}}\underset{\text{H}}{\text{C}}-\text{NMe}_2\right] \xrightarrow{\text{H}_3\text{O}^+} \underset{\text{R}}{\overset{\text{O}}{\|}}\text{C}-\text{H} \qquad (8\cdot25)$$

$$\underset{\text{R}}{\overset{\text{O}}{\|}}\text{C}-\text{OEt} \xrightarrow[\text{C}_6\text{H}_{14},\,-70\ \text{℃}]{i\text{-Bu}_2\text{AlH}} \left[\underset{\text{R}}{\overset{\text{O}^-\text{Al}(i\text{-Bu})_2}{|}}\underset{\text{H}}{\text{C}}-\text{OEt}\right] \xrightarrow{\text{H}_3\text{O}^+} \underset{\text{R}}{\overset{\text{O}}{\|}}\text{C}-\text{H} \qquad (8\cdot26)$$

8・6 保護と脱保護

二つの官能基のうち反応性の低いほうを反応させるためには，ふつう**保護基**を用いる．高反応性の官能基を一時的に<u>保護</u>しておいて，目的の反応が終了した後に，<u>脱保護</u>によりもとの官能基に戻す．カルボニル基はアセタールにすると，塩基，求核種の攻撃や還元を受けなくなり，反応後に酸加水分解により脱保護できる．アセタール保護基を利用した反応の例を，(8・27)式に示す．

ヒドロキシ基はテトラヒドロピラニル（THP）化してアセタールに変換したり，

8・6 保護と脱保護

$$\text{Br}\diagdown\!\!\diagdown\!\!\text{CHO} \xrightarrow[\text{H}^+]{\text{HO-CH}_2\text{CH}_2\text{-OH}} \text{Br-CH}_2\text{CH}_2\text{-}\underset{\text{O}\diagdown\text{O}}{\text{CH}} \xrightarrow{\text{-C}\equiv\text{C-Li}} \quad (8 \cdot 27)$$

$$\underset{\text{O}\diagdown\text{O}}{\text{CH}}\text{-CH}_2\text{CH}_2\text{-C}\equiv\text{C-} \xrightarrow{\text{H}_3\text{O}^+} \text{OHC-CH}_2\text{CH}_2\text{-C}\equiv\text{C-}$$

脱保護可能なエーテルにして保護する．アルコールとアミンの保護基の例を，以下の反応式に保護と脱保護の条件とともに示す．

保護と脱保護の例

$$\text{R-OH} + \underset{\text{O}}{\diagup\!\!\diagdown} \underset{\text{H}^+, \text{H}_2\text{O}}{\overset{\text{H}^+}{\rightleftarrows}} \text{R-O-}\underset{\text{O}}{\diagup\!\!\diagdown}$$

$$\text{R-OH} + \text{R}_3\text{SiCl} \underset{\text{F}^-\text{または}\text{H}_3\text{O}^+}{\overset{\text{イミダゾール}}{\rightleftarrows}} \text{R-O-SiR}_3$$

$$\text{R-OH} + \text{PhCH}_2\text{Br} \underset{\text{H}_2, \text{Pd/C または HBr}}{\overset{\text{NaH, THF}}{\rightleftarrows}} \text{R-O-CH}_2\text{Ph}$$

$$\text{Ar-OH} + \text{MeI} \underset{\text{BBr}_3, \text{HI または HBr}}{\overset{\text{NaH, THF}}{\rightleftarrows}} \text{Ar-O-Me}$$

$$\text{R-NH}_2 + \text{PhCH}_2\text{Br} \underset{\text{H}_2, \text{Pd/C}}{\overset{\text{K}_2\text{CO}_3}{\rightleftarrows}} \text{R-N(H)-CH}_2\text{Ph}$$

$$\text{R-NH}_2 + \text{PhCH}_2\text{OC(O)Cl} \underset{\text{HBr/AcOH または H}_2, \text{Pd/C}}{\overset{\text{塩基}}{\rightleftarrows}} \text{R-NH-C(O)-O-CH}_2\text{Ph}$$

$$\text{R-NH}_2 + (t\text{-BuOCO})_2\text{O} \underset{\text{H}^+, \text{H}_2\text{O}}{\overset{\text{塩基}}{\rightleftarrows}} \text{R-NH-C(O)-O-}t\text{Bu}$$

$$\text{R-NH}_2 + \text{Fmoc-Cl} \underset{\text{塩基}}{\rightleftarrows} \text{R-NH-C(O)-O-CH}_2\text{-Fluorenyl}$$

<u>シリル基はフッ化物イオンによって特異的に脱離できる</u>ので有用である．トリ

メチルシリル (TMS) 基や t-ブチルジメチルシリル (TBS) 基がよく用いられる.

$$(8\cdot 28)$$

アミノ基の保護はアミノ酸からペプチドを合成するときに重要であり，詳しく検討されている．オキシカルボニル化してカルバミン酸エステルのかたちで保護した後，保護基の構造によって種々の条件で脱炭酸を伴う開裂反応で脱保護できる．ベンジルオキシカルボニル基 (Cbz 基または Z 基と略す) は，酸性水溶液や塩基性水溶液では安定であるが，強酸の HBr による求核置換 (S_N2) あるいは水素化分解で除去できる.

$$(8\cdot 29)$$

t-ブトキシカルボニル (Boc) 基は塩基性では反応しないが，酸加水分解で簡単に除去できる．反応は E1 脱離を経て進む.

$$(8\cdot 30)$$

9-フルオレニルメチルオキシカルボニル (Fmoc) 基は，塩基による E1cB 脱離に

よって開裂する（§4・4および演習問題4・15参照）.

> **例題 8・1** カルバミン酸エステルが一般に塩基性条件で安定なのはなぜか.
> **解答** カルボニル基が電子対を供与できるNとOの二つの原子にはさまれているために，求核攻撃を受けにくいことによる．このことは次の共鳴構造によって理解できる．
>
> $$R-\underset{H}{N}-\overset{O}{\underset{}{C}}-O-R \longleftrightarrow R-\underset{H}{\overset{O^-}{N^+}}=C-O-R \longleftrightarrow R-\underset{H}{N}-\overset{O^-}{\underset{}{C}}=\overset{+}{O}-R$$
>
> なお酸性条件では，カルバモイル基が脱離しやすくなり，O-アルキル基側で反応が起こる．すなわち，このアルキル基の特徴によって S_N2，または $S_N1/E1$ 反応で分解する．この結果が，ベンジル（S_N2）と t-ブチル（カルボカチオン安定性）基にみられ，フルオレニルメチル基はカルボアニオン安定性のために，塩基性条件で E1cB 反応を受ける．

8・7 立体選択性と立体特異的反応

反応生成物に立体異性が存在する場合，その異性体比を**立体選択性**という．そのなかで，出発物に立体異性があって，それぞれの立体異性体からそれに対応する立体異性の生成物だけができてくる場合に，その反応は**立体特異的**であるという．このとき，出発物と生成物の立体化学の関係は反応機構に基づいて決まっている．

たとえば，S_N2 反応は求核種の背面攻撃によって立体特異的に立体反転で進行することを述べた（§4・1）．すなわち，反応が立体中心で起こり R 体から S 体が生成する場合には，逆に S 体からは R 体が生成する．しかし，S_N1 反応になると立体特異性は失われ，カルボカチオン中間体と脱離アニオンのイオン対の状態に依存して R/S 異性体生成比は変化する（ふつう立体反転が優勢，§4・3参照）．

アルケンに対する Br_2 の付加はブロモニウムイオン中間体を経て立体特異的にアンチ付加で進む（§5・1）のが一般的である．たとえば，(E)-2-ブテンと (Z)-2-ブテンからは，それぞれメソ体とラセミ体のジアステレオマーが生成する〔(8・31)式，(8・32)式〕．Cl_2 の付加においても，単純なアルケンはほぼアンチ付加で進行する．しかし，1-フェニルプロペンのように，フェニル基の共役により開環型カルボカチオンが安定化されるときには，立体特異性が失われる〔(8・33)式〕．立体選択性は反応溶媒などの反応条件によっても変化する．

$$\text{Me} \overset{H}{\underset{Me}{\diagdown}}\!\!=\!\!\overset{H}{\underset{}{\diagup}} + Br_2 \longrightarrow \left[\begin{array}{c}Me\overset{Br^+}{\diagup}H\\H\diagdown Me\\Br^-\end{array}\right] \longrightarrow \overset{Me}{\underset{Br}{\diagup}}\!\!-\!\!\overset{H}{\underset{Me}{\diagdown}}\!\!Br \equiv \overset{Br}{\underset{H}{\diagup}}\!\!-\!\!\overset{H}{\underset{Br}{\diagdown}}\!\!Me \quad (8\cdot31)$$

メソ体

$$\text{Me} \overset{Me}{\underset{H}{\diagdown}}\!\!=\!\!\overset{}{\underset{H}{\diagup}} + Br_2 \longrightarrow \left[\begin{array}{c}Me\overset{Br^+}{\diagup}Me\\H\diagdown H\\Br^-\end{array}\right] \longrightarrow \overset{Me}{\underset{Br}{\diagup}}\!\!-\!\!\overset{Br}{\underset{H}{\diagdown}}\!\!H + \overset{Br}{\underset{H}{\diagup}}\!\!-\!\!\overset{Me}{\underset{Br}{\diagdown}}\!\!H \quad (8\cdot32)$$

ラセミ混合物

$$Ph\!\!-\!\!CH\!\!=\!\!CH\!\!-\!\!Me + X_2 \xrightarrow{CCl_4} Ph\overset{X}{\underset{X}{\diagup}}\!\!-\!\!\overset{}{\underset{}{\diagdown}}\!\!Me + Ph\overset{X}{\underset{X}{\diagup}}\!\!-\!\!\overset{}{\underset{}{\diagdown}}\!\!Me \quad (8\cdot33)$$

アンチ付加体　シン付加体

X =	アンチ	シン
Br	88	12
Cl	45	55

立体特異的反応のもう一つの例は，§4・2で述べた E2 反応である．この反応では，二つの結合開裂が同時に（協奏的に）起こるために，関係する分子軌道が同一平面にある必要性から，<u>アンチ脱離</u>で進行した．このように，二つの結合の生成や開裂が<u>協奏的に進行する反応</u>は立体特異的に起こり，その立体化学は軌道相互作用によって制御されている．すなわち，反応の立体化学は**立体電子効果**によって決まるといえる．

ペリ環状反応とよばれる一群の反応も，立体電子効果によって立体特異的に進む反応の例であり，その一つとして**ディールス-アルダー反応**（[4+2]付加環化反応）がある．この環化反応では，ジエンとジエノフィルのシス-トランス異性が保持される．この協奏反応は，(8・34)式に示すように，6電子が関与した環状遷移状態（芳香族性をもつといってもよい）を経て進む．

$$\text{ジエン} + \text{ジエノフィル}(cis\text{-}CO_2Me) \longrightarrow [\text{遷移状態}]^{\ddagger} \longrightarrow \text{cis-生成物} \quad (8\cdot34)$$

$$\text{ジエン} + \text{ジエノフィル}(trans\text{-}CO_2Me) \longrightarrow \text{trans-生成物} \quad (8\cdot35)$$

シクロペンタジエンのような環状ジエンの反応においては，エンドとエキソの立

体異性体が生じるが，ふつうエンド体が優先的に生成してくる．このエンド-エキソ選択性は立体特異性とは関係なく溶媒や温度など反応条件に依存する．

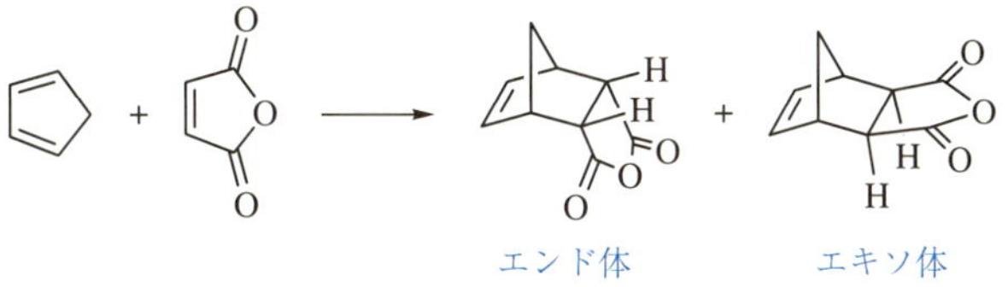

$$\text{シクロペンタジエン} + \text{無水マレイン酸} \longrightarrow \underset{\text{エンド体}}{\text{付加物}} + \underset{\text{エキソ体}}{\text{付加物}} \quad (8\cdot36)$$

立体特異的反応は一般に立体電子効果によって起こるが，立体選択性は立体電子効果とともに立体反発(障害)にも依存する．たとえば，シクロヘキサン環のいす形立体配座においては，アキシアル方向は **1,3-ジアキシアル相互作用**のためにエクアトリアル方向よりも立体障害が大きい．この相互作用が遷移状態で働くために，シクロヘキサノンのカルボニル基に対する求核攻撃において，求核剤が大きくなるにつれてエクアトリアル攻撃が優先して起こる．(8・37)式のグリニャール反応がその例であり，嵩高いアルキル RMgBr ほど高いエクアトリアル選択性を示す．4位の t-ブチル基は選択的にエクアトリアル位を占めるので，反応は(8・39)式のように進む．

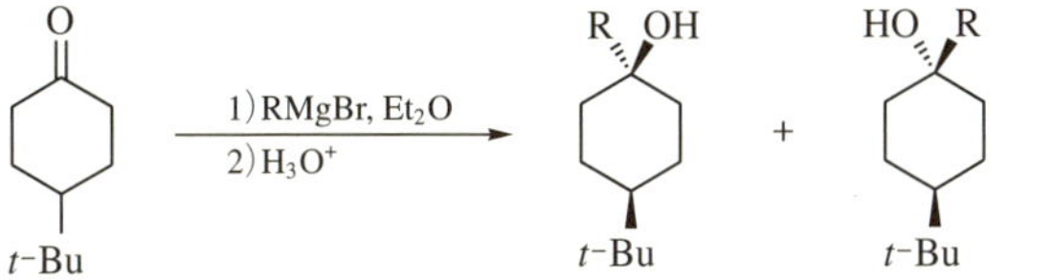

$$(8\cdot37)$$

R =		
Me	59	41
Et	71	29
i-Pr	82	18
t-Bu	100	0

アキシアル攻撃

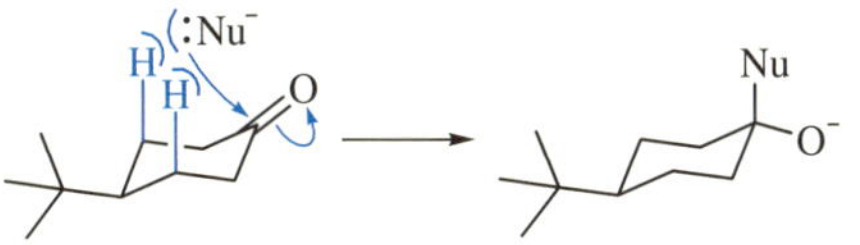

$$(8\cdot38)$$

エクアトリアル攻撃

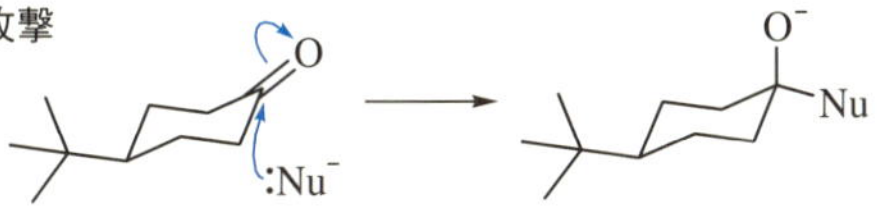

$$(8\cdot39)$$

(8・40)式のようなα位に立体中心をもつアルデヒドへの求核攻撃においても，その面選択性は立体効果で説明できる．アルデヒドは(8・40)式下のニューマン投影式のように表されるので，R がメチル基より立体的に大きな置換基の場合は，置

換基の大きさが R＞Me＞H の順となり，反応の過程では最も大きい R が立体障害を避けて横に出た(a)か(b)の立体配座をとり，(a)のように反応するのが有利である[*1]．その結果，(A)を優先的に与える．一方，R が OMe のように Mg に配位できる場合には，(c)のような配座から反応して(B)が優先的に生成する．R により反応に関与する立体配座は異なるが，いずれも求核種は立体障害を避けて反応する．生成物はジアステレオマーである．

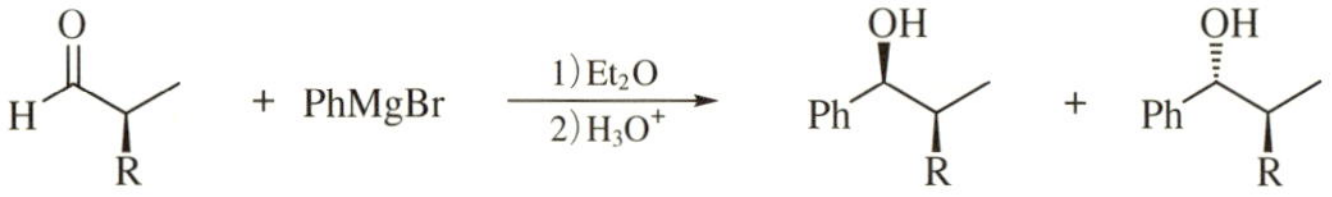

$$(8\cdot 40)$$

8・8 不斉合成

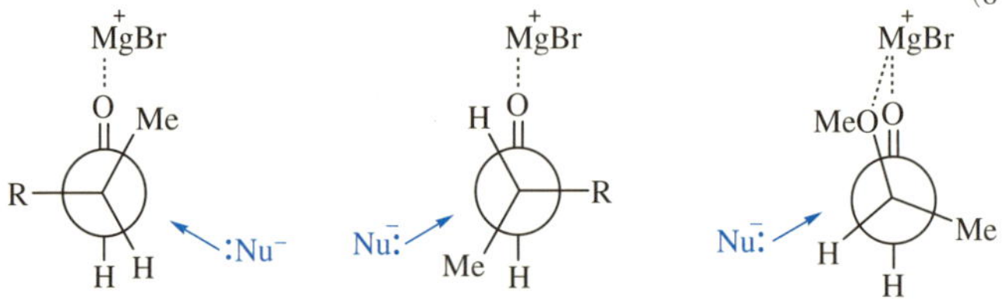

高度に立体選択的な反応を開発することは，有機合成の重要な課題であるが，なかでもエナンチオマーを選択的につくり分けることは医薬品などの生理活性物質の製造には不可欠な問題となっている．エナンチオマーは鏡像関係の違いだけに基づいているので，<u>エナンチオ選択的な反応をひき起こすためにはキラルな反応環境を提供しなければならない</u>．そのためには純粋なエナンチオマーである天然物あるいはそれに由来する物質を**不斉補助剤**として用いるのが一般的であり，それを少量用いて不斉触媒反応に展開することが行われている．

このような不斉合成において生成するエナンチオマーの純度は，**エナンチオマー過剰率** ee で表すのが慣習になっている．ee はラセミ体を差し引いた残りの過剰エナンチオマーの比率に相当し，次式で表せる[*2]．

$$\mathrm{ee} = 100 \times |R-S|/(R+S) = |\%R-\%S|$$

[*1] カルボニル化合物の安定配座は，一般に隣接の H と C=O が重なり形になったものである．カルボニル結合への求核攻撃は，π 電子を避けて約 107°の角度で進入してくると考えられている．(b) のような攻撃では Me が立体障害になる．

[*2] ee の値は，理論上，比旋光度[α]から算出した光学純度（実測[α]／純粋なエナンチオマーの [α]）に等しくなる．

8・9 触媒と溶媒効果

よく知られている不斉補助剤の一つは，アミノ酸や天然のヒドロキシアミンから誘導されるオキサゾリジノンである．

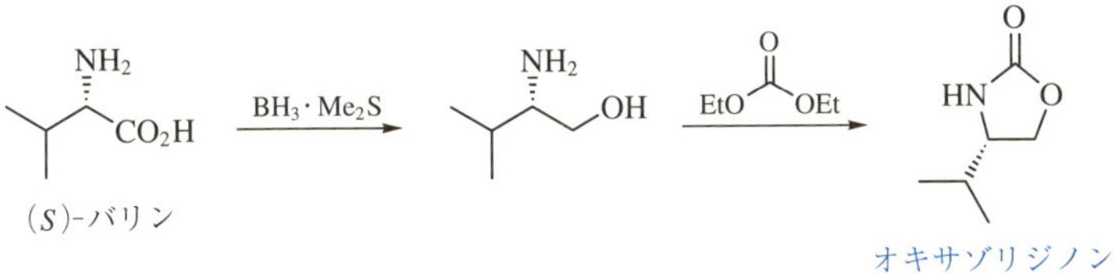

(8・41)

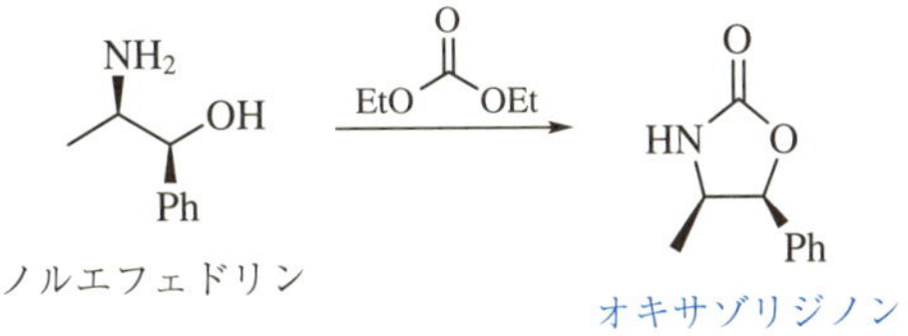

(8・42)

(8・41)式と(8・42)式に示した二つのオキサゾリジノンは，不斉補助剤として逆の立体中心をつくり出す．たとえば，次のようなエノラートのアルキル化で R と S のエステルを合成できる．

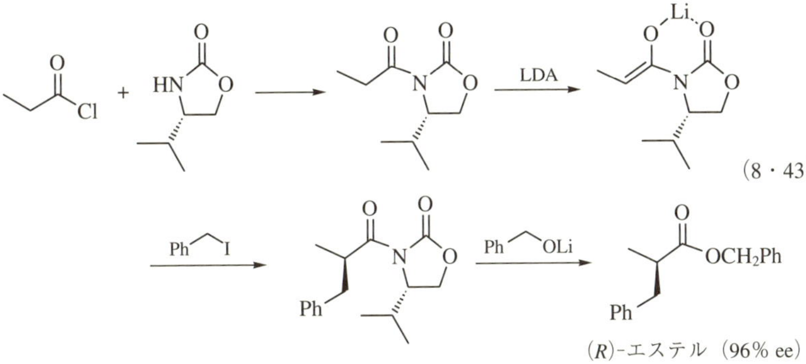

(8・43)

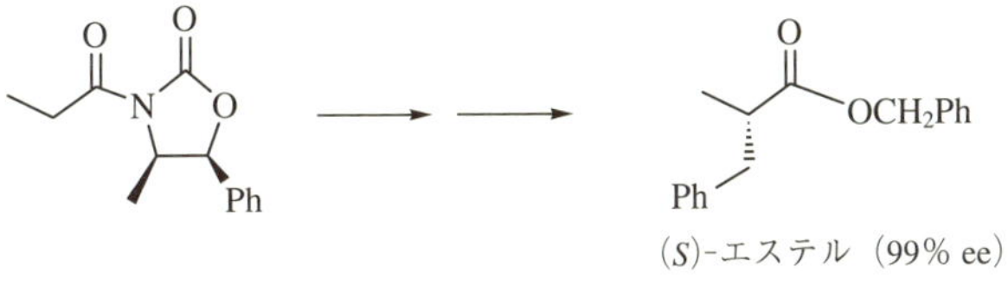

(R)-エステル（96% ee）

(8・44)

(S)-エステル（99% ee）

8・9 触媒と溶媒効果

反応系内に含まれる物質のうち，反応過程で基質あるいは反応剤と一度は反応す

るが,その後再生されて消費されない物質を触媒という.これまでにも酸や塩基が触媒になる例をみてきた.原理的に触媒は反応の前後で変化しないので,反応剤のように等モル量必要とせず,少量で反応を加速(または減速)する.併発反応の場合,それぞれの過程に対する触媒の効果が異なることから,<u>速度支配の反応選択性を変える</u>ことができる.しかし,触媒は反応の当量関係には影響しないので,熱力学支配の選択性には影響を与えない.

触媒は酸塩基だけではなく,酸化還元反応にも有効に用いられている.(8・45)〜(8・47)式に示す反応例はいずれも触媒を加えることなしには全く進行せず,理論上はかなりの高温にしてはじめて反応する.しかし,そのような高温下ではほかの副反応も起こってしまう.すなわち,触媒は特定の反応を加速し,反応選択性を向上するために重要な役割を果たしている*.

$$\text{シクロヘキセン} + H_2 \xrightarrow{Pd/C} \text{シクロヘキサン} \qquad (8・45)$$

$$\text{シクロヘキセン} + NaIO_4 \xrightarrow{OsO_4} \text{シクロヘキサン-1,2-ジオール} \qquad (8・46)$$

$$\text{シクロヘキセン} + EtOCOCHN_2 \xrightarrow{CuSO_4} \text{ノルカラン-COOEt} \qquad (8・47)$$

溶媒もまた,反応物や反応遷移状態に関与して反応速度に影響を与えることから,広い意味では触媒と捉えることもできる.しかし,溶媒は多量に用いられ,多種の弱い相互作用の結果として発現する効果なので,別に**溶媒効果**として分類される.(8・48)式の例では,HMPA(ヘキサメチルリン酸トリアミド)がTHFよりもK^+に強く配位してK^+をエノラートからひき離し,酸素アニオンがより硬くなっ

$$K^+O^- \cdots OEt + (EtO)_2SO_2 \longrightarrow \text{O-アルキル体} + \text{C-アルキル体} \qquad (8・48)$$

	O-体	C-体
HMPA	83	17
THF	0	100
t-BuOH	0	100

---

* 一般的に,触媒は基質と反応して中間体をつくり,後続段階で触媒を再生しながら生成物を与えるという形式で反応する.すなわち,厳密にいえば,触媒は活性化エネルギーの低い別の反応経路をつくり出して目的物を生成する.

8・9 触媒と溶媒効果

たために O-アルキル化が起こりやすくなったと考えられる．一方，t-BuOH は，プロトン性溶媒としてアニオンにも配位できるために，HMPA とは逆の溶媒効果を示す．

最後に，**不斉触媒反応**の例として，不斉酸化と不斉水素化をあげておこう．2001年度のノーベル化学賞の受賞対象になった反応である．K. B. Sharpless はヒドロペルオキシドによるアリル型アルコールのエポキシ化に，チタン触媒と不斉配位子として酒石酸ジエチル（DET）を用いた〔(8・49)式〕．野依良治らは軸性のキラリティーをもつ BINAP〔2,2′-ビス(ジフェニルホスフィノ)-1,1′-ビナフチル〕を金属触媒の配位子に用いて水素化を行った〔(8・50)式〕．

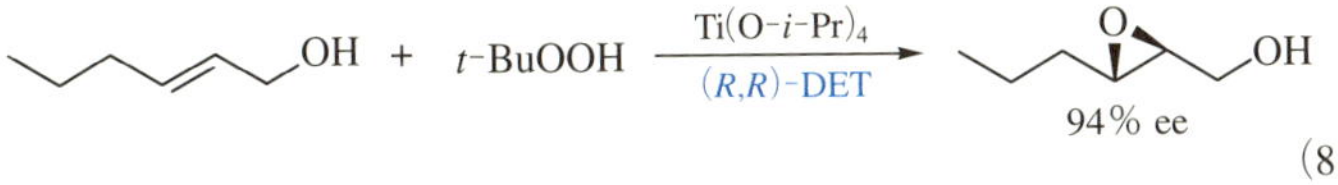

$$\text{(8・49)}$$

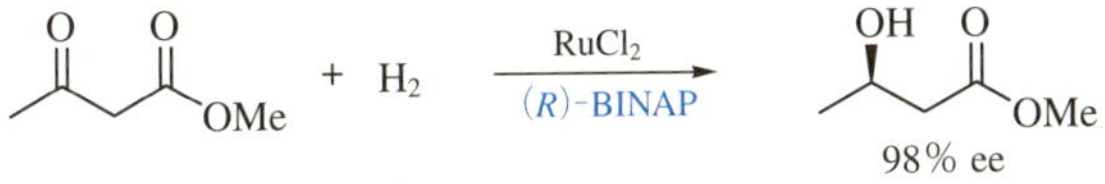

$$\text{(8・50)}$$

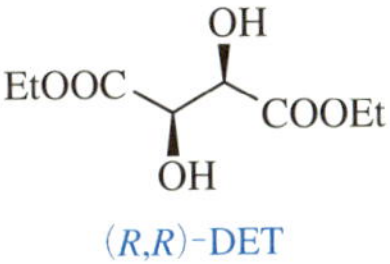

(R,R)-DET

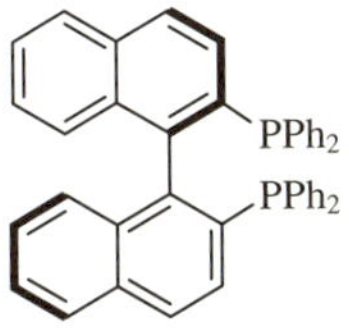

(R)-BINAP

[(S)-BINAP]$_2$Rh$^+$ 錯体はアリル型アミンのエナミンへの転位に用いられ，(8・51)式の(S)-エナミン製造の触媒として（−）-メントールの大規模生産に応用されている．

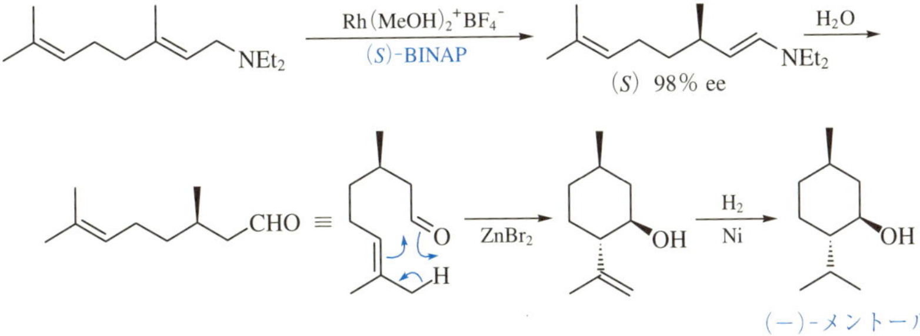

$$\text{(8・51)}$$

(−)-メントール

演習問題

8・1 次のジエンの求電子付加反応における速度支配と熱力学支配の生成物を予想し，その理由を述べよ．〔§8・1〕

1) CH₂=CH-CH=CH₂ + Br₂   2) (CH₃)₂C=CH-CH=CH₂ + HBr   3) メチレンシクロヘキセン + HCl

8・2 エノンのシアノヒドリンをメタノール中でメトキシド存在下に加熱すると，次のような異性化が起こる．この反応を巻矢印を使った反応式で説明せよ．〔§8・1〕

NC-C(OH)(CH₃)-CH=CH₂ →(NaOMe)→ CH₃-CO-CH₂-CH₂-CN

8・3 2-ブロモ-2-メチルブタンを純粋なエタノール中，25 ℃で反応すると，2-メチル-2-ブテンと2-メチル-1-ブテンが 82:18 の比率で得られた．(4・9)式に示したエトキシドによる反応では，生成アルケンの比率は 69:31 であり，対応するアルコールの脱水反応では 95:5 であった．これらの結果を説明せよ．〔§4・2, §4・3, §8・1〕

X	試薬	2-メチル-2-ブテン	2-メチル-1-ブテン
X=Br	NaOEt	69	31
X=Br	EtOH	82	18
X=OH	BF₃·OEt₂	95	5

8・4 ナフタレンのスルホン化の主生成物は次式に示すように反応温度によって変化する．低温で1位の置換体が生成しやすいことを説明し，温度を上げると2位の置換体に変化する理由を述べよ．〔§5・2, §8・1〕

ナフタレン + H₂SO₄ → 1-ナフタレンスルホン酸 + 2-ナフタレンスルホン酸

温度	1位	2位
60 ℃	80	20
165 ℃	15	85

8・5 1-エトキシ-4-エチルベンゼンに塩化アルミニウムを作用させると，まず，化合物 (**A**) が生成するがすぐに減少し，(**B**) に変換される．(**B**) もまた時間とともに変化し，最終的には 3,5-ジエチルフェノールが主生成物となる．(**A**) と (**B**) の構造を示し，どのように反応が進んでいるのか，段階的な反応式を示して説明せよ．ヒント: 反応は可逆的に起こっている．〔§5・2, §8・1〕

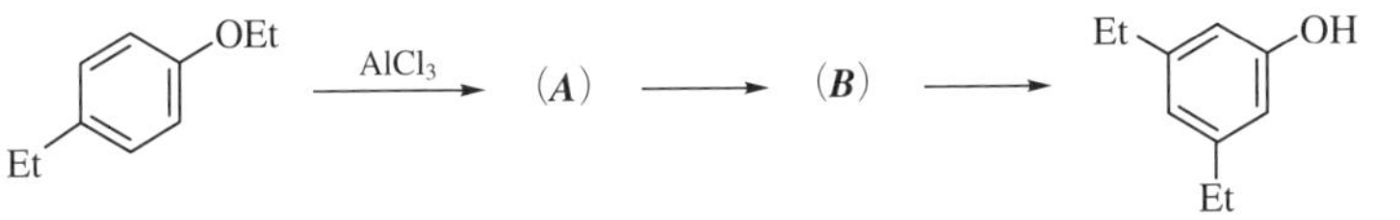

8・6 2-ブタノンとブタナールの交差アルドール反応を行うと，脱水した生成物として(**A**)と(**B**)がおもに得られる．一方，低温でLDAを用いて2-ブタノンから調製したエノラートにブタナールを反応させると別の異性体(**C**)が選択的に合成できる．〔§6・3, §8・2〕

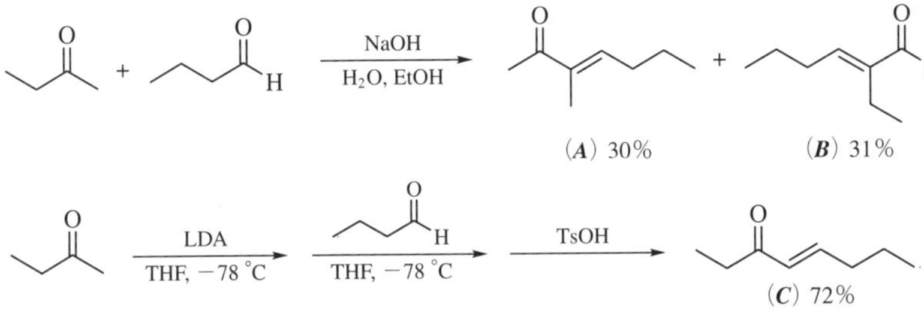

1) (**A**)と(**B**)がどのように得られるか，反応式で示し，その選択性を説明せよ．
2) (**C**)が生成する反応を段階的に書いて示し，その選択性を説明せよ．

8・7 (8・13)式において，エノラートの環化により5員環エーテルが選択的に生成する反応をみた．炭素が1個だけ多い類似体は分子内のC-アルキル化によってシクロヘキサノン誘導体が選択的に生成する．この反応様式の違いを説明せよ．〔§8・3〕

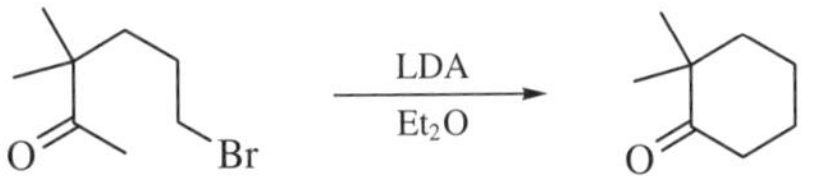

8・8 次の環化反応は，塩基性条件では起こらないが酸性条件では起こる．理由を説明せよ．〔§8・3〕

8・9 アセトフェノン（メチルフェニルケトン）のエノラートのアルキル化反応において，O-アルキル化とC-アルキル化の比率は，用いるアルキル化剤によって次のように変化する．この反応を式で示し，選択性の変化を説明せよ．〔§8・4〕

アルキル化剤	*O*-/*C*-アルキル化
EtI	0.1
Me_2SO_4	3.5
$Et_3O^+ BF_4^-$	4.9

8・10 次に示すエノラートのアルキル化反応において，*O*-アルキル化と *C*-アルキル化の比率はアルキルハロゲン化物の種類によって変化する．この変化を説明せよ．〔§8・4〕

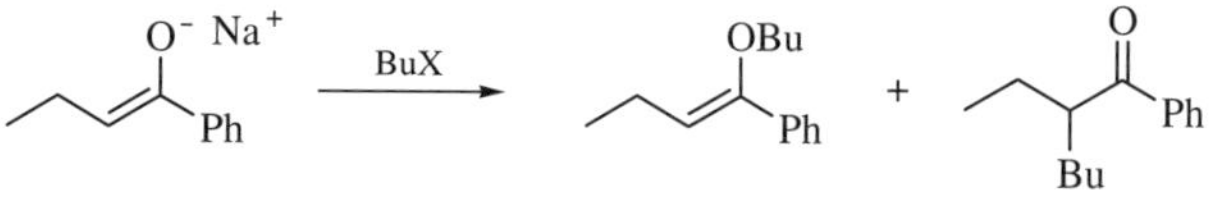

X＝Cl	55	45
X＝Br	39	61
X＝I	19	81

8・11 4-(3-ヒドロキシフェニル)ブチルトシラートのナトリウム塩は，分子内求核置換反応を起こして，パラ位およびオルト位で環化した生成物を生じる．この生成比は，反応溶媒によって大きく変化する．次の反応式に示す結果を説明せよ．〔§8・9〕

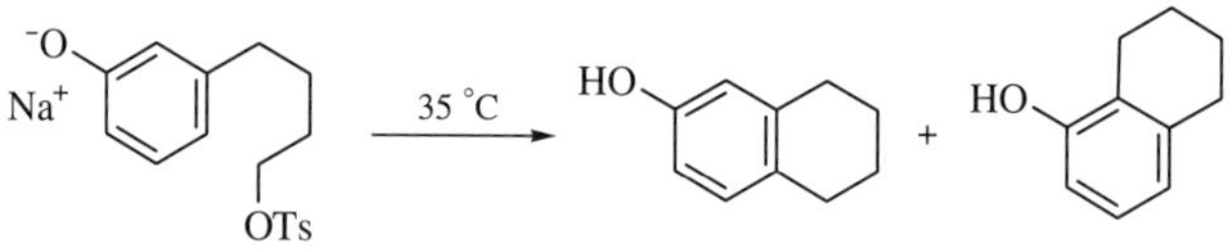

THF	13	87
MeOH	49	51

8・12 次の反応を行うために必要な条件を示し，段階的な反応式を書け．〔§8・5，§8・6〕

1) 

2) 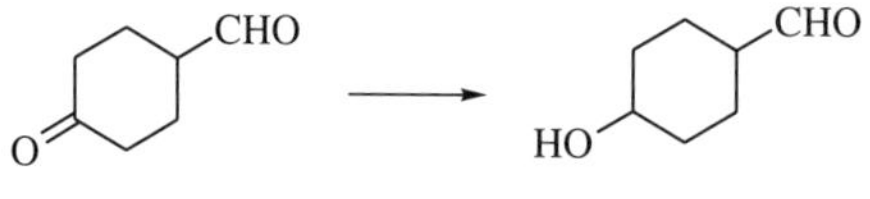

3) 

4) 

5) 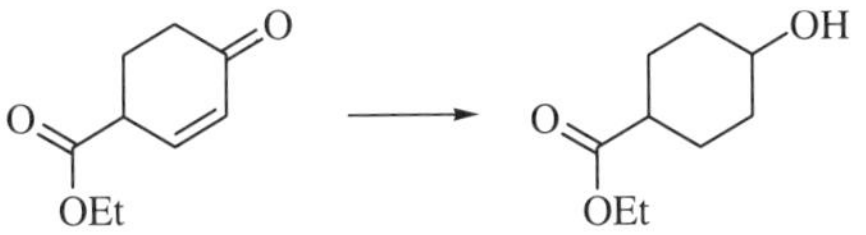

6) 

7) 

8) 

8・13　THP 基は酸触媒存在下にジヒドロピランと反応させることにより導入される．その反応機構を示せ．また，酸触媒反応による脱保護の反応機構を示せ．〔§8・6〕

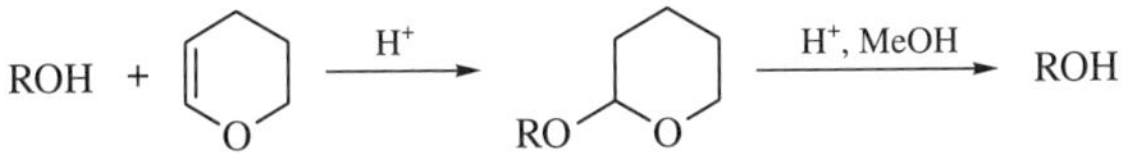

8・14　1,2-ジメチルシクロヘキセンからアルコールのトランス体とシス体をそれぞれ選択的に得るためには，どのような反応剤を用いたらよいか．〔§5・1，§8・7〕

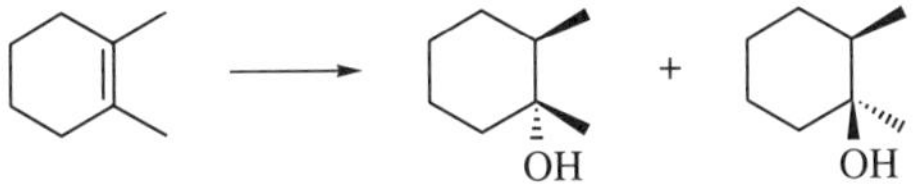

8・15　2,4-ヘプタジエンとブチンジアールを加熱すると，ディールス-アルダー反応の生成物として，次のような立体異性体（***A***)〜(***D***）が得られる．(2*E*,4*E*)-と(2*E*,4*Z*)-ヘプタジエンのそれぞれについて，どの異性体が得られるか，説明せよ．〔§8・7〕

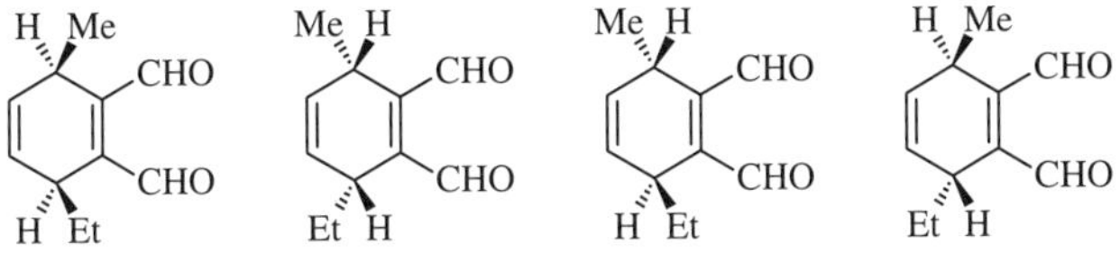

(***A***)　(***B***)　(***C***)　(***D***)

8・16 次のケトンのグリニャール反応では，2種類のジアステレオマーが生成する．アルキル基Rによって選択性が次のように変化する理由を説明せよ．〔§8・7〕

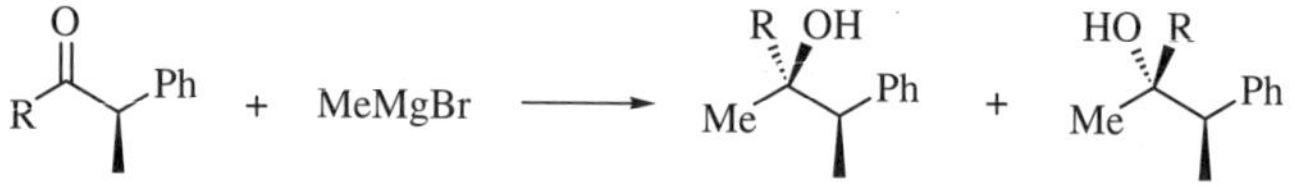

	(A)	(B)
R=H	71	29
Et	86	14
i-Pr	90	10
t-Bu	96	4

8・17 4-t-ブチルシクロヘキサノンをヒドリド還元すると，シス体とトランス体のアルコールが生成する．$LiAlH_4$ はトランス体を優先的に与えるが，$Li(s\text{-}Bu)_3BH$ はシス体を優先的に与える．後者がシス体を与える理由を考えよ．〔§8・7〕

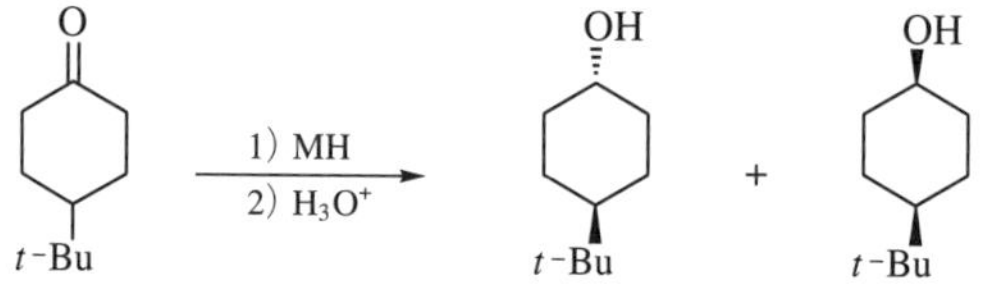

	トランス体	シス体
MH=$LiAlH_4$	90	10
MH=$Li(s\text{-}Bu)_3BH$	4	96

8・18 4-t-ブチルシクロヘキシルトリメチルアンモニウム塩をt-ブトキシドと反応させると，トランス体は脱メチル化生成物だけを与えるのに対して，シス体は4-t-ブチルシクロヘキセンを主生成物として与える．理由を説明せよ．また，t-ブチル置換基をもたないシクロヘキシルトリメチルアンモニウム塩を同じように反応させると，どのような生成物が予想されるか．〔§8・7〕

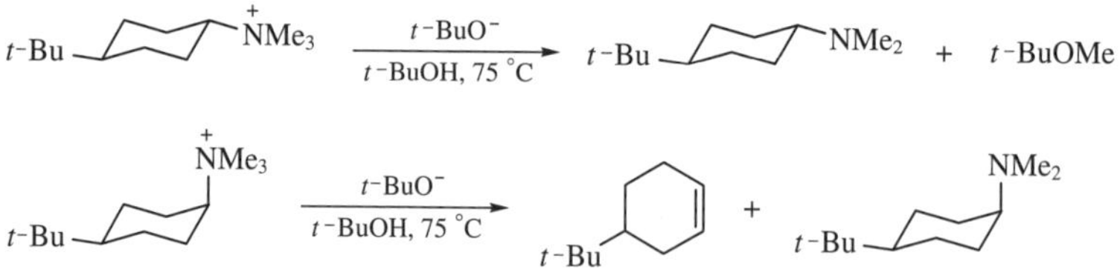

8・19 次の反応では1種類の生成物が選択的に得られる．この反応の選択性を説明せよ．ヒント：フランと反応しない理由，OH導入の位置選択性と立体特異性・選択性などを考えること．〔§8・7〕

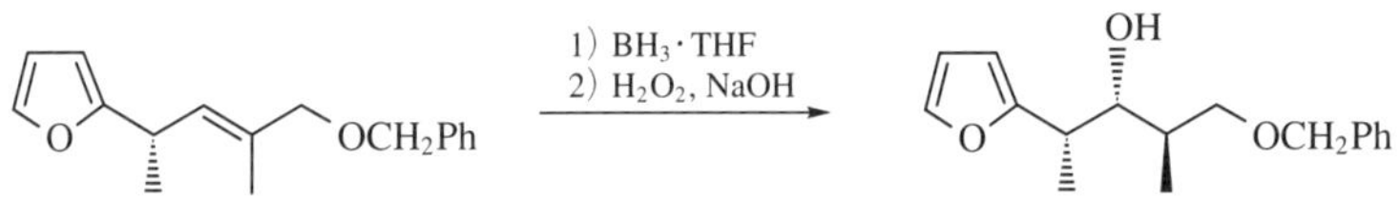

8・20 次の反応式に示す目的化合物のアルコールは，ケトンからアルケンを経て合成できる．段階(a)および段階(b)に必要な反応剤を示し，反応がどのように進むか，生成物に示すような透視図を用いて，立体化学がわかるように反応式を書け．〔§8・7〕

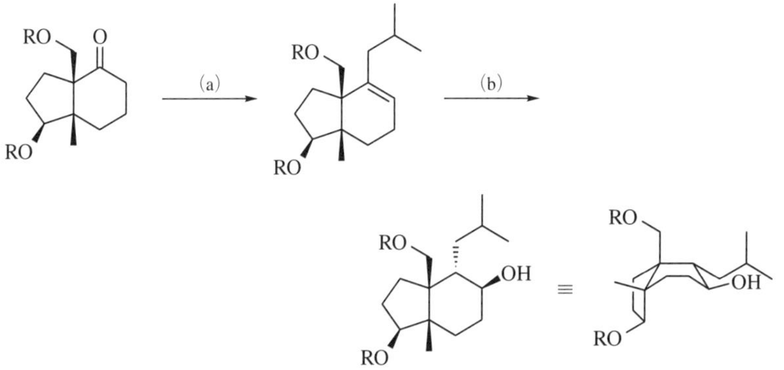

9

ラジカル反応

これまでみてきた極性反応は電子対の動きに基づいて起こっている．対になっていない不対電子をもつ化学種はラジカルとよばれ，その反応は極性反応とは異なる特徴をもっている．

9・1 ラジカルの生成
9・1・1 ホモリシス

結合電子対の2電子をともに一方の原子が取込んで起こる結合切断を**ヘテロリシス**というのに対して，1電子ずつ分け合ってラジカルを生成する結合切断を**ホモリシス**という．ホモリシスは過酸化物のような弱い結合をもつ分子を加熱することによって起こる．ラジカル反応で，1電子の動きを示すときには，電子対（2電子）を動かす通常の矢印と区別して，片羽の巻矢印を使うことに注意しよう．

$$\text{RO–OR} \xrightarrow{\Delta} \text{RO}\cdot + \cdot\text{OR} \qquad (9\cdot1)$$

アシルオキシルラジカルはさらに脱炭酸してアルキルラジカルを与える．

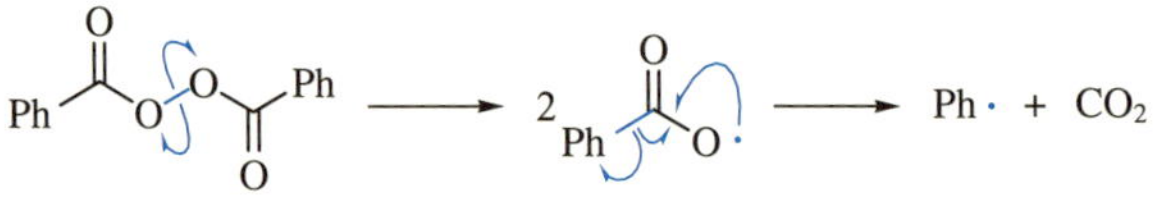

$$\text{Ph-C(O)-O-O-C(O)-Ph} \longrightarrow 2\,\text{Ph-C(O)-O}\cdot \longrightarrow \text{Ph}\cdot + \text{CO}_2 \qquad (9\cdot2)$$

アゾビスイソブチロニトリル（AIBN）の熱分解もラジカル生成反応としてよく用いられる．

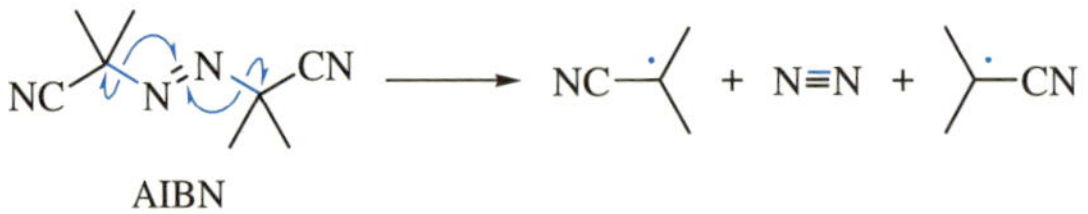

$$\text{NC-C(CH}_3)_2\text{-N=N-C(CH}_3)_2\text{-CN} \longrightarrow \text{NC-C}\cdot(\text{CH}_3)_2 + \text{N}\equiv\text{N} + \cdot\text{C(CH}_3)_2\text{-CN} \qquad (9\cdot3)$$
AIBN

ハロゲン分子は光を照射することによって容易にラジカルを生成する．

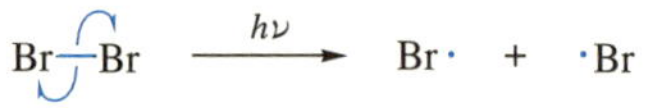

$$\text{Br–Br} \xrightarrow{h\nu} \text{Br}\cdot + \cdot\text{Br} \qquad (9\cdot4)$$

9・1・2 電子移動

一電子移動，すなわち酸化還元反応の結果，不対電子が生じ，ラジカルが生成する．電荷も発生するのでイオンラジカルになる．ケトンから生じるアニオンラジカルは，ケチルとよばれる〔(9・5)式〕．

$$\text{Na} + \underset{}{\overset{\text{O}}{\|}} \longrightarrow \text{Na}^+ + \underset{\text{ケチル}}{\overset{\text{O}^-}{\cdot}} \qquad (9・5)$$

電気的に電極から電子を与えたり取ったりすることもできる．カルボン酸塩を電極酸化する（電子を取る）と，ラジカルが生成し，速やかに脱炭酸して生じたアルキルラジカルが二量化する．この反応はコルベ反応として知られている．

$$\text{RCO}_2^- \xrightarrow{-e^-} \text{RCO}_2\cdot \longrightarrow \text{R}\cdot + \text{CO}_2 \qquad (9・6)$$

$$2\,\text{R}\cdot \longrightarrow \text{R-R} \qquad (9・7)$$

9・2 ラジカルの安定性

ほとんどのラジカルは，不安定で反応性が高い．その安定性は，対応する分子の水素の結合解離エネルギーから判断できる．R・の安定性は，表9・1のC−H結合解離エネルギーが小さいほど大きく，第一級，第二級，第三級の順により安定になり，アリルおよびベンジルラジカルは共役のためにさらに安定である．

$$\overset{H}{\underset{H}{\cdot\text{CH}}}H < \overset{Me}{\underset{H}{\cdot\text{CH}}}H < \overset{Me}{\underset{Me}{\cdot\text{CH}}}H < \overset{Me}{\underset{Me}{\cdot\text{CH}}}Me < \text{CH}_2=\text{CH}-\overset{\cdot}{\text{CH}}_2 \approx \text{PhCH}_2\cdot$$

ビニルやフェニルラジカルはアルキルラジカルよりも不安定である．

$$\text{Me}-\overset{H}{\underset{H}{\cdot\text{C}}} > \text{CH}_2=\overset{\cdot}{\text{CH}} > \text{Ph}\cdot$$

表 9・1 結合解離エネルギー（kJ mol^{-1}）

CH_3-H	439	$\text{H}_2\text{C}=\text{CHCH}_2-\text{H}$	364	MeCOCH_2-H	385
MeCH_2-H	423	PhCH_2-H	372	NCCH_2-H	360
$\text{Me}_2\text{CH}-\text{H}$	410	$\text{H}_2\text{C}=\text{CH}-\text{H}$	431	$\text{EtOCHMe}-\text{H}$	385
$\text{Me}_3\text{C}-\text{H}$	397	$\text{Ph}-\text{H}$	464	$\text{RCO}-\text{H}$	364

ラジカルは共役によって安定化されるだけでなく，電子求引基によっても電子供与基によっても安定化される．

不対電子が酸素や窒素にあるラジカルは安定であり，立体障害があるとさらに反応性が低くなり，長寿命ラジカルになる．

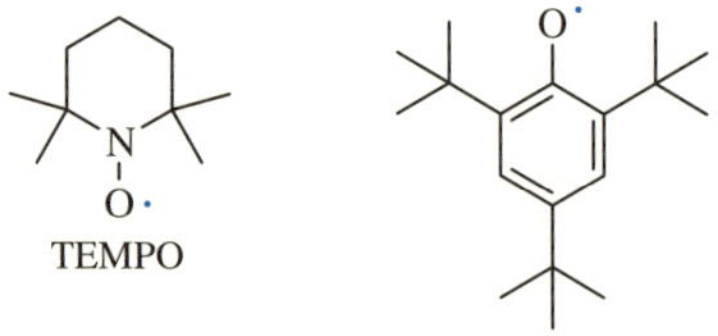

9・3 ラジカルの反応
9・3・1 水素引抜き
ラジカルは他の分子から水素を引抜くことによって，新しいラジカルを生成する．

$$RO\cdot\ \ H-Br \longrightarrow RO-H + \cdot Br \quad (9\cdot 8)$$

$$Br\cdot\ \ H-R \longrightarrow Br-H + \cdot R \quad (9\cdot 9)$$

同様にハロゲン原子やアルキル基の引抜きも可能であり，ラジカル置換反応（S_H2 反応）とみなされ，求核置換 S_N2 反応の場合と似たような直線状の遷移状態を経て反応する．

分子内の水素引抜きも可能であり，6員環遷移状態を経る δ 位からの 1,5-水素移動がもっとも有利である．特に酸素や窒素ラジカルによる引抜きがよく知られている．(9・10)式では酸性溶液中でプロトン化した N-ハロアミンに光照射して生じた窒素カチオンラジカルの分子内水素引抜きについで，分子間の塩素引抜き（連鎖反応）が起こっている．生成した 4-クロロアルキルアミンはさらに分子内求核置換反応によってピロリジンを生成する．

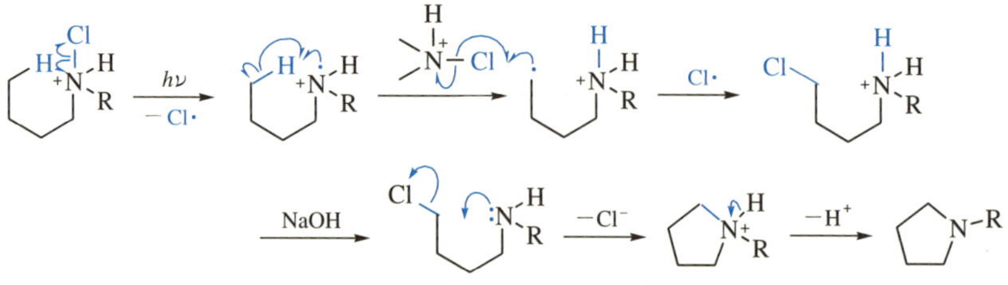

$$(9\cdot 10)$$

(9・11)式では，亜硝酸エステルの光分解で生じたアルコキシルラジカルがδ位から水素を引抜き，できた炭素ラジカルが系内に生じた・NO を捕捉してニトロソアルコールを生成する．この生成物は熱異性化によりオキシムになる．

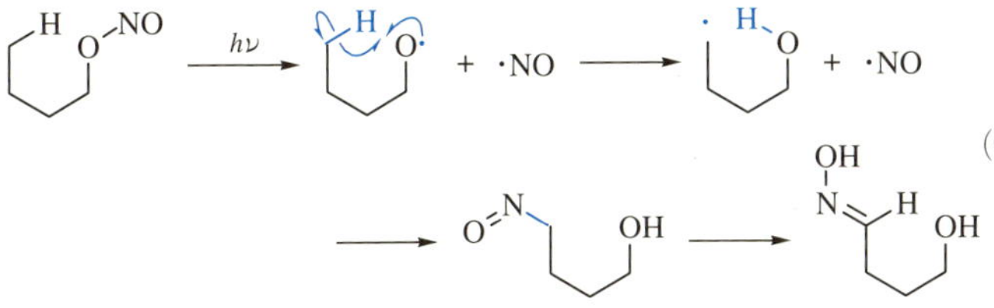

$$\text{(9・11)}$$

9・3・2 ラジカル付加

ラジカルが不飽和結合に付加すると，新しいラジカルが生成することになる．この反応過程の繰返しによってポリマーが生成する（ラジカル重合）．

$$\text{(9・12)}$$

分子内不飽和結合への付加は環化反応になる．5-ヘキセニルラジカルの環化によりシクロペンタン環が生成する反応は合成上も有用である．この付加反応は位置選択的に 5 員環を与える．

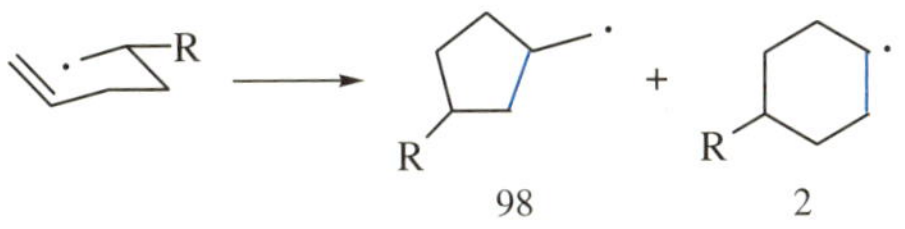

$$\text{(9・13)}$$

9・3・3 β 開 裂

ラジカルの β 位の結合が開裂して新しいラジカルを生じる反応を β 開裂という．(9・2)式に出てきたカルボキシルラジカルの脱炭酸もこの反応に分類される．酸素ラジカル（アルコキシルラジカル）の β 開裂は，C=O 結合が強いために炭素ラジカルの開裂よりも起こりやすい．

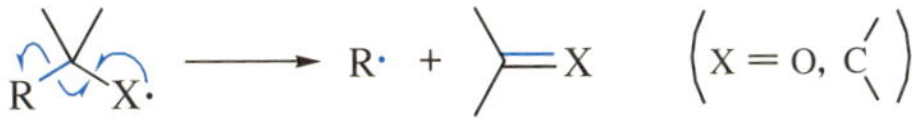

$$R\!-\!X\cdot \longrightarrow R\cdot + \;{>}\!\!=\!\!X \quad \left(X = O, C{<}\right) \qquad \text{(9・14)}$$

シクロプロピルメチルラジカルは，環歪みの解消が反応を促進するので低温でも開環する．

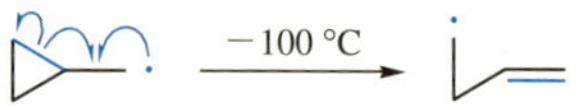

$$\triangle\!\!\!\!\diagdown \xrightarrow{-100\,°C} \diagdown\!\!\!\!\diagdown \qquad (9\cdot15)$$

9・3・4 不均化

ラジカルがもう一つのラジカルから β 位の水素を引抜き,アルカンとアルケンになる反応を,**不均化**という.不対電子が消滅するので,ラジカル停止反応の一つになる.

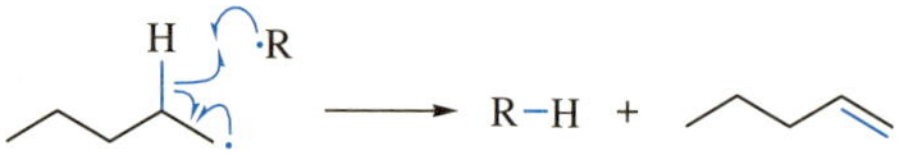

$$\text{（構造式）} \longrightarrow R\text{-}H + \text{（アルケン）} \qquad (9\cdot16)$$

9・3・5 ラジカルカップリング

ラジカルどうしで不対電子が対をつくる,すなわちカップリングするとラジカル反応は終結する.ラジカル濃度はあまり高くならないので,この反応は通常は起こりにくいが,次のケチルのカップリングでは Mg^{2+} が 2 分子のアニオンを配位によって近づけることができるので,二量化してピナコールを生成する.

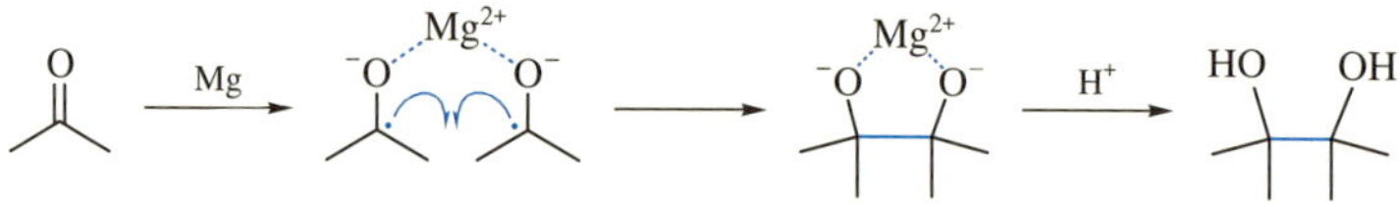

$$\text{（反応式）} \qquad (9\cdot17)$$

ピナコール

9・4 ラジカル連鎖反応

ラジカル反応の最大の特徴は,ラジカル引抜きや付加反応でラジカルが伝搬していくために,**連鎖反応**を形成することである.最初に少量のラジカルが生成すれば(**開始反応**),ラジカルは伝搬してサイクルを形成し(**成長反応**),ラジカルカップリングのようなラジカル消滅反応(**停止反応**)が起こるまで反応を繰返す.このような形式の反応を連鎖反応という.

ラジカル連鎖反応の例を二,三示しておこう.第一の例は,アルカンの光ハロゲン化であり,ラジカル置換反応の一つである.

$$\text{全反応} \quad \bigcirc + Cl_2 \longrightarrow \bigcirc\!\!-Cl + HCl \qquad (9\cdot18)$$

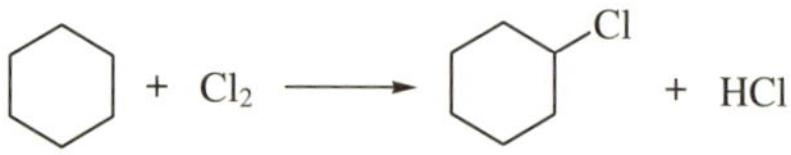

9・4 ラジカル連鎖反応

開始反応

$$Cl-Cl \xrightarrow{h\nu} Cl\cdot + \cdot Cl \quad (9\cdot 18a)$$

成長反応

(cyclohexane)-H + ·Cl ⟶ (cyclohexyl·) + HCl (9・18b)

(cyclohexyl·) + Cl−Cl ⟶ (cyclohexyl-Cl) + ·Cl (9・18c)

停止反応

$$Cl\cdot\ \cdot Cl \longrightarrow Cl-Cl \quad (9\cdot 18d)$$

(cyclohexyl·) + ·Cl ⟶ (cyclohexyl-Cl) (9・18e)

次に示すのは，アルケンへの HBr のラジカル付加反応であり，対応するマルコフニコフ配向の求電子付加と対照的に，逆マルコフニコフ配向で進行する反応としてよく知られている．イオン反応では求電子種が H^+ であるのに対して，この反応では $Br\cdot$ の付加が配向性を決めている．そして第三級カルボカチオンと第三級ラジカルの安定性が，配向性を決める要因になっている．

極性反応（求電子付加：マルコフニコフ配向）

$$\text{CH}_2=\text{C(CH}_3)_2 + H-Br \longrightarrow (CH_3)_3C^+ \cdots :Br^- \longrightarrow (CH_3)_3C-Br \quad (9\cdot 19)$$

ラジカル反応（逆マルコフニコフ配向）

$$\text{CH}_2=\text{C(CH}_3)_2 + HBr \xrightarrow{ROOR} (CH_3)_2CH-CH_2Br \quad (9\cdot 20)$$

開始反応

$$RO-OR \xrightarrow{\Delta} RO\cdot + \cdot OR \quad (9\cdot 20a)$$

$$RO\cdot + H-Br \longrightarrow RO-H + \cdot Br \quad (9\cdot 20b)$$

成長反応

$$\text{CH}_2=\text{C(CH}_3)_2 + \cdot Br \longrightarrow (CH_3)_2\dot{C}-CH_2Br \quad (9\cdot 20c)$$

$$(CH_3)_2\dot{C}-CH_2Br + H-Br \longrightarrow (CH_3)_2CH-CH_2Br + \cdot Br \quad (9\cdot 20d)$$

停止反応

$$Br\cdot \quad \cdot Br \longrightarrow Br-Br \qquad (9\cdot 20\text{e})$$

$$(CH_3)_2\dot{C}-Br + \cdot Br \longrightarrow (CH_3)_2C(Br)_2 \qquad (9\cdot 20\text{f})$$

9・5 ラジカル反応の選択性

2-メチルプロパンをラジカル的に塩素化すると，第一級と第三級の塩素化物が63：37の比率で生成するが，臭素化では選択的に第三級臭素化物が生成してくる．

$$(CH_3)_3CH + Cl_2 \xrightarrow{h\nu} (CH_3)_3CCl \;(37) + (CH_3)_2CHCH_2Cl \;(63) + HCl \qquad (9\cdot 21)$$

$$(CH_3)_3CH + Br_2 \xrightarrow{h\nu} (CH_3)_3CBr \;(>99) + (CH_3)_2CHCH_2Br \;(<1) + HBr \qquad (9\cdot 22)$$

この反応の位置選択性は，ラジカル連鎖反応のなかで，ハロゲン原子による水素引抜きの段階〔(9・18b)式に相当〕で決まっている．§9・2 で述べたように，第三級アルキルラジカルのほうが第一級アルキルラジカルよりも安定であるが，このアルカンには 9 個の第一級水素があるのに対して，第三級水素は 1 個しかない．反応性の高い Cl· による水素引抜きは選択性に乏しいが，Br· は選択性よく反応性の高い第三級水素を引抜く．これらの結果が反応の位置選択性として現れている．

ベンジルラジカルやアリルラジカルは第三級アルキルラジカルよりもさらに安定である．したがってベンジル位水素やアリル位水素はラジカル引抜きを受けやすいので，臭素化はこの位置に選択的に起こる〔(9・23)式〕．

$$\text{cyclohexene} + \cdot Br \xrightarrow{-HBr} \text{cyclohexenyl·} \xrightarrow{Br-Br} \text{3-bromocyclohexene} + \cdot Br \qquad (9\cdot 23)$$

しかし，**アリル臭素化**の場合には，さらに二重結合へのラジカル付加も競争反応として起こる〔(9・24)式〕．

$$\text{cyclohexene} + \cdot Br \rightleftharpoons \text{(Br adduct radical)} \xrightarrow{Br-Br} \text{1,2-dibromocyclohexane} + \cdot Br \qquad (9\cdot 24)$$

9・5 ラジカル反応の選択性

このラジカル付加反応 (9・24) 式で，第一段階は可逆であり，中間体の炭素ラジカルが Br_2 と反応してはじめて付加が完結する．それに対して (9・23) 式のアリルラジカルの生成は不可逆なので，Br_2 を低濃度に押さえることにより，アリル臭素化を選択的に起こすことができる．このような反応条件をつくるために N-ブロモスクシンイミド (NBS) が使われる．NBS は熱または光照射あるいはラジカル開始剤を加えることによって Br・ を発生し，置換反応〔(9・23) 式〕で生じた HBr と反応して Br_2 を生成するので，反応中 Br_2 を低濃度に保つことができる．

$$\text{(cyclohexene)} + \text{NBS} \xrightarrow{h\nu} \text{(3-bromocyclohexene)} + \text{NH-succinimide} \quad (9 \cdot 25)$$
85%

$$\text{NBS} \xrightarrow{h\nu} \text{N}\cdot\text{-succinimide} + \cdot Br \quad (9 \cdot 26)$$

$$\text{NBS} + \text{HBr} \longrightarrow \text{NH-succinimide} + Br_2 \quad (9 \cdot 27)$$

例題 9・1 2-メチルブタンのモノハロゲン化生成物の比率として，次に示すような結果が得られている．置換される等価な H の数を考慮して，H 原子1個当たりの相対的な置換反応速度を，Br と Cl ラジカルについて計算し，比較せよ．

	(A)	(B)	(C)	(D)
X = Cl	22%	33%	30%	15%
X = Br	93.2%	7.38%	0.28%	0.14%

解答 生成物 (A)，(B)，(C) と (D) は，それぞれ第三級，第二級，第一級水素が置換されたものに相当し，ハロゲンラジカルによる水素引抜きが位置選択性を決めている．等価な H の数は (A) 1，(B) 2，(C) 6，(D) 3 個である．し

たがって，H 1 個当たりの生成物比と (**D**) を基準にした相対速度は

生成物比	(**A**)	(**B**)	(**C**)	(**D**)
X = Cl のとき	22	16.5	5	5
X = Br のとき	93.2	3.69	0.047	0.047

相対速度	第三級 H	第二級 H	第一級 H	第一級 H
X = Cl のとき	4.4	3.3	1	1
X = Br のとき	2000	79	1	1

H 1 個当たりの相対反応速度から，反応しやすさは第三級 H ＞第二級 H ＞第一級 H の順に減少し，生成するラジカルが安定なほど水素が引抜かれやすいことを示している．Br ラジカルは Cl ラジカルに比べて非常に選択性が高いことがわかる．

演習問題

9・1 ベンジルラジカルの共鳴構造を示せ．

9・2 (9・21)式の反応を，一連のラジカル連鎖反応として表せ．

9・3 次の反応の主生成物は何か．

1) $CH_2=CHCOOMe$ + HBr $\xrightarrow{h\nu}$ 2) $PhCH_2CH_3$ + Br_2 $\xrightarrow{h\nu}$

3) $(CH_3)_2C=CHCH_3$ + NBS $\xrightarrow[\text{ROOR}]{\Delta}$ 4) $PhCH_2COOEt$ + NBS $\xrightarrow[\text{ROOR}]{\Delta}$

9・4 次の過酸化物をトルエン中で熱分解すると，反応式に示すような生成物が得られた．これらを生成する反応を段階的に示せ．

$CH_2=CH(CH_2)_4C(O)OOC(O)(CH_2)_4CH=CH_2$ $\xrightarrow[\text{80 °C}]{\text{Ph-Me}}$

ヘキセン + ヘキサジエン + シクロヘキサン + メチルシクロペンタン + $CH_2=CH(CH_2)_3COOH$ + ドデカジエン + $PhCH_2CH_2Ph$

演習問題解答

1章

1・1

1) 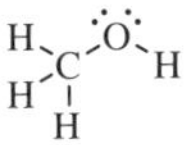 H-C(H)(H)-Ö-H
2)  :N≡N:
3) 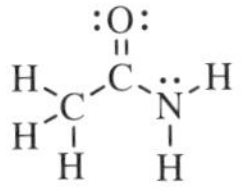 CH₃-C(=Ö:)-N(H)-H
4) 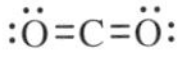 :Ö=C=Ö:
5) 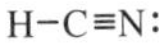 H-C≡N:
6) 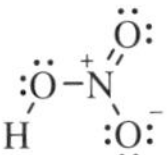 :Ö:-N⁺(=Ö)-Ö:⁻ (H上)
7) 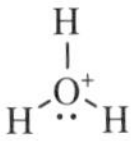 H-Ö⁺(H)-H
8) 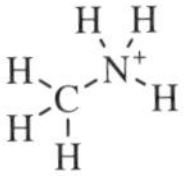 H-N⁺(H)(H)-CH₃ (H)
9) 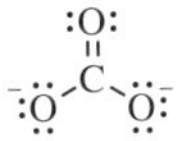 :Ö:⁻-C(=Ö:)-Ö:⁻
10) 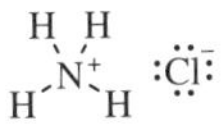 H-N⁺(H)(H)-H :Cl:⁻

1・2

1) 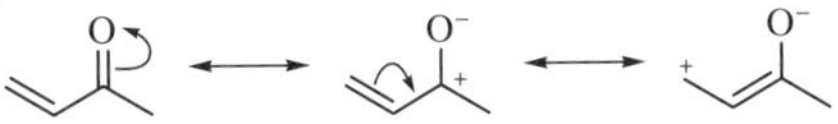 共鳴構造(ビニルケトン → エノラート型)

2)  共鳴構造(エステル)

3)  共鳴構造(アミド)

4) 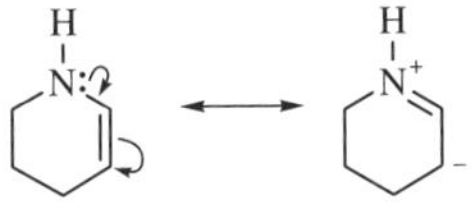 共鳴構造(環状エナミン)

5)  共鳴構造(ビニルエーテル)

6) 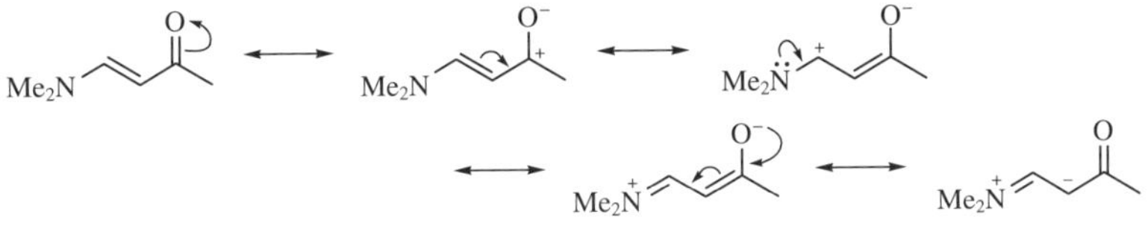 Me₂N-CH=CH-C(=O)-CH₃ ⟷ 共鳴構造群

7) 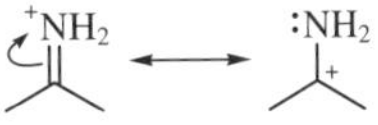 (CH₃)₂C=N⁺H₂ ⟷ (CH₃)₂C⁺-NH₂

8)  環状オキソカルベニウム共鳴

9)  F-CH₂⁺ ⟷ F⁺=CH₂

10) 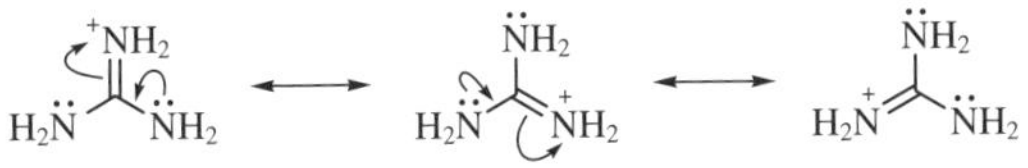 グアニジニウム共鳴(3構造)

11) 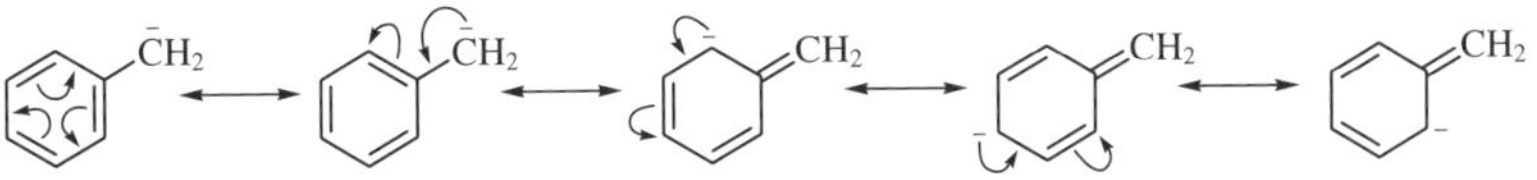 ベンジルアニオン共鳴(5構造)

12) 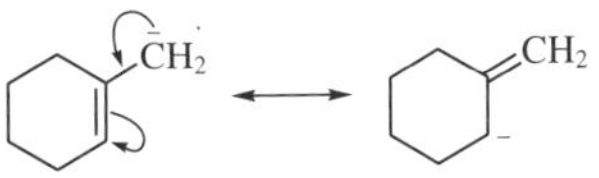 シクロヘキセニル-CH₂ 共鳴

13)  シクロヘキサノンエノラート共鳴

14) 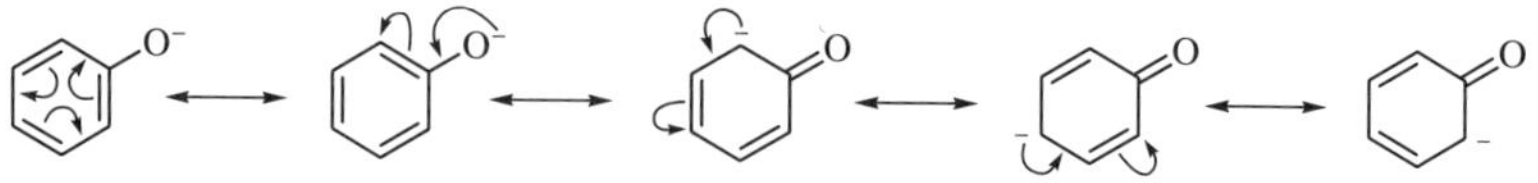 [共鳴構造式 — フェノキシドの共鳴]

15) 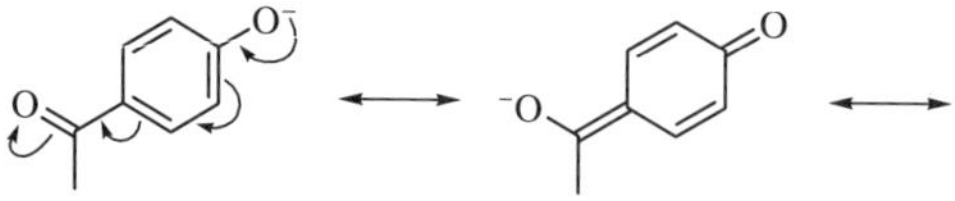 ←→ ほかに4個の共鳴構造式

16) 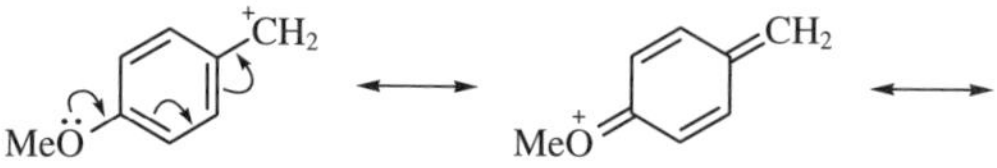 ←→ ほかに4個の共鳴構造式

17) 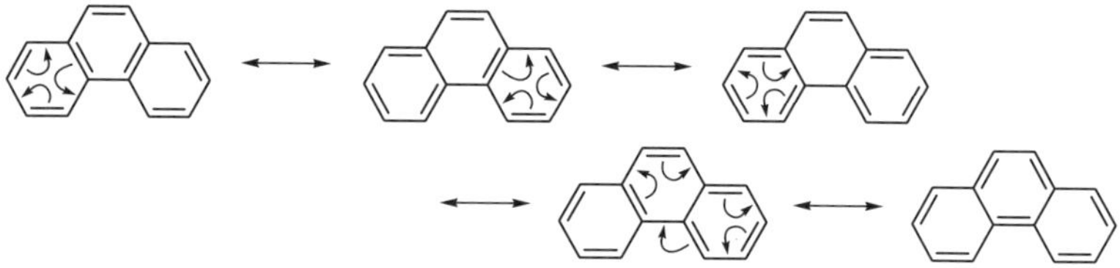 [フェナントレンの共鳴構造式]

18) 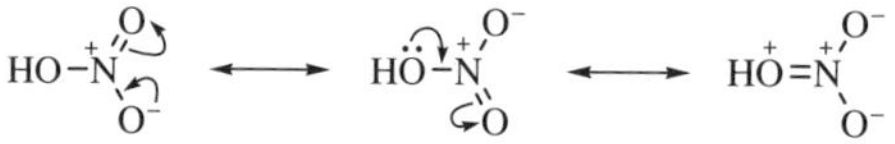 [硝酸の共鳴構造式]

19)  $H_2C=\overset{+}{N}=\overset{..}{\underset{..}{N}}:$ ←→ $H_2\overset{-}{C}-\overset{+}{N}\equiv N:$

20)  $H-\overset{..}{\underset{..}{N}}-\overset{+}{N}\equiv N:$ ←→ $H-\overset{-}{N}-\overset{+}{N}\equiv N:$

2 章

2・1 $NaHCO_3$ の水溶液中のおもな酸は HCO_3^- であり,その共役塩基である CO_3^{2-} はほとんど存在しないので,溶液のpHは (2・3) 式に従って HCO_3^- の pK_a よりずっと小さい (pH < 10).したがって,この溶液中ではフェノールはイオン化しない.一方,Na_2CO_3 は CO_3^{2-} として溶解しており,溶液の pH > 11 となるはずであり,フェノールはイオン化してフェノキシドイオンとして水に溶ける.

2・2 酢酸ナトリウム水溶液には,酢酸の共役塩基である酢酸アニオンが溶けており,ほとんど酢酸のかたちにはなっていない.すなわち,溶液のpHは > 6 と見積もられる.このpH領域では,安息香酸はイオン化して溶けるが,アニリンは中性の塩基のままで水には不溶である.

2・3 この化合物はCOOHとフェノール性OHと二つの酸性水素をもち,pK_a は5と10程度と予測される(実際は4.6と9.4).

a) 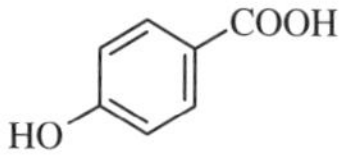 HO–C₆H₄–COOH   b) 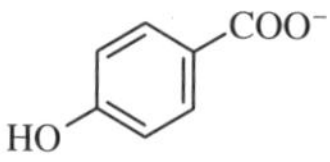 HO–C₆H₄–COO⁻   c) 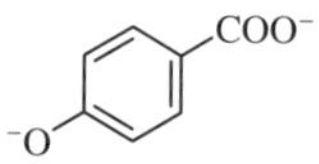 ⁻O–C₆H₄–COO⁻

2・4 最初の三つをメタノールの置換体 RCH_2OH とみると，R=エチル，ビニル，エチニルであり，sp^3, sp^2, sp 混成炭素からなるので，この順に電子求引性が大きく，酸性が強くなる．最後のアルコールはビニル型であり，共役塩基は次のように非局在化しており安定なのでもっと酸性が強い．

2・5 最も酸性の強いのは電子求引性の H_3N^+ に近い COOH で，最も弱いのは H_3N^+（アミンの共役酸）と予想される．

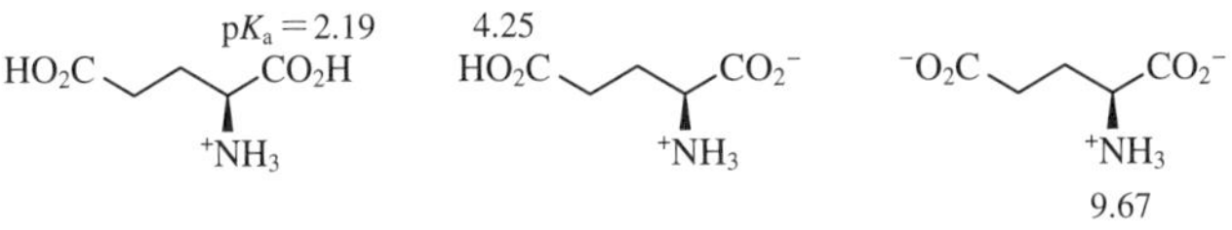

2・6 安息香酸誘導体の Cl の非共有電子対と COOH の直接共役はパラの関係にある場合に可能であるが，メタ体では不可能である．この直接共役は Cl の電子求引性を弱める（MeO の $\sigma_m > \sigma_p$ と同じ原因）．

2・7 C≡N は C=O と類似の電子効果を示し，フェニル基のパラ位に正電荷が分布した共鳴構造をもっている．その結果，パラ置換基のほうが電子求引性が強く $\sigma_m > \sigma_p$ となる．

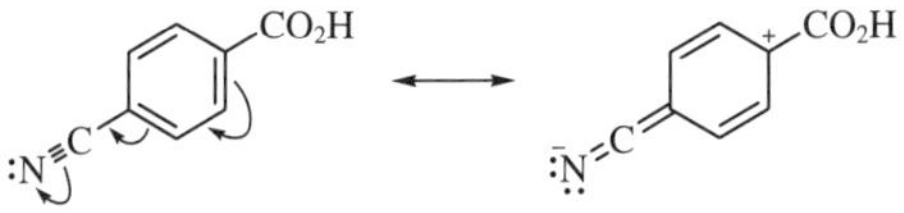

2・8 ピリジン窒素にプロトン化して生じた共役酸は次のような共鳴により安定化されるので，強い塩基性を示す．NH_2 はピリジン環の電子求引性のためにアニリンよりも弱塩基のはずである．

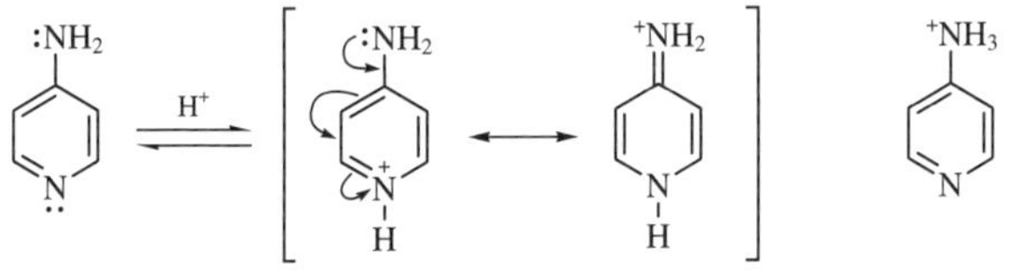

2・9 p- と o-NO_2 は，NH_2（の非共有電子対）と直接共鳴できるために塩基性を大きく下げている．図には o-NO_2 との共鳴だけを示している．この共鳴のためには，NR_2 と NO_2 がともにベンゼン環と平面性を保つ必要がある．NMe_2 体は，NH_2 体に比べて，オルト位の NO_2 との立体反発が大きくなり，この平面性を保てなくなるので共鳴効果が小さくなり，塩基性の低下も小さくなる．

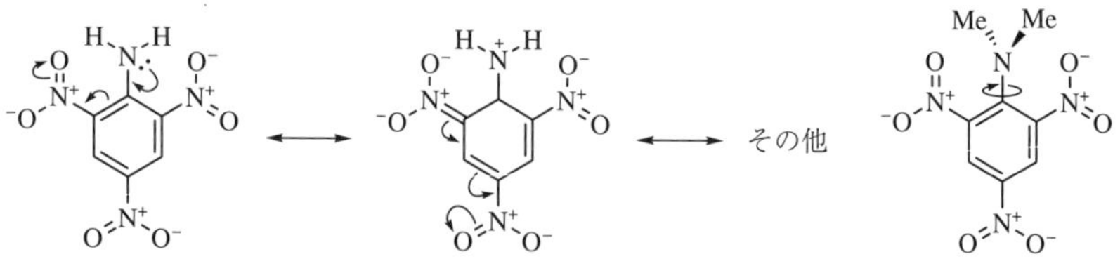

2・10 p-NO_2 は OH と，§2・2・2・b に示したように，直接共役してフェノールの酸性を強めている．このためには NO_2 がベンゼン環と平面性を保つ必要があるが，3,5-ジメチル体では二つの隣接メチル基がこの平面性を阻害している．

2・11 ベンゾ縮環多環性アミンの N の非共有電子対の軌道は，ベンゼン環の π 軌道と直交しているので，アニリンのような非局在化は不可能であり，ジメチルアニリンよりも塩基性が強い．直交したベンゼン環の sp^2 炭素は電子求引基として作用し，最初の二環性アミン（キヌクリジン）よりも弱塩基になる．

2・12

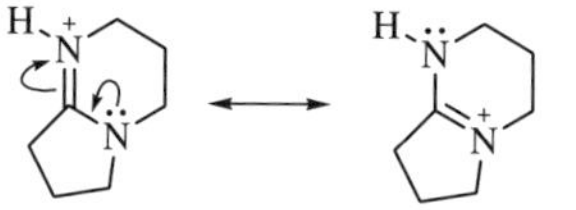

2・13 o-ヒドロキシ安息香酸の共役塩基が分子内水素結合で安定化しているために，酸性が強くなる．

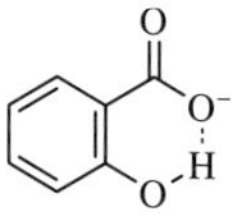

2・14 それぞれの共役塩基を形式的に書いた形は，互いに共鳴構造式に対応しており，同じフェノキシドイオンである．したがって，酸の形でより不安定なシクロヘキサジエノンのほうが解離しやすく，酸性が強い．

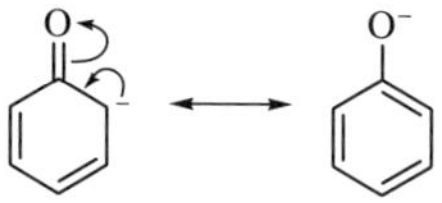

2・15
ニトロメタン   アセトニトリル

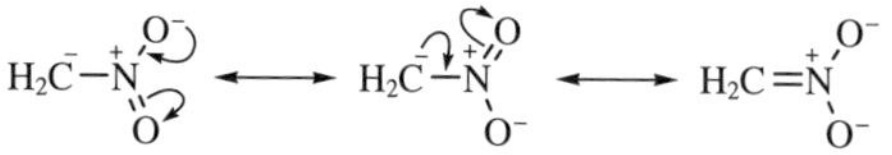

2・16 CF_3 は電子求引基であるが，OEt は電子供与基として作用するので，前者はカルボアニオンを安定化し，後者は不安定化する．

演習問題解答　135

2・17

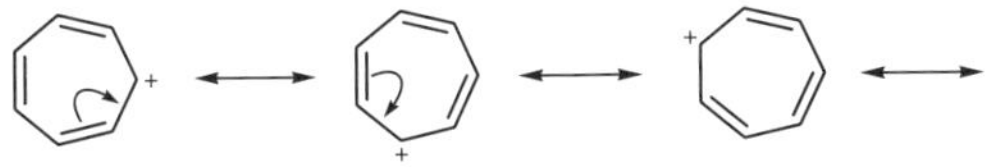

(構造式) ほかに4個の等価な共鳴構造式
環状6π電子系である

2・18

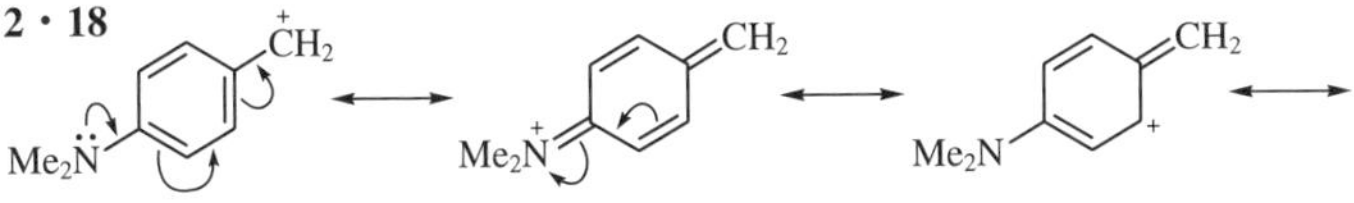

(構造式) ほかに3個の共鳴構造式

3 章

3・1

1)  $H_3N \curvearrowright H-\ddot{Cl}: \longrightarrow H_4N^+ + :\ddot{Cl}:^-$

2) $H_3B-H \curvearrowright \overset{:O:}{\underset{Me}{\overset{\parallel}{C}}}Me \longrightarrow BH_3 + \overset{H}{\underset{Me}{\overset{:\ddot{O}:^-}{C}}}Me$

3) (環状エーテル生成機構)

4) (エポキシド開環機構)

5) (桂皮アルコール生成機構)

6) (塩化アリル付加機構)

7) (分子内エーテル化機構)

8) (MeS⁻のMichael付加機構)

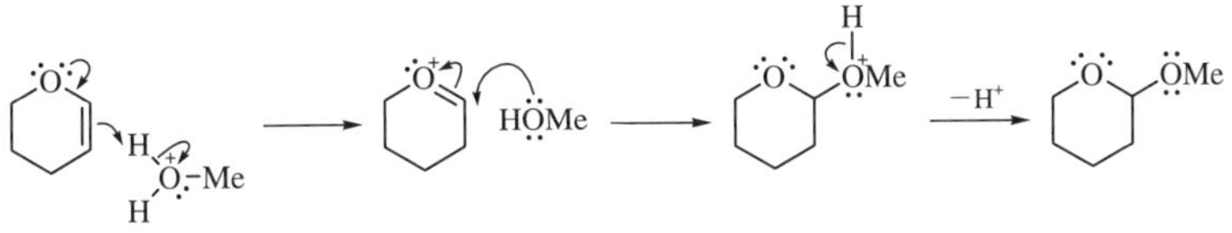

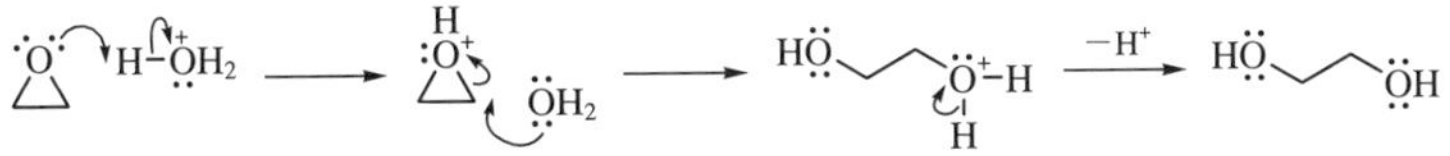

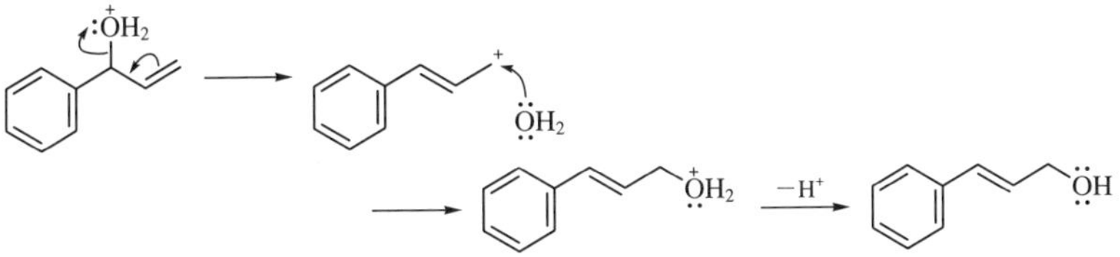

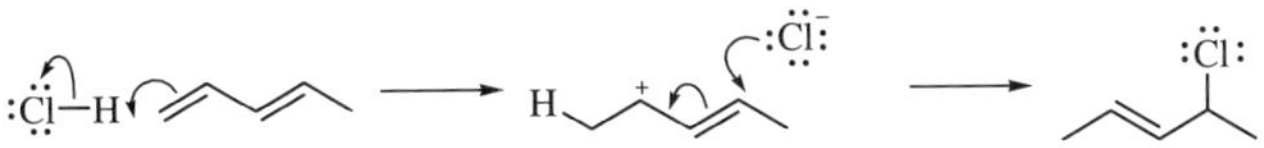

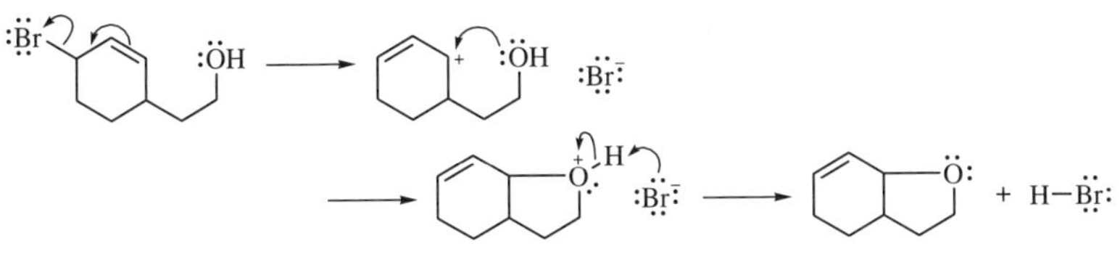

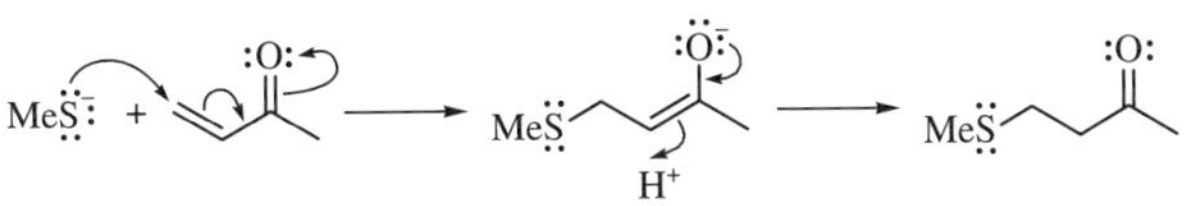

9) [反応機構図: o-ヒドロキシフェニルビニルケトンから、MeOH脱離を経てクロマノン（2-メチルクロマン-4-オン）への環化反応]

10) [反応機構図: PhCOO• → Ph• + O=C=O]

3・2

1) 亜硝酸 $HO-\ddot{N}=O$　　　ジアゾニウムイオン $R-\overset{+}{N}\equiv N:$

2) $H_2\overset{+}{O}-H + HO-\ddot{N}=O \rightleftharpoons H_2\overset{+}{O}-\ddot{N}=O \longrightarrow [:N\equiv\ddot{O}: \longleftrightarrow :\overset{+}{N}=\ddot{O}:]$

$R-\ddot{N}H_2 + :N\equiv\ddot{O}: \longrightarrow R-\overset{+}{N}-N=\ddot{O} \rightleftharpoons [R-\overset{+}{N}=N-\ddot{O}H \longleftrightarrow R-\overset{+}{N}=\overset{+}{N}-\ddot{O}H]$
$\phantom{R-\ddot{N}H_2 + :N\equiv\ddot{O}: \longrightarrow}H_2H$

$\rightleftharpoons R-\overset{+}{N}=\overset{+}{N}-\ddot{O}H_2 \xrightarrow{-H_2O} R-\overset{+}{N}\equiv N:$

4 章

4・1

1) [n-プロピル-CH2Br]　2) [ネオペンチル-CH2Br]　3) [CH3CH=CH-CH2I (アリル型)]　4) [n-ブチル-I]

1) と 2) は立体障害, 3) は二重結合による S_N2 遷移状態の共役安定化, 4) は脱離能によって相対反応性が決まっている.

4・2

1) [t-Bu-Br]　2) [(CH3)2C=CH-CH2I (プレニル)]　3) [4-MeO-C6H4-CH2Br]

4) [シクロプロピルメチル-I]　5) [MeO-CH=CH-CH2Br]

いずれも生成してくるカルボカチオンが安定なほど反応性が高い. 1) 第三級カルボカチオン, 2) アリル型カチオン, 3) p-MeO 基によるベンジルカチオンの安定化, 4) シクロプロピル基による安定化, 5) 1-メトキシ基は次のように共役できるが, 2-メトキ

シ基は共役できない．

$$MeO-CH_2-CH=CH_2^+ \longleftrightarrow MeO^+=CH-CH=CH_2$$

4・3 アセトン中の Cl^- は高い求核性を示し S_N2 反応を起こすが，塩基性には乏しい．EtO^- は塩基性が強く E2 反応を優先的に起こして，S_N2 反応は副反応となる．

4・4 ヨウ化物イオンが立体反転で S_N2 反応を起こして，R 異性体を生じる．繰返しこの反応が起こるとラセミ混合物になってしまう．（平衡定数 $K=1$ の可逆反応で平衡が達成されるといってもよい．）

4・5 エーテルの一般的合成法はハロゲン化アルキルとアルコキシドの S_N2 反応である．S_N2 反応が起こりやすく，E2 反応を起こしにくい組合わせを考える．第三級エーテルは S_N1 反応やアルケンへの求電子付加でも合成できる．

1) CH$_3$CH$_2$CH$_2$Br + NaO-CH(CH$_3$)$_2$　　2) MeI + (CH$_3$)$_2$CH-ONa あるいは (CH$_3$)$_2$C=CH$_2$ + MeOH + H$^+$

3) C$_6$H$_5$-ONa + EtBr　　4) C$_6$H$_5$-CH$_2$Cl + EtOH　塩基を加えると加速される

4・6 ピリジンを求核種とする S_N2 反応である．メチル基は電子供与性で塩基性を高める．4-メチル基は求核性も高め加速するが，2-メチル基は立体障害を生じ求核反応を減速する．

4・7 S_N1 反応では，中間体カルボカチオンの安定性が反応性を支配する．カチオン中心となる炭素は sp^2 混成で平面構造が安定であるが，かご形化合物の橋頭位ではその平面性が阻害され，カルボカチオンが不安定になる．その程度に応じて反応が遅くなる．

4・8 アルコールは OH^- としての脱離能が小さいので，そのままでは求核置換反応を起こさない（NaCl とは反応しない）．酸触媒が作用して初めて S_N1 反応を起こし，塩化 t-ブチルを生成する．（演習問題 **4・9** の解答に示す反応式参照．）

4・9 酸触媒により S_N1 反応を起こす．律速段階はイオン化の段階であり，速度は HX の種類によらず酸濃度だけに依存するが，生成物を決めるのは中間体の t-ブチルカチオンとハロゲン化物イオンとの反応の段階であり，Cl^- より Br^- のほうが求核性が大きいので主生成物は臭化 t-ブチルとなる．

$$Me_3C-OH + HX \rightleftharpoons Me_3C-\overset{+}{O}H_2 + X^- \xrightarrow{\text{律速段階}} Me_3C^+ + X^- + H_2O$$
$$\xrightarrow{\text{生成物決定段階}} Me_3C-X + H_2O$$

4・10 E2 反応においては，C−H と C−X の切断が連動して起こっているが，結合切断の進行状況は（C−H 切断で生じる）カルボアニオンの安定性と塩基の強さならびに（C−X 切断で生じる）カルボカチオンの安定性と脱離基の脱離能に依存する．脱離基

が外れにくくなるに従って，反応は E1cB 性を強め，末端アルケンが生成しやすくなる．X の脱離能は I＞Br＞Cl＞F である．電気陰性度は I＜Br＜Cl＜F であり，この順に生成してくる負電荷を安定化できることも，E1cB 性を強める要因になる．

4・11

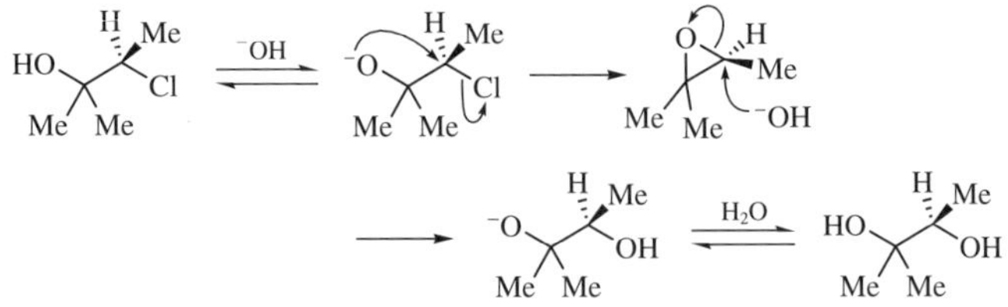

4・12

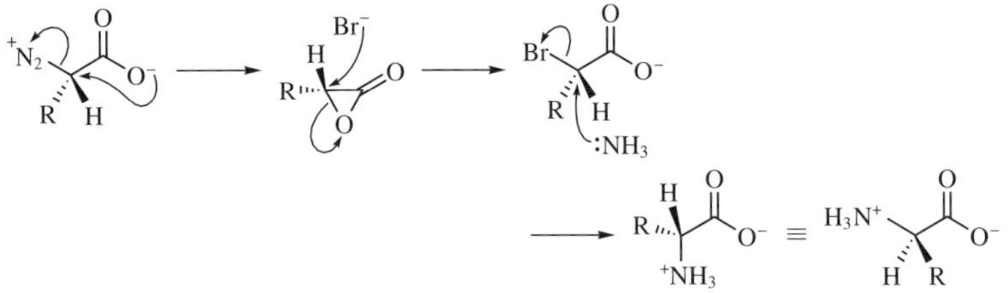

4・13

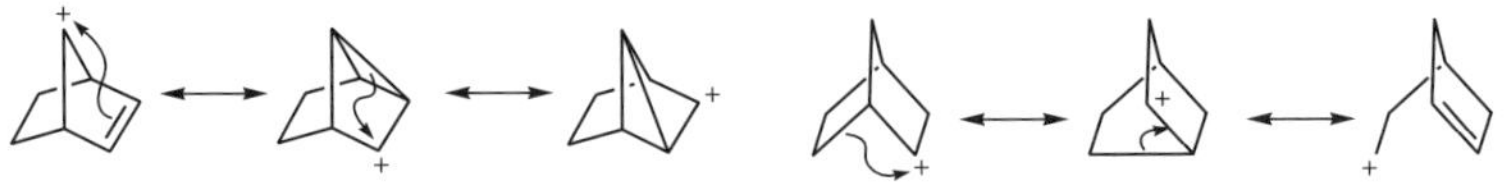

4・14

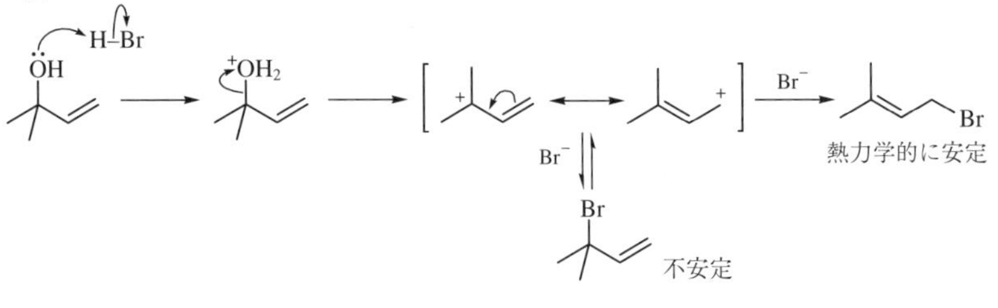

4・15

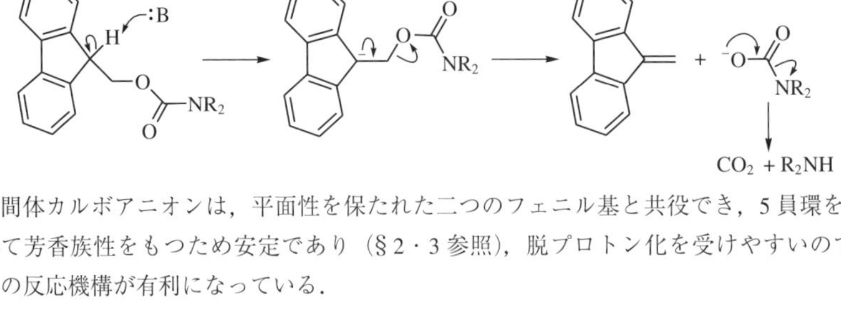

中間体カルボアニオンは，平面性を保たれた二つのフェニル基と共役でき，5員環を含めて芳香族性をもつため安定であり（§2・3参照），脱プロトン化を受けやすいので，この反応機構が有利になっている．

4・16 1) S_N2 反応はメチル基のほうに起こりやすく，生成物は MeCN になると考えられる．

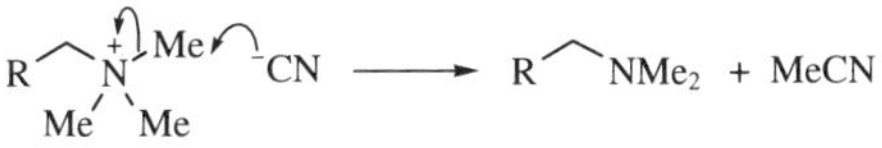

2) 隣接位に電子求引性の $^+NMe_3$ 基をもつエノラートは安定であり，CN^- の塩基性でも生成する．生成物はエノンであり，求核性の高い CN^- による共役付加を受ける．

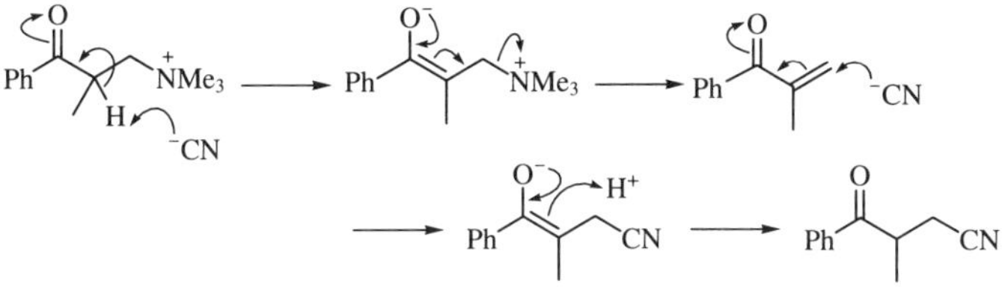

4・17 メトキシドは S_N2 反応を起こすが，酸性条件では，O-プロトン化による C−O 結合のゆるみで部分正電荷が生じた C を MeOH が攻撃する（酸触媒は S_N2 反応）．

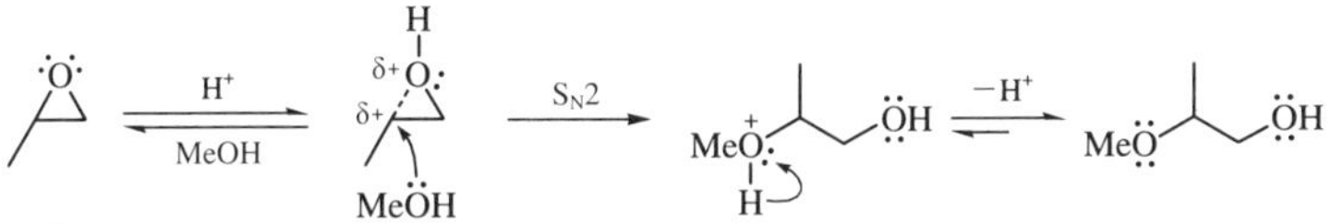

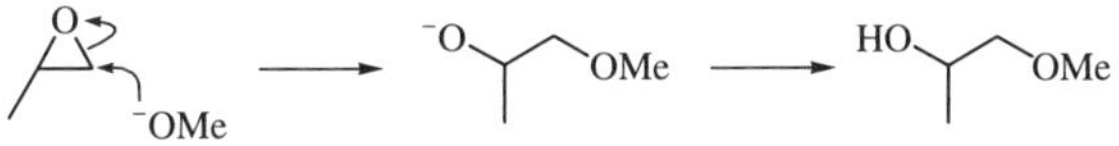

4・18 酸触媒による求核置換反応の問題．

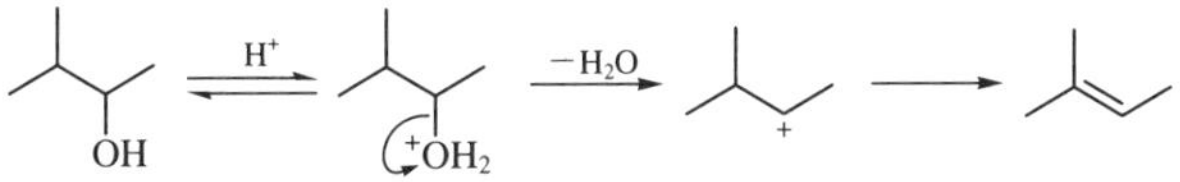

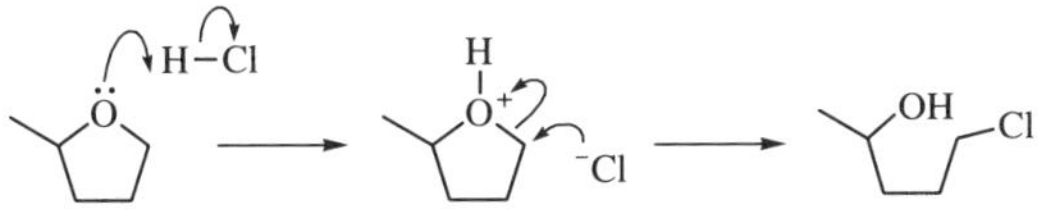

4・19 カルボカチオン中間体の安定性を考える．
1) フェニル基によるベンジル型カチオンの共鳴安定化．
2) エトキシ酸素の非共有電子対の非局在化．

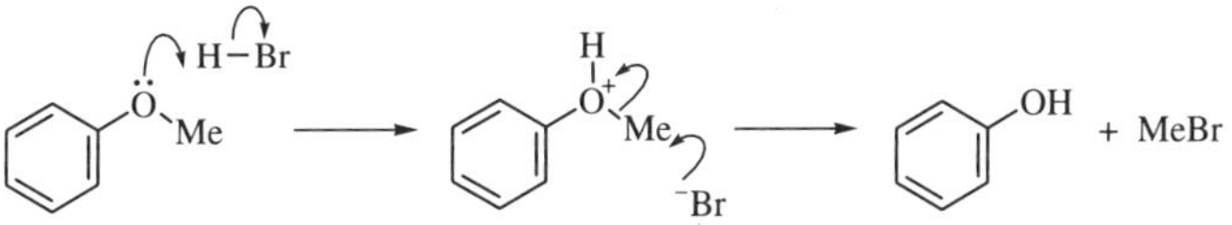

3) フェニル基の関与．ベンゼニウムイオン中間体．
4) フェニルチオ基の関与．スルホニウムイオン中間体．
5) トランス体はアセトキシ基のカルボニル酸素がアンチから関与できるが，シス体では不可能．

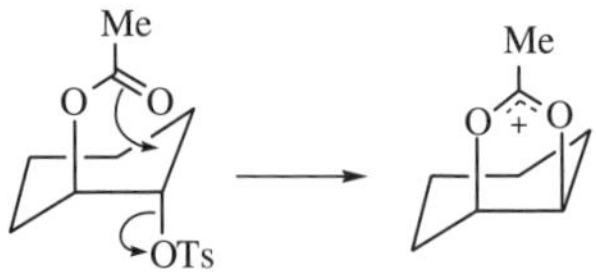

6) 遠隔二重結合の関与．

4・20

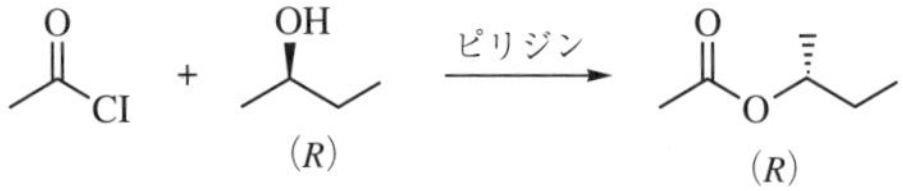

光延反応

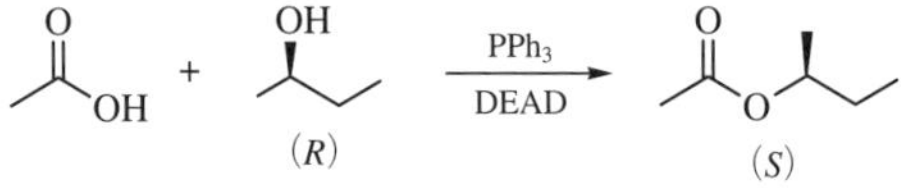

あるいは

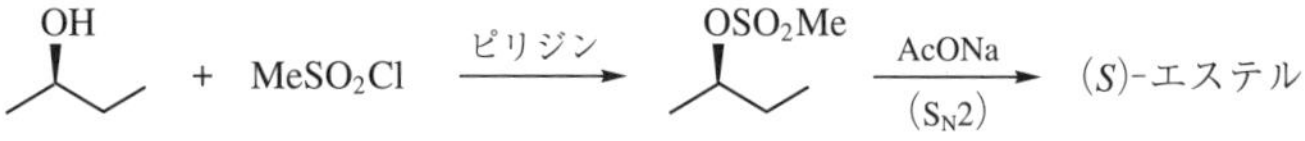

5 章

5・1

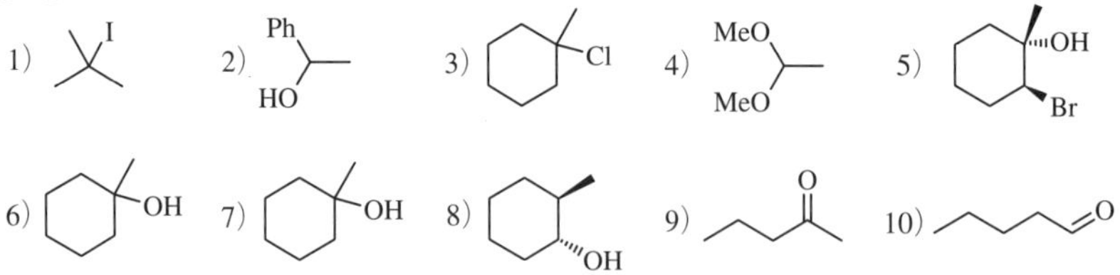

5・2

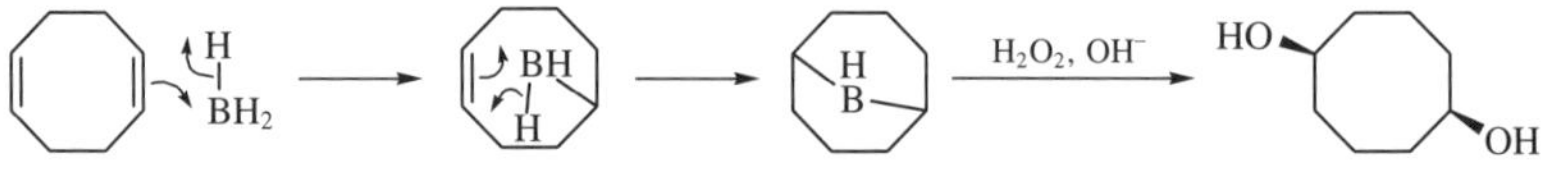

演習問題解答

5・3

1) 3-nitroacetophenone (O$_2$N meta to COMe)
2) 4-bromoacetanilide (Br para to NHCOMe)
3) 2,4,6-tribromoaniline
4) 4-chloronitrobenzene + 2-chloronitrobenzene
5) 5-tert-butyl-2-methyl acetophenone (t-Bu, Me, COMe substituted)
6) 1-methyl-2,4-dinitrobenzene
7) 4-chloro-2-methyl-N-acetylaniline
8) 2-isopropyl-4-methylphenol (+ 2,6-diisopropyl-4-methylphenol)

5・4

1) Mechanism: alkene + I–I → iodonium → attack by carboxylate O$^-$ to form iodolactone → MeO$^-$ opens lactone → I-CH$_2$–CH(O$^-$)–CH$_2$CH$_2$–CO$_2$Me → intramolecular displacement of I → epoxide CH$_2$(O)CH–CH$_2$CH$_2$CO$_2$Me → 生成物

2) Mechanism: tertiary chloride + AlCl$_3$ generates carbocation; benzene (with Br) attacks; loss of H$^+$ (−HCl) gives alkylated arene; second intramolecular Friedel–Crafts with AlCl$_3$; cyclization and loss of H$^+$ (−HCl) affords the bromo-tetramethyltetrahydronaphthalene product.

3) Mechanism: propanal protonated by HCl → oxocarbenium → MeOH addition → protonated hemiacetal ⇌ protonated hemiacetal (proton transfer) → loss of H$_2$O → oxocarbenium (MeO–C$^+$H–Et) with Cl$^-$ → Cl–CH(Et)–OMe (1-chloro-1-methoxypropane / α-chloro ether).

4) 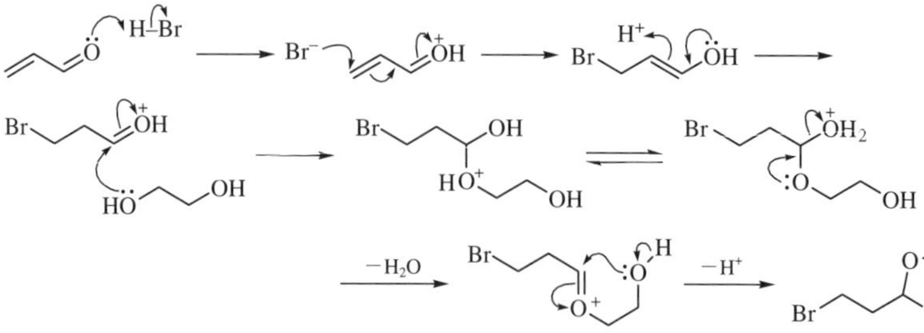 [反応機構図：アクロレインとHBr、エチレングリコールからの環状アセタール生成]

5) 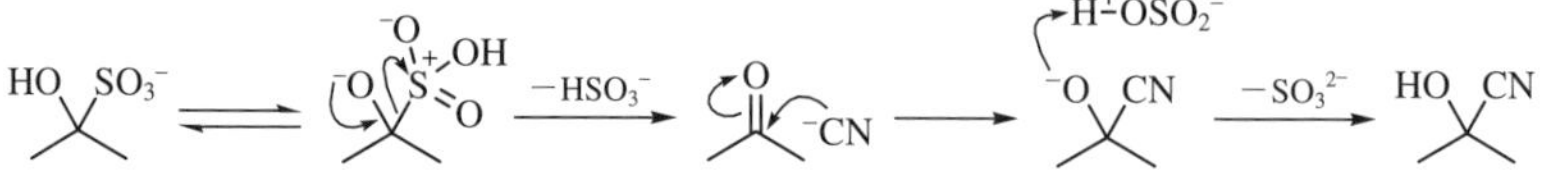 [反応機構図：ヒドロキシスルホン酸からのシアノヒドリン生成]

6) 隣接基関与により非古典的イオンを経て転位が起こっている.

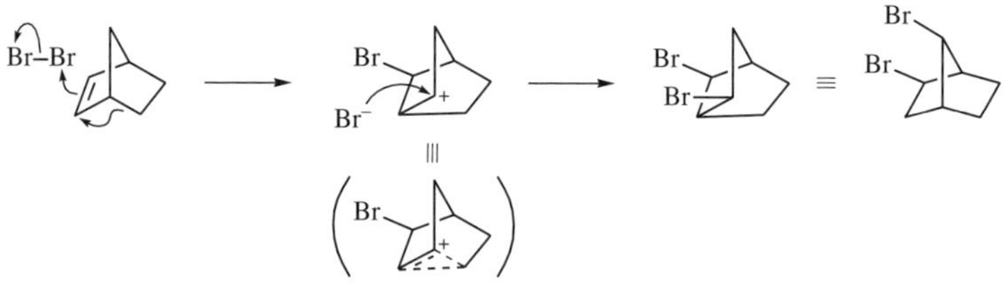

[ノルボルネンへのBr₂付加の機構図]

5・5

1) メチルと t-ブチル基は，いずれもオルト・パラ配向性であるが，立体障害のより小さいメチル基のオルト位で選択的に反応する.

2) メチル基のイプソ位で付加しても，メチルカチオンが不安定で脱離しないので反応は進まない．しかし，t-ブチル基のところで反応すると，t-ブチルカチオンが安定であるために脱離してイプソ置換反応が起こる.

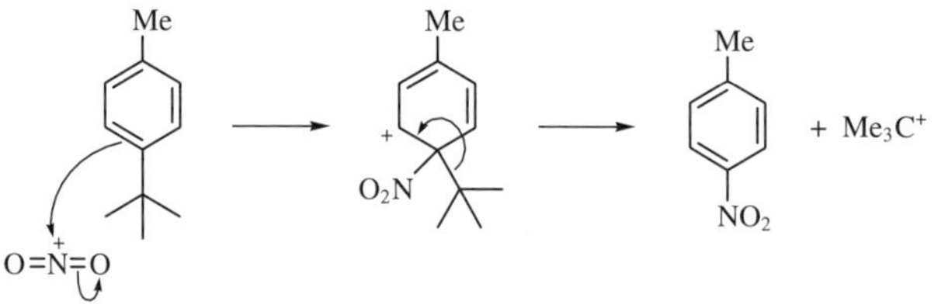

[p-メチル-t-ブチルベンゼンのニトロ化によるイプソ置換の反応機構図]

5・6

1) 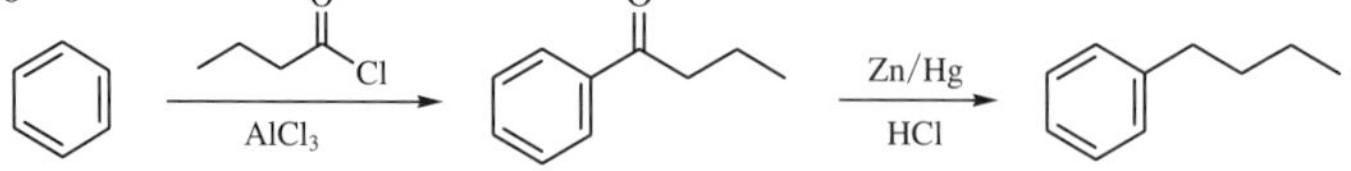 [ベンゼン + ブタノイルクロリド/AlCl₃ → フェニルプロピルケトン → Zn/Hg, HCl → ブチルベンゼン]

第一級アルキルハロゲン化物によるアルキル化では，転位が起こりやすい．また，二置

換体も生成しやすい．

2) [反応式: ベンゼン → iPrCl/AlCl₃ → クメン → HNO₃/H₂SO₄ → 4-ニトロクメン]

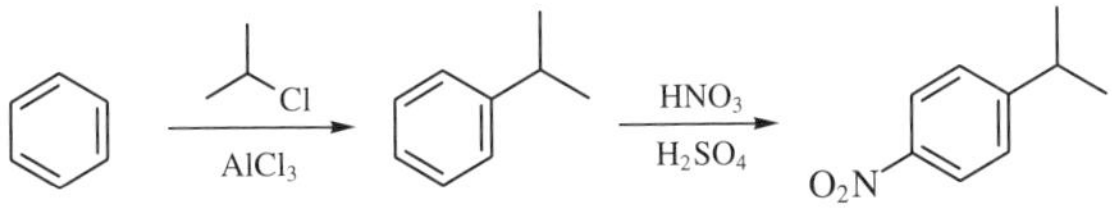

3) [反応式: ベンゼン → → 4-ニトロクメン → H₂/Ni → 4-イソプロピルアニリン → Ac₂O → AcNH体 → HNO₃/H₂SO₄ → (2-ニトロ-4-イソプロピル-AcNH) → H₂O/HCl → (2-ニトロ-4-イソプロピルアニリン) → 1) NaNO₂, HCl 2) H₃PO₂ → 3-ニトロクメン]

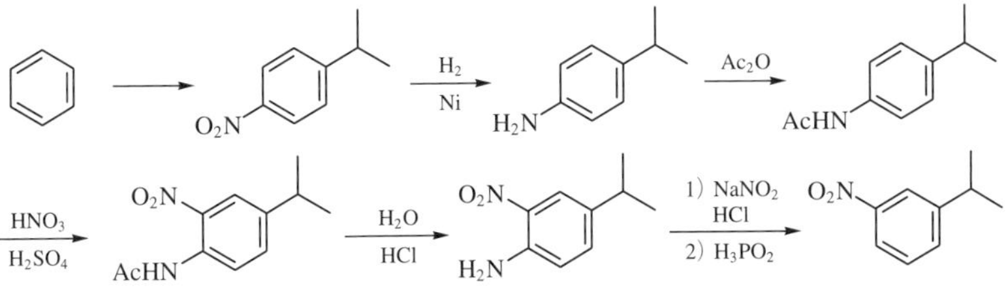

フリーデル–クラフツ反応は，ふつう不活性化ベンゼンには適用できないので，ニトロベンゼンのメタ位でのアルキル化は難しい．

4) [反応式: クメン → H₂SO₄ → 4-イソプロピルベンゼンスルホン酸 → HNO₃/H₂SO₄ → (3-ニトロ-4-イソプロピルベンゼンスルホン酸) → H₂O, Δ → 2-ニトロクメン]

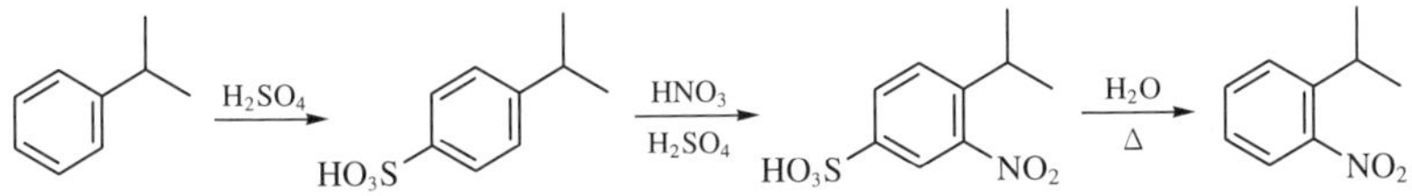

5) [反応式: ベンゼン → MeCOCl/AlCl₃ → アセトフェノン → Br₂/FeBr₃ → 3-ブロモアセトフェノン → Zn/Hg, HCl → 3-ブロモエチルベンゼン]

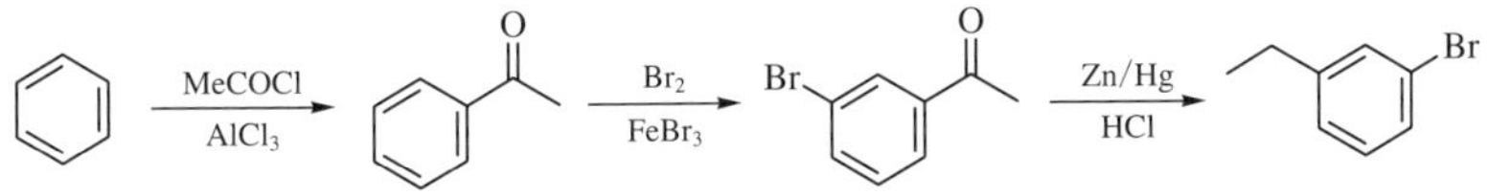

6) [反応式: アセトフェノン → HNO₃/H₂SO₄ → 3-ニトロアセトフェノン]

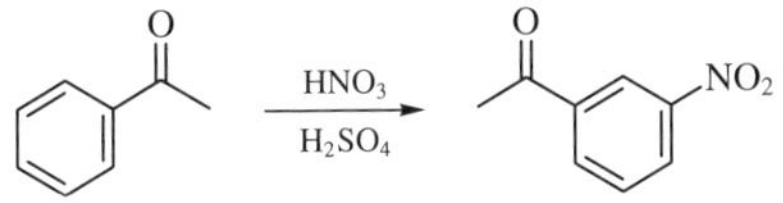

7) [反応式: ベンゼン → ニトロベンゼン → アニリン → アセトアニリド → (4-ニトロアセトアニリド) → (4-ニトロアニリン) → CF₃CO₃H → 1,4-ジニトロベンゼン]

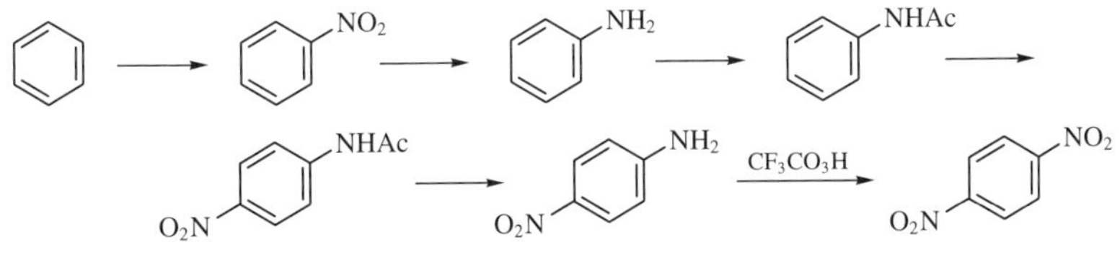

8) [反応式: ベンゼン → Cl₂/Fe → クロロベンゼン → HNO₃/H₂SO₄ → 2,4-ジニトロクロロベンゼン]

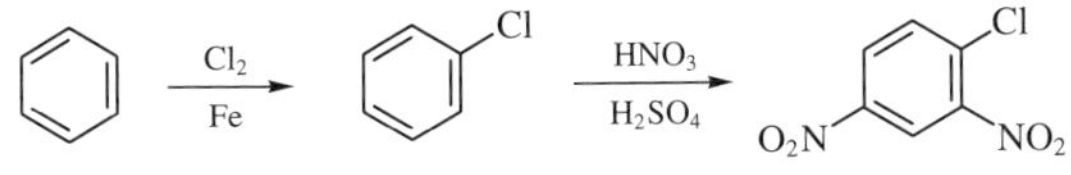

5・7 アニリン（NH_2 は強い活性化基で，オルト・パラ配向性）はアニリニウムイオン（NH_3^+ は不活性化基で，メタ配向性）よりも，はるかに反応性が高いので，酸塩基平衡で微量存在するアニリンが優先的に反応し，オルト体とパラ体を与えたと考えられる．

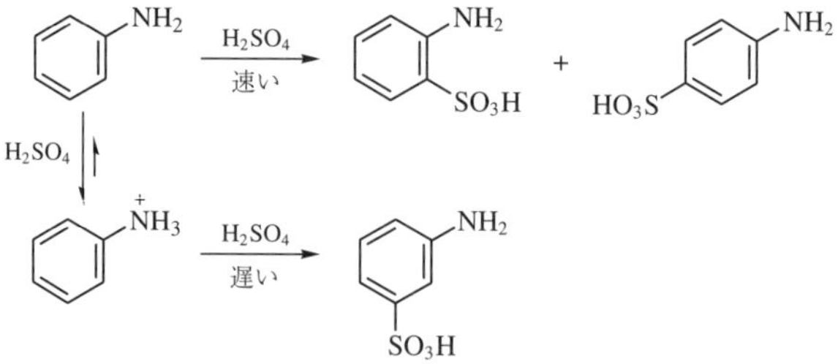

5・8

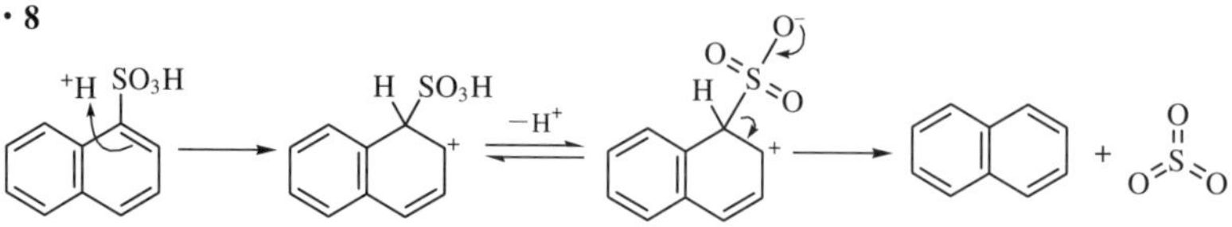

5・9　最初に CN^- の付加でできるアニオンは O^- の押込み効果のため容易に逆反応を起こす．この酸素アニオンは CN^- よりも塩基性が大きいので，共存する HCN（NaCN と H_2SO_4 から生成）によってプロトン化されて，平衡を生成系に偏らせることができる．ただし，酸を加え過ぎると，CN^- がすべて HCN になり，求核付加が起こりにくくなる．

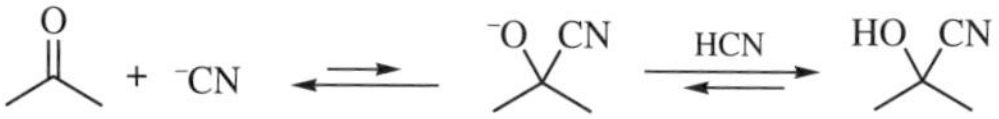

5・10　水和物になって結合角が小さくなったとき，立体歪みが大きくなるほど，平衡定数は小さくなる（§5・3 参照）．

5・11　ベンズアルデヒドはベンゼン環とカルボニル基の共役で安定化しているため．

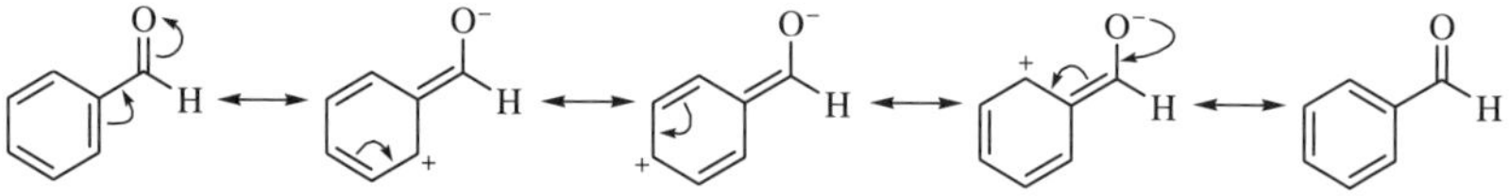

5・12　シアノヒドリンの生成においても（水和反応の場合と同様），カルボニル炭素の結合角は 120° から 109.5° まで小さくなる．シクロペンタノン（内角約 108°）の反応では，角度歪みは小さくなるが隣接炭素の重なり形の結合間の立体反発が大きくなる．シクロヘキサノンのシアノヒドリンはいす形の立体配座をとることができ，立体歪みがほとんどなくなる．

5・13　アセタールの酸触媒加水分解は，アセタール生成反応〔(5・24)式〕の逆反応であり，生成反応を逆にたどればよい．この過程でアルコールが脱離するためには，酸素プロトン化が必要であり，酸触媒によって反応が進む．塩基では弱塩基性のアセタールを活性化できない．アルコキシドアニオンは脱離しにくいので，S_N2 反応は進まず安定である．

演習問題解答

5・14 イミン生成反応〔(5・25)式〕の逆反応である．

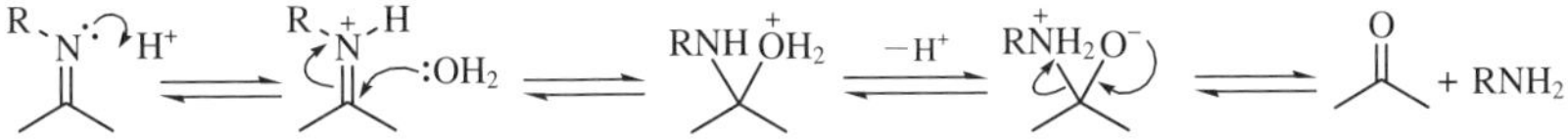

5・15 a) 酸触媒加水分解はプロトン化平衡（求電子的反応）と H_2O の求核付加を含むので，エステル置換基の電子効果は両過程で相殺されてほとんど現れず，立体効果のみを受ける．b) アルカリ加水分解では OH^- の求核付加が反応を支配しており，電子求引基によって加速されるが，立体障害によって減速される．

	a) 酸触媒加水分解		b) アルカリ加水分解	
1)	あまり差がない		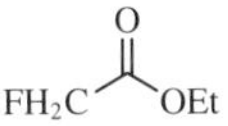 $FH_2C-C(=O)-OEt$	F の電子求引性のため
2)	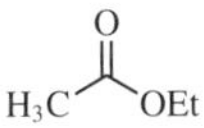 $H_3C-C(=O)-OEt$	立体障害の小さいエステル	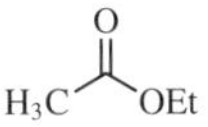 $H_3C-C(=O)-OEt$	立体障害の小さいエステル
3)	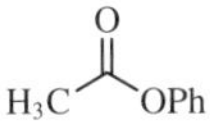 $H_3C-C(=O)-OPh$	フェノキシドの脱離能のため	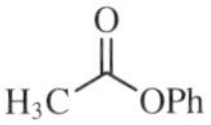 $H_3C-C(=O)-OPh$	フェノキシドの脱離能のため
4)	あまり差がない		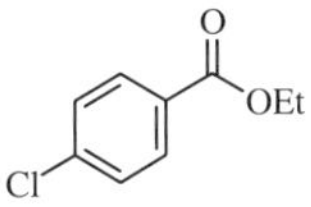 $p\text{-}Cl\text{-}C_6H_4\text{-}C(=O)\text{-}OEt$	p-Cl の電子求引性のため

5・16 酸触媒エステル交換

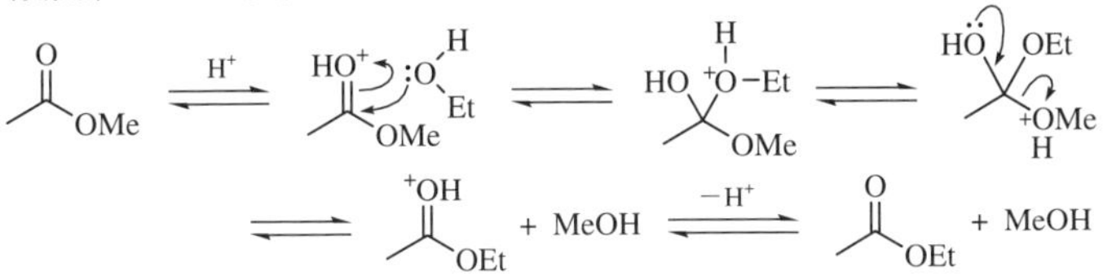

塩基触媒エステル交換：塩基性条件でも交換反応が起こる．

$EtOH + B: \rightleftharpoons EtO^- + BH^+ \quad MeO^- + BH^+ \rightleftharpoons MeOH + B:$

5・17

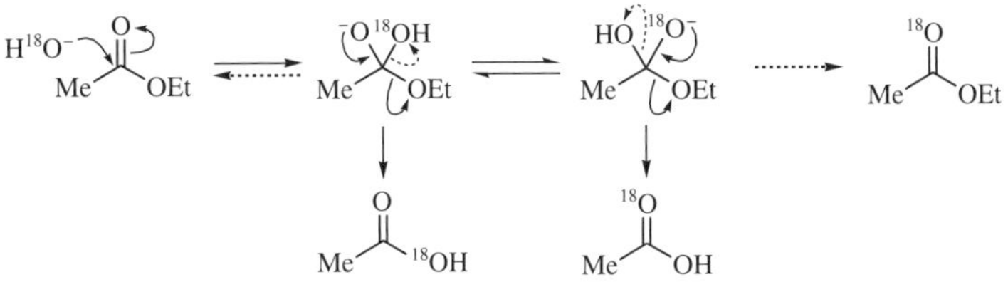

5・18 酸性条件では，中間にできるモノエステルのカルボン酸がさらにエステル化される．

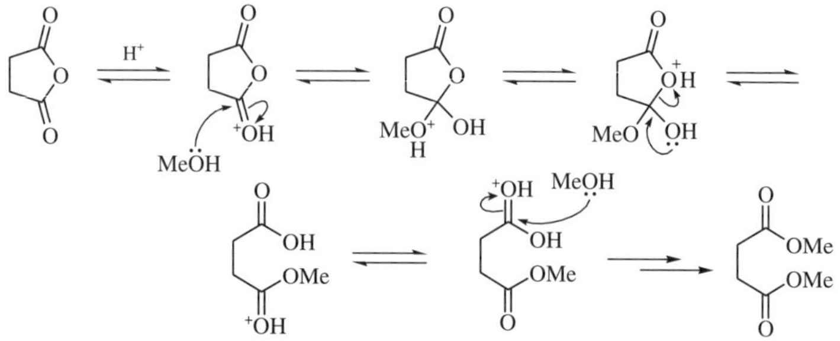

塩基性条件における中間体モノエステルはカルボキシラートにイオン化しており，メトキシドはカルボキシラートには反応できない．

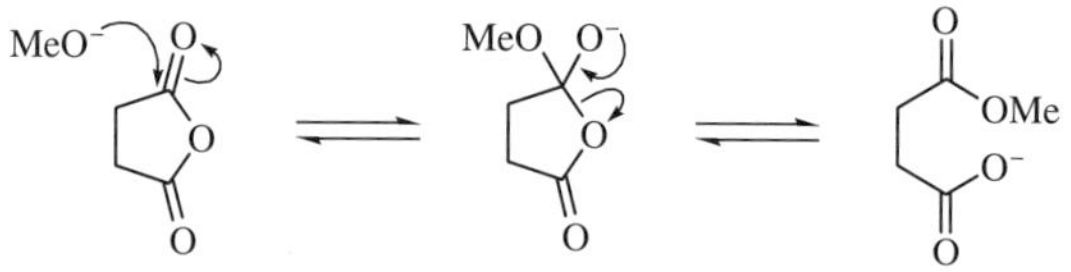

5・19

1)

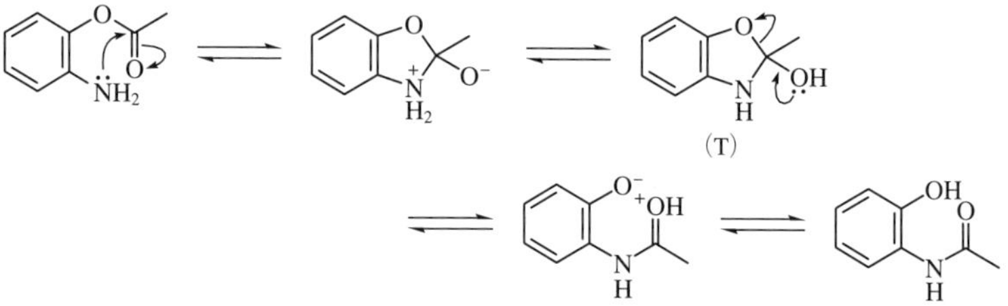

2) 中性からアルカリ性の条件では，電荷分離していない四面体中間体 (T) から，HN⁻ よりも O⁻ のほうが脱離しやすい（H_2N^- が HO^- よりも強塩基）ので C–O 結合開裂が優先的に起こる．酸性条件では，N にプロトン化が起こり C–N 結合が切れやすくなる．生成したアミノエステルも N でプロトン化された形で，求核反応を起こさなくなる．

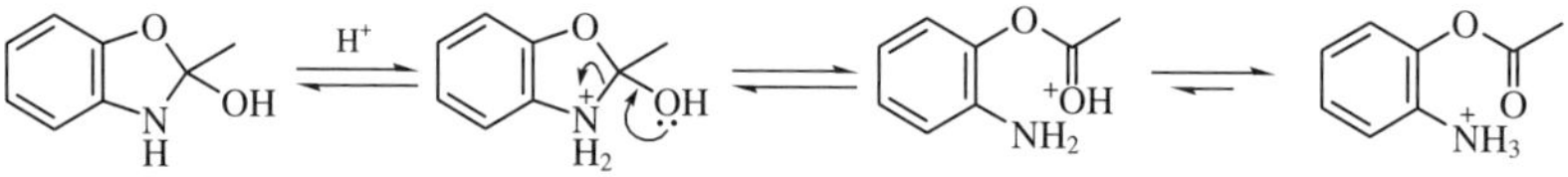

5・20

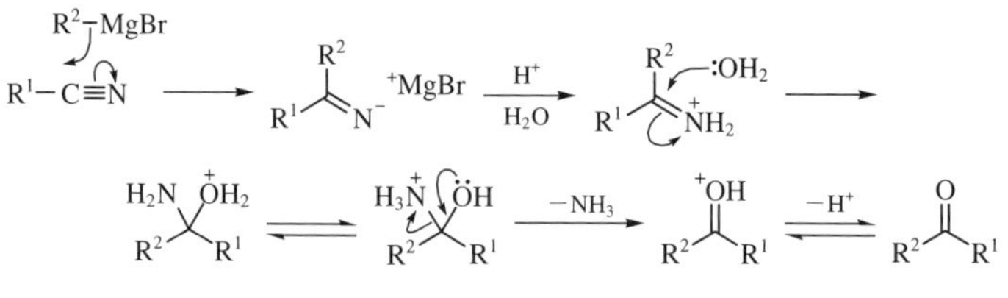

5・21

1) 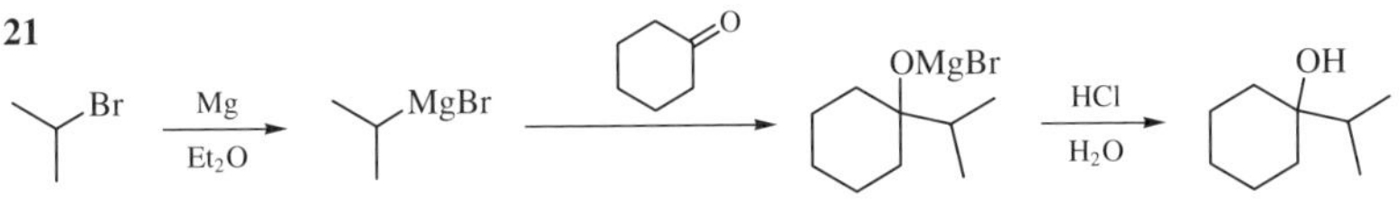 イソプロピルブロミド → Mg/Et₂O → iPrMgBr → シクロヘキサノン → 1-イソプロピルシクロヘキサン-1-オール OMgBr中間体 → HCl/H₂O → 1-イソプロピルシクロヘキサン-1-オール

2) PhBr → Mg/Et₂O → PhMgBr → 酢酸エチル (0.5当量) → Ph₂C(OMgBr)Me → HCl/H₂O → Ph₂C(OH)Me

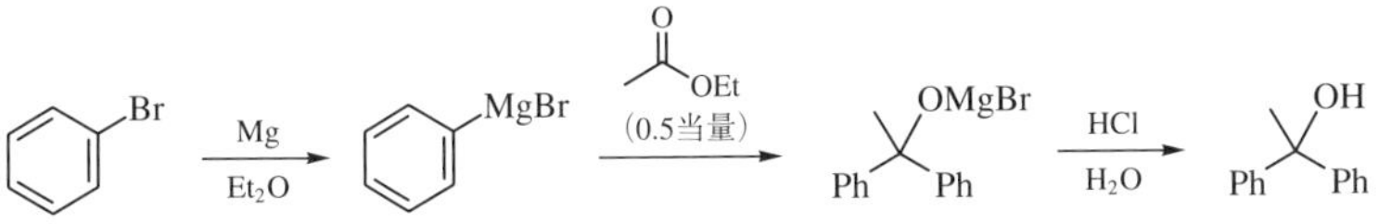

または MeMgBr + PhC(O)Ph (ベンゾフェノン)

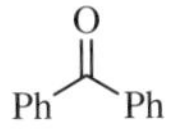

3) PhMgBr + EtC(O)NMe₂ → Ph(Et)C(OMgBr)NMe₂ → HCl/H₂O → PhC(O)Et

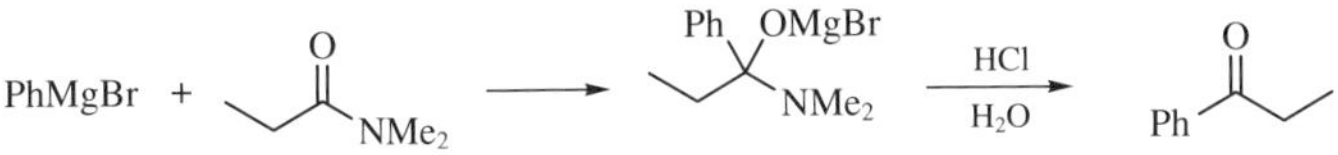

または EtMgBr + PhC(O)NMe₂ （アミド窒素の置換基はジメチル以外でもよい）

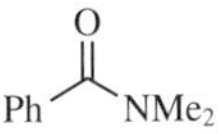

4) 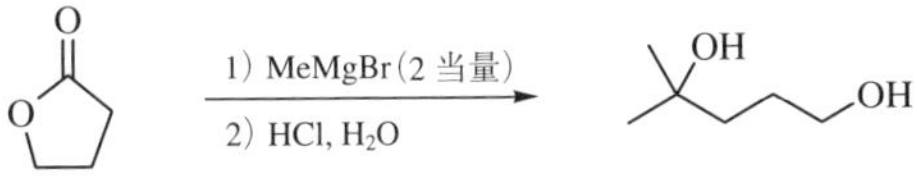 γ-ブチロラクトン → 1) MeMgBr (2当量) 2) HCl, H₂O → 2-メチルペンタン-2,5-ジオール

5) ペンタン-2,3-ジオン（3-オキソペンタナール）→ 1) EtMgBr (2当量) 2) HCl, H₂O → 3,4-ジヒドロキシ-3-エチルヘキサン型ジオール

6) 2-(3-ブロモプロピル)シクロヘキサノン → Mg/Et₂O → [2-(3-ブロモマグネシオプロピル)シクロヘキサノン] → 分子内環化 (OMgBr体) → HCl/H₂O → ヒドロインダン-1-オール

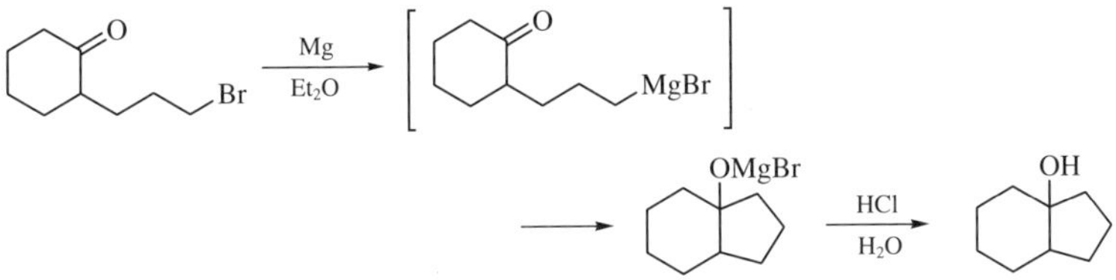

5・22

(5・41)式

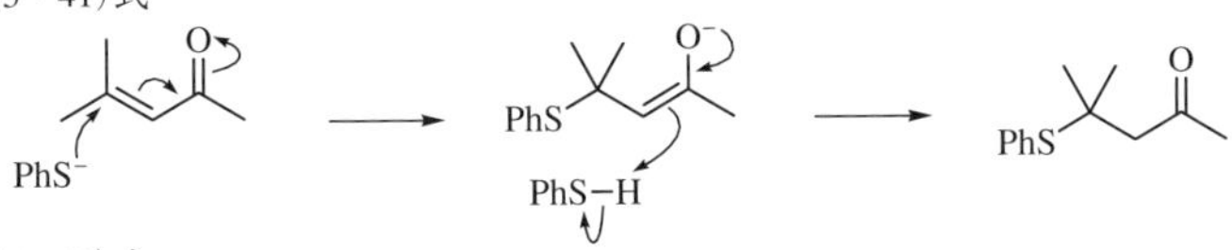

PhS⁻ が α,β-不飽和ケトン（4-メチルペント-3-エン-2-オン）にマイケル付加 → エノラート中間体 → PhS-H によるプロトン化 → PhSCH₂CMe₂C(O)CH₃ 型生成物

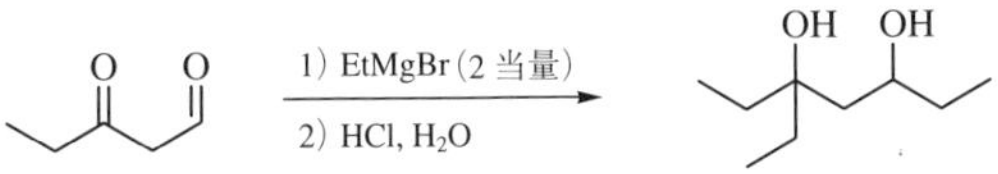

(5・42)式

Me₂NH がアクリル酸メチルに付加 → Me₂N⁺H-CH₂-CH=C(O⁻)OMe 中間体 → Me₂NH によるプロトン移動 → Me₂N-CH₂-CH=C(O⁻)OMe（+ Me₂NH₂⁺）→ Me₂NCH₂CH₂C(O)OMe

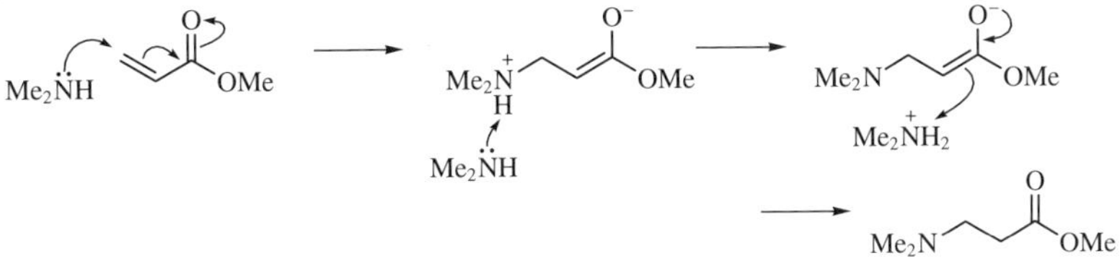

(5・43)式

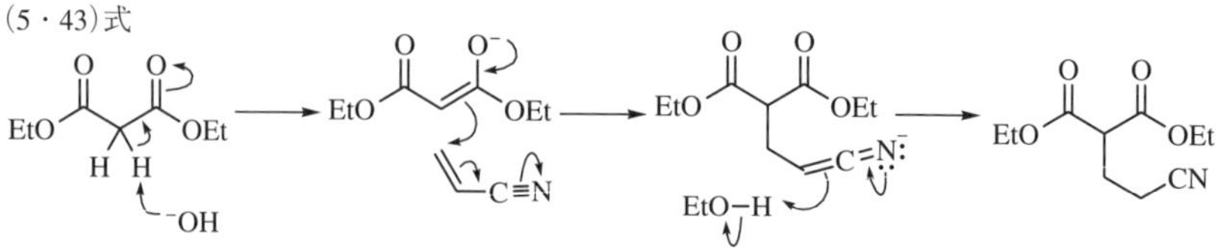

5・23

1)

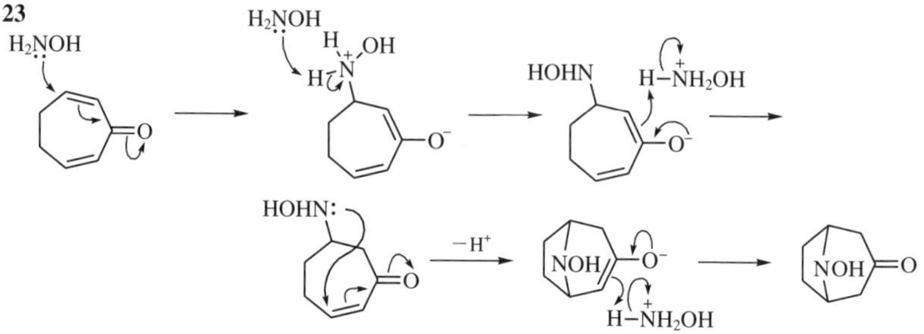

2)

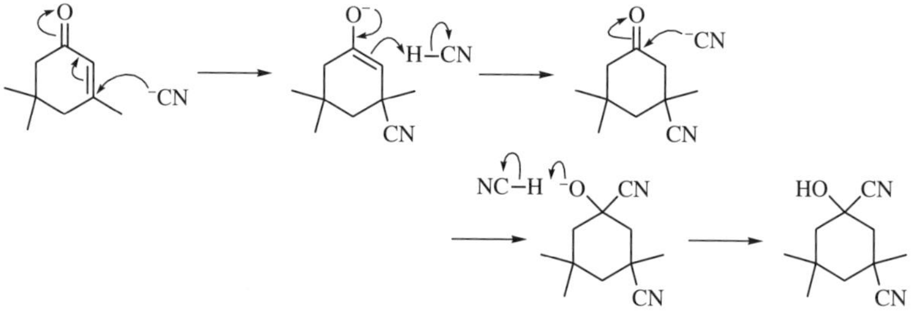

5・24　1)のアルデヒドは立体障害も小さく直接付加を起こしやすいのに対して，2)のケトンは直接付加が阻害されるので共役付加を優先的に起こす.

5・25　直接付加と共役付加のほかに，グリニャール反応剤が塩基として作用してエノラートが生じ，付加反応が完全には進まない.

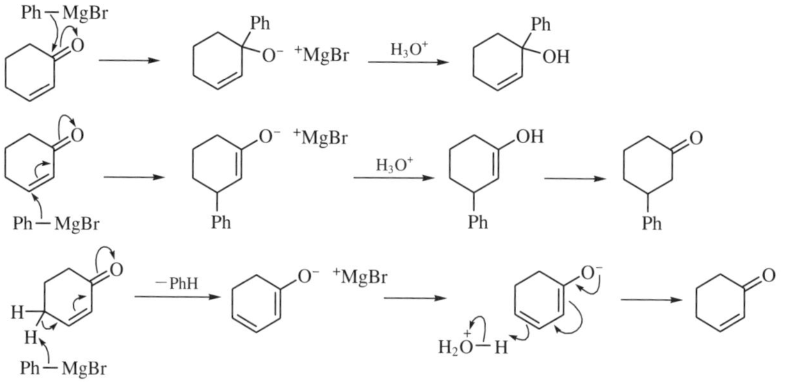

5・26

[reaction scheme: piperazine adds to ethyl acrylate (共役付加), then アルドール反応 with acetaldehyde, H+ protonation, then elimination of trimethylamine to give 2-methylene-3-hydroxybutanoate]

この弱塩基ではアセトアルデヒドのエノラートはほとんど生成しないので，次の反応は起こらない．

[scheme: enolate of acetaldehyde + ethyl acrylate —(?)→ OHC–CH₂CH₂CH₂–CO₂Et]

5・27

[reaction scheme: R₂NH attacks 2-fluoronitrobenzene, Meisenheimer-type intermediate with resonance structures stabilizing negative charge on nitro group, then −H⁺ and −F⁻ to give o-nitro-N,N-dialkylaniline]

この反応の律速段階は求核付加であり，中間体アニオンは電子求引性の大きい F によって最もよく安定化される．求核攻撃に対する立体障害も小さい．

5・28

[reaction scheme: 3-methoxy-2-chloro deprotonation by NH₂⁻, loss of Cl⁻ to form benzyne intermediate; amide adds to give phenyl anion (A) leading to 3-methoxyaniline; alternative addition giving (B) leading to 2-methoxyaniline is crossed out]

ベンザイン中間体にアミドが付加して生じるフェニルアニオン (**A**) の非共有電子対の軌道はベンゼン環と同一の平面内にあるので，ベンゼン環 π 軌道を通したメトキシ酸素の非共有電子対との相互作用はない．したがって，メトキシ基はアニオンを安定化す

る電子求引基として作用するので，中間体 (**B**) より (**A**) のほうが安定であり，メタ体が生成する．生成物の熱力学的安定性もメタ体のほうが大きい．

5・29

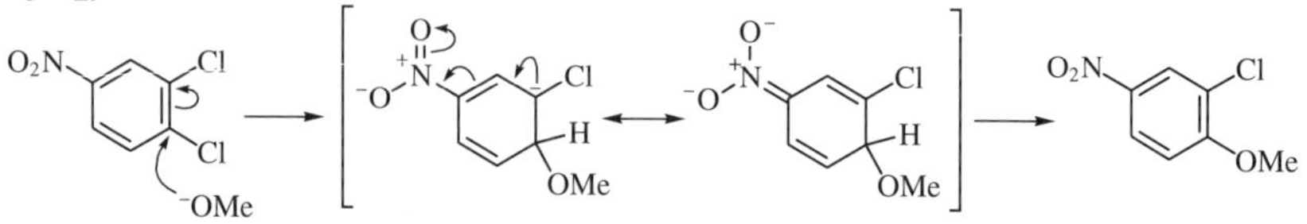

パラ位の Cl が置換されたものが主生成物になる．この反応の中間体はニトロ基による共役安定化を受ける．メタ位で反応した場合には，中間体アニオンのニトロ基による共役安定化は得られない．

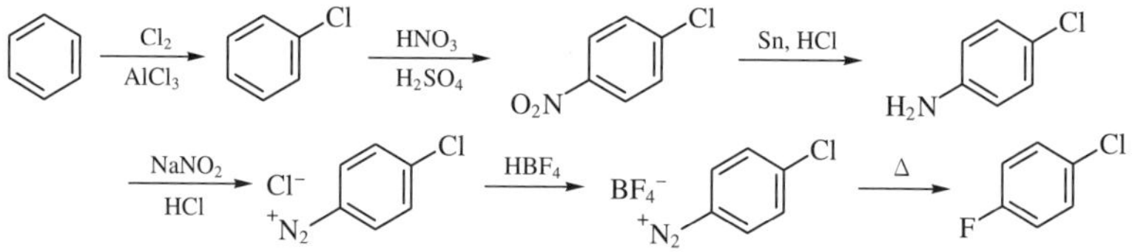

5・30

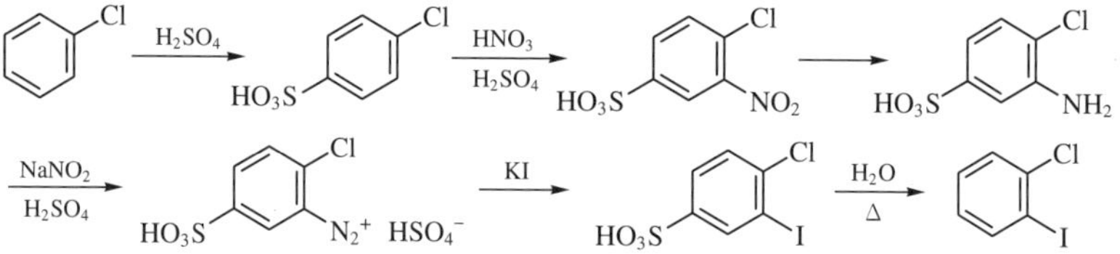

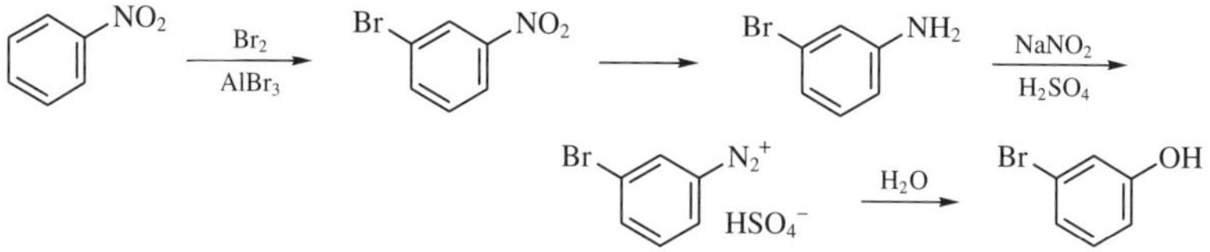

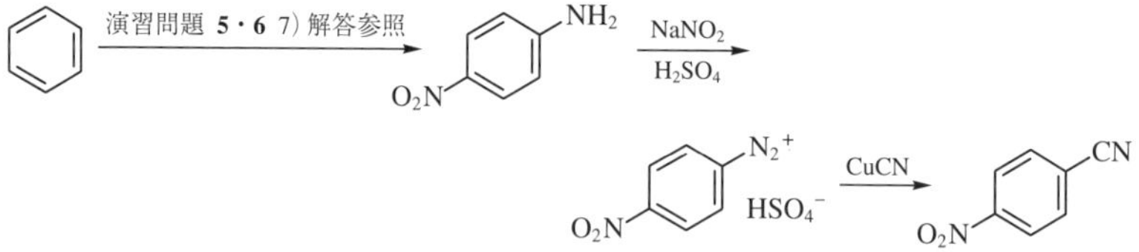

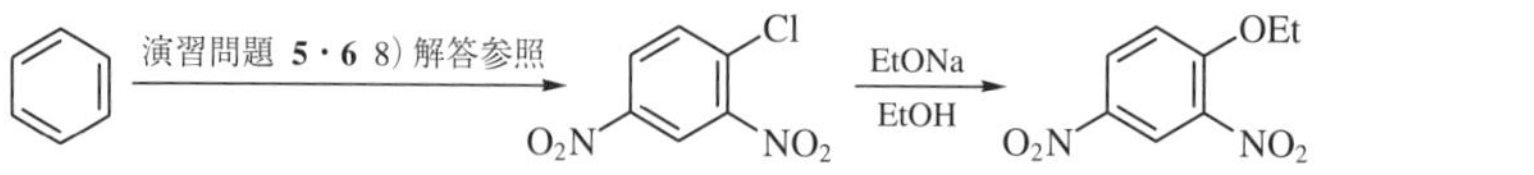

6章

6・1 二重結合に対するメチル基の安定化効果から，エノールとカルボニル化合物の相対的安定性を考える．メチル基は C=C と C=O 二重結合を安定化できるが，C−H の超共役による効果は C=C よりも C=O に対するほうが大きい．

6・2 酸触媒ケト化

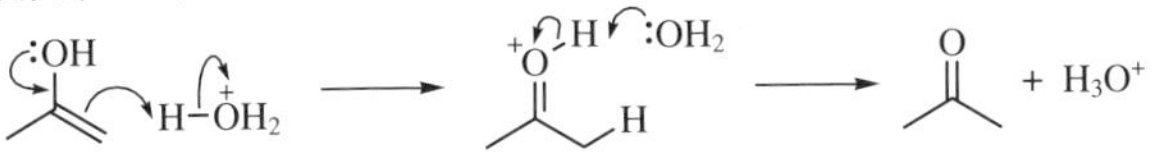

塩基触媒ケト化

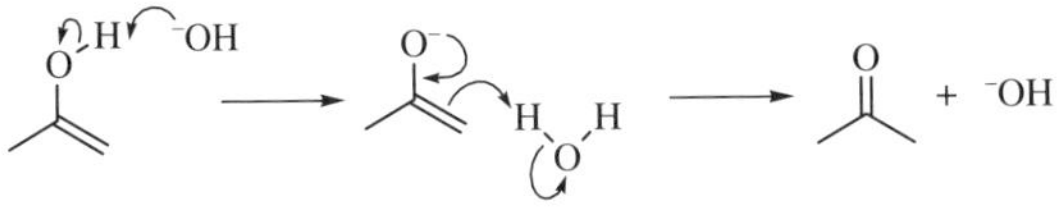

6・3

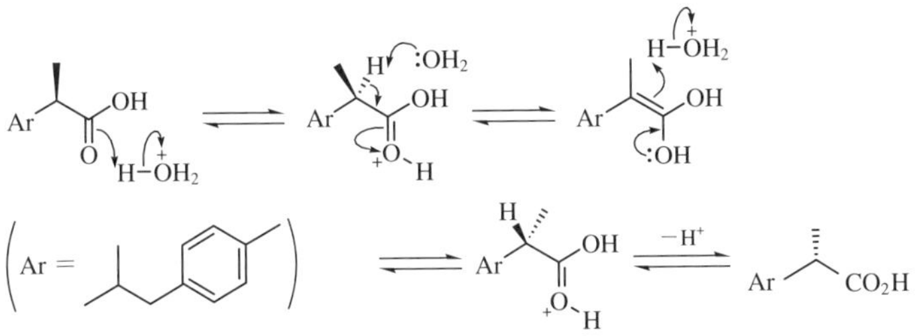

6・4

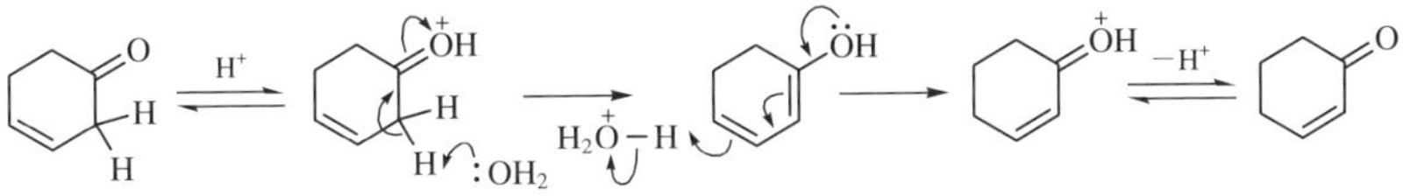

6・5 2位からの脱プロトン化によりエノラートが生成し，重水素化が起こる．

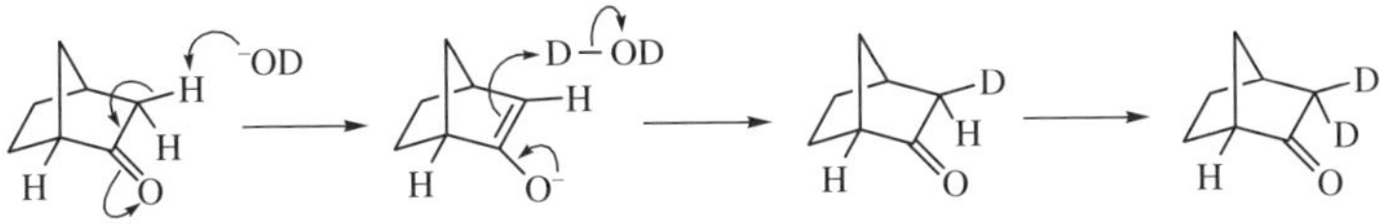

しかし，橋頭位を含む二重結合は平面構造をとれないのでエノール化には大きな立体歪みを伴う．そのために，橋頭位での重水素化は起こらない．

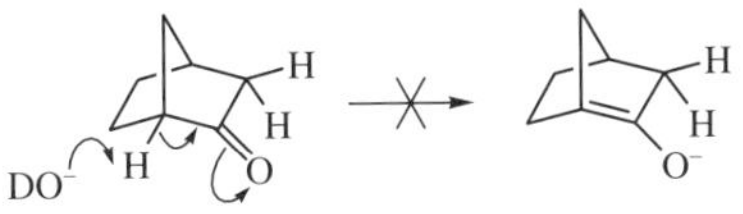

6・6

1) Mechanism showing acetophenone + AlCl₃ → enol → bromination with Br₂ → phenacyl bromide (PhCOCH₂Br) via H₂O workup.

2) Br–Br with AlCl₃ attacking ethylbenzene → arenium ion intermediate → p-bromoethylbenzene + HBr.

6・7

1) 3-hydroxy-2-methylpentanal
2) 1-(1-hydroxycyclohexyl)cyclohexanone
3) PhCOC(CH₃)=CHPh (chalcone-type)
4) HOCH₂C(CH₃)₂CHO
5) ethyl 2-methyl-3-oxopentanoate (CH₃CH₂COCH(CH₃)COOEt)
6) 1-(2-hydroxy-2-methylcyclopentyl)ethanone
7) ethyl benzoylacetate (PhCOCH₂COOEt)
8) ethyl 2-oxocyclopentanecarboxylate

6・8

1) Acid-catalyzed α-bromination of acetone: protonation → enol formation → reaction with Br₂ → loss of HBr → bromoacetone.

2) Acid-catalyzed aldol of cyclohexanone with formaldehyde, giving 2-(hydroxymethyl)cyclohexanone.

3) 2-methyl-1,3-cyclohexanedione enolization, Michael-type addition to methyl vinyl ketone (via enol/enol acetate), giving 2-methyl-2-(3-oxobutyl)-1,3-cyclohexanedione.

4) エノラートの共役付加とアルドール反応による環化（ロビンソン環化とよばれる）.

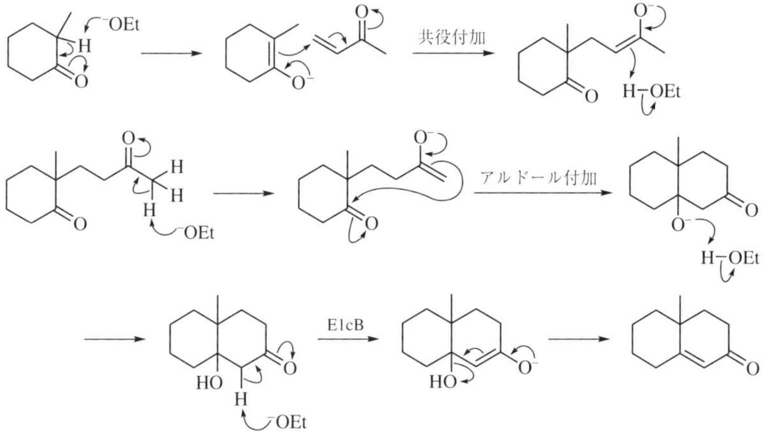

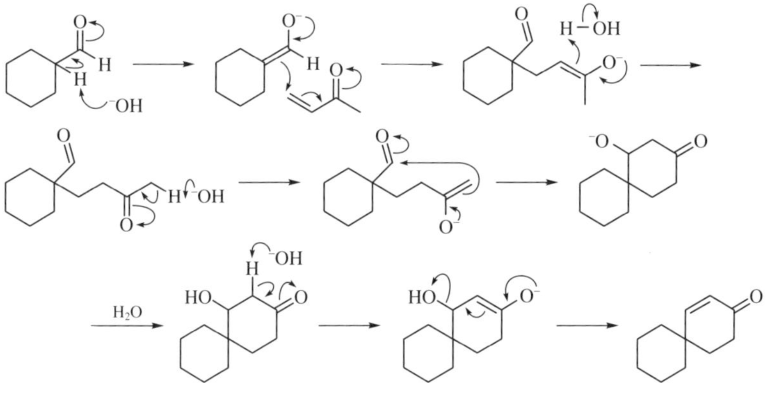

6・9

1)

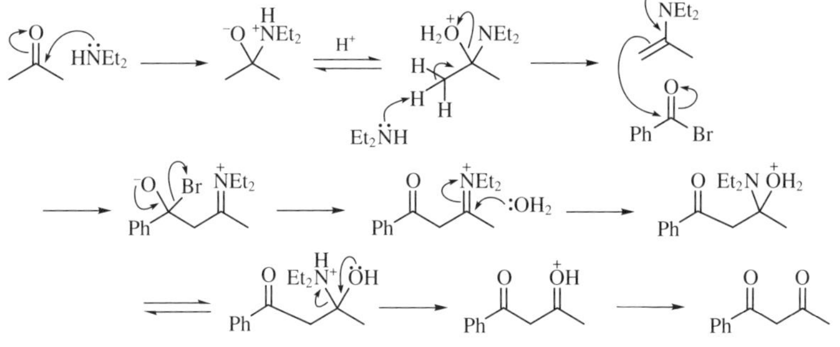

2)

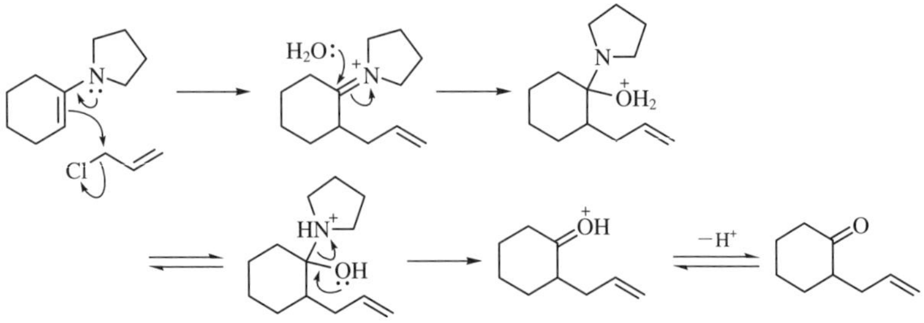

3)

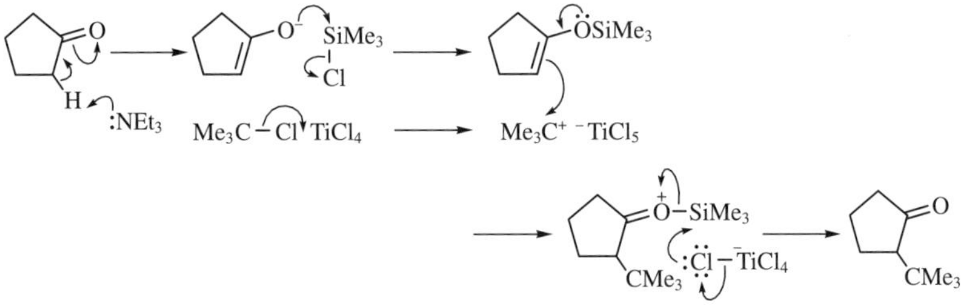

6・10

1) $EtO_2C\frown CO_2Et$ + $PhCH_2Cl$ $\xrightarrow[EtOH]{NaOEt}$ [EtO$_2$C–CH(CH$_2$Ph)–CO$_2$Et] $\xrightarrow[H_2O]{NaOH}$ [^-O_2C–CH(CH$_2$Ph)–CO$_2^-$] $\xrightarrow[\Delta]{HCl}$ $PhCH_2CH_2CO_2H$

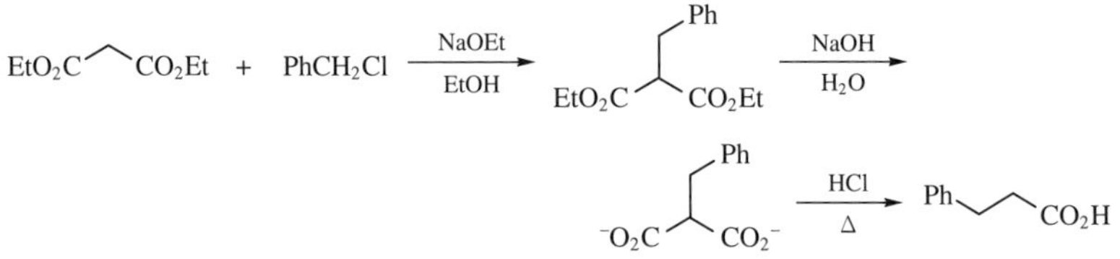

2) $EtO_2C\frown CO_2Et$ + $Br\frown\frown Br$ $\xrightarrow[EtOH]{NaOEt}$ [EtO$_2$C–CH(CH$_2$CH$_2$CH$_2$Br)–CO$_2$Et] $\longrightarrow$ [cyclobutane-1,1-diester EtO$_2$C / CO$_2$Et] $\xrightarrow[H_2O]{NaOH}$ [^-O_2C / CO$_2^-$] $\xrightarrow[\Delta]{HCl}$ cyclobutane-CO$_2$H

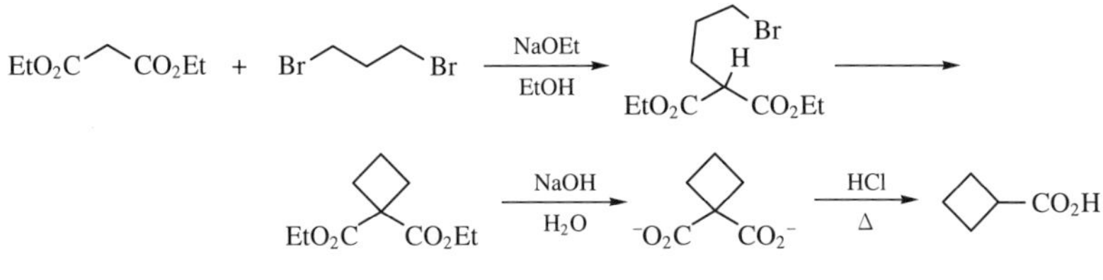

3) $CH_3COCH_2CO_2Et$ + $Br\frown\frown\frown Br$ $\xrightarrow[EtOH]{NaOEt}$ [CH$_3$CO–CH(CO$_2$Et)–CH$_2$CH$_2$CH$_2$CH$_2$Br] $\longrightarrow$ [1-acetylcyclopentane-1-CO$_2$Et] $\xrightarrow[H_2O]{NaOH}$ [1-acetylcyclopentane-1-CO$_2^-$] $\xrightarrow[\Delta]{HCl}$ cyclopentyl methyl ketone

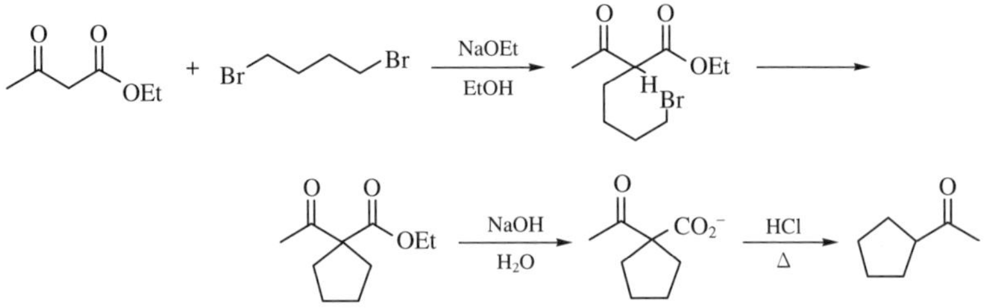

7 章

7・1 1) ジアゾ化の過程は，演習問題 **3・2** を参照.

7・2

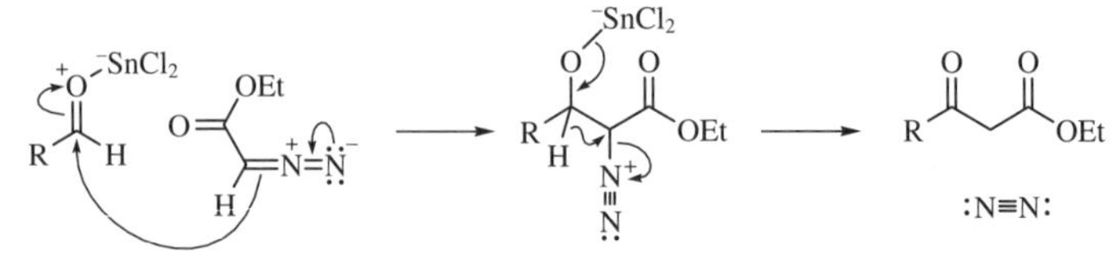

7・3

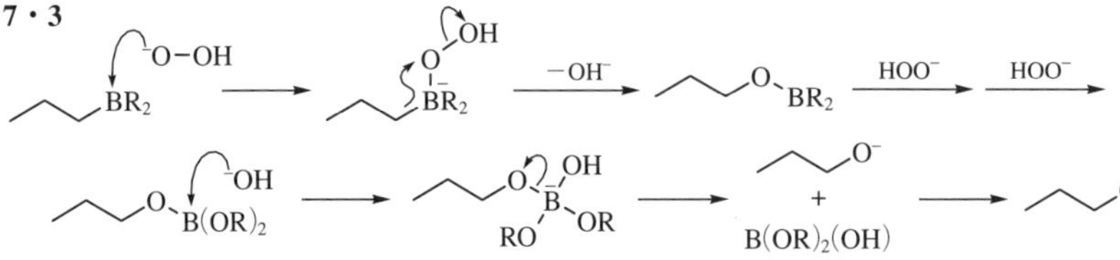

7・4

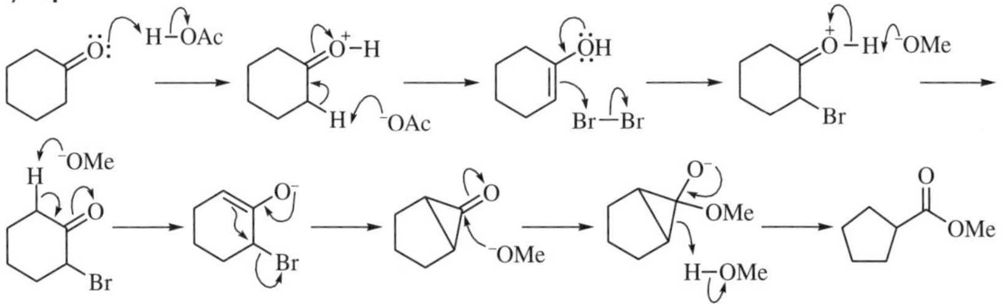

7・5 t-ブチル基をエクアトリアル位にしている配座を書く. OH 基が押込み効果を示すので 1 位の結合が関与する. (**A**) と (**B**) ではジアゾニオ基がエクアトリアルにな

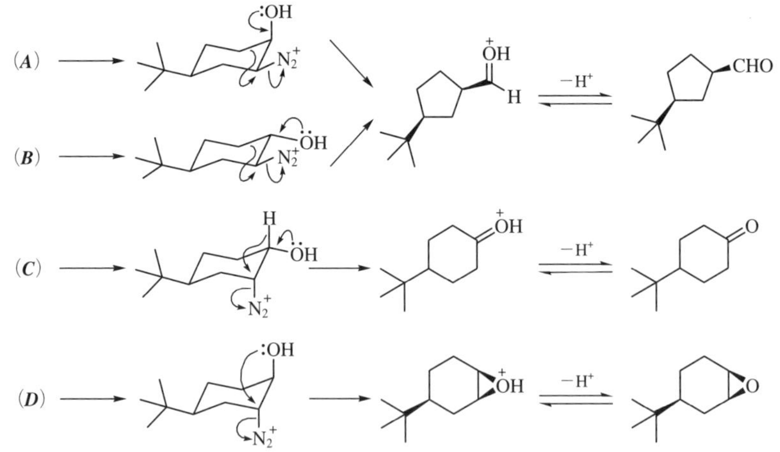

り，隣接の環内C-C結合とアンチペリプラナーになるので，転位により環縮小が起こる．アキシアル位のジアゾニオ基に対してはアンチのC-H結合（**C**）あるいはOH基（**D**）が関与できる．

8章

8・1 まず求電子種の付加位置が生成してくるカチオンの安定性によって決まり，速度支配生成物は次に示す生成物のうちの1,2-付加体である．熱力学支配生成物は，1)と3)では1,4-付加体であるが，2)の反応では1,2-付加体が三置換アルケンで熱力学支配生成物でもある．

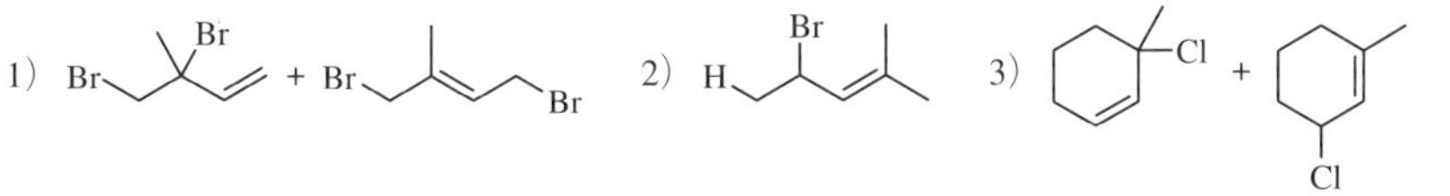

1) Br-CH₂-C(Br)(Me)-CH=CH₂ + Br-CH₂-C(Me)=CH-CH₂-Br 2) H-CH₂-CH(Br)-CH=C(Me)₂ 3) シクロヘキセン-Cl異性体 + シクロヘキセン-Cl異性体

8・2 （反応機構の図）

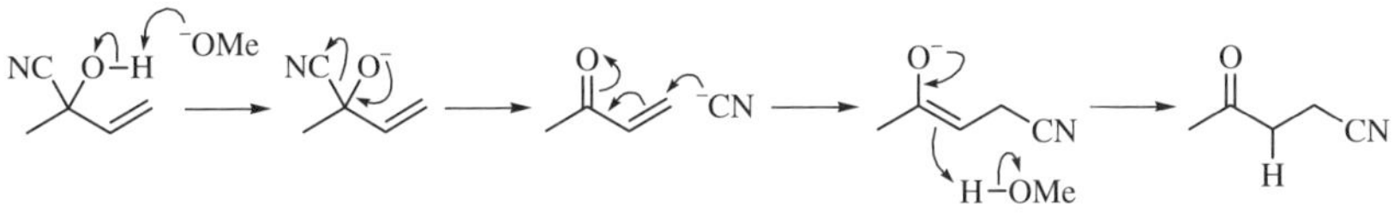

8・3 内部アルケンが末端アルケンより安定であるために生成しやすいが，E2反応（NaOEt）では塩基の立体障害が大きいと末端アルケンを与えやすい．E1反応（EtOH）ではその効果が現れにくい．アルコールの酸触媒反応は可逆的に起こり，熱力学支配の生成物として内部アルケンを高選択的に与える．

8・4 (1)式に示すように1位の求電子攻撃による中間体は7個の共鳴構造式で表されるのに対して，(2)式に示すように2位の攻撃による中間体は6個しか共鳴構造式が書

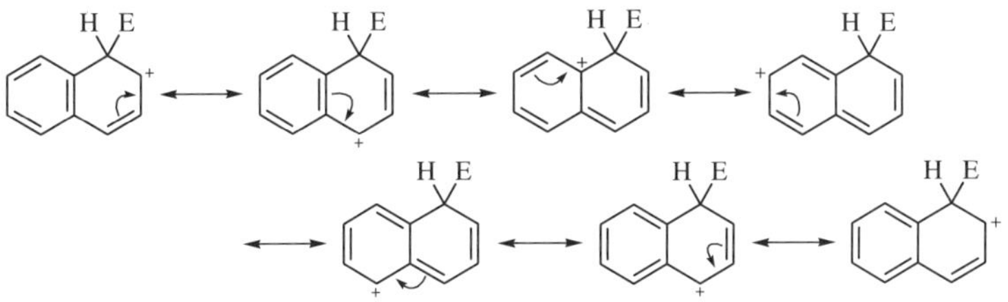

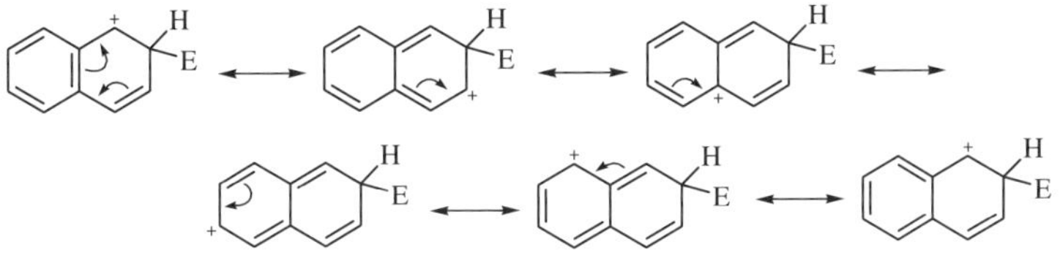

けない．前者のほうが安定なので，速度支配では1位での置換が優先的に起こる．しかし，1-ナフタレンスルホン酸はペリ位水素との立体反発のために不安定であり，(3)式に示すように脱スルホン化が起こるために，熱力学支配の条件ではより安定な2-ナフタレンスルホン酸になる．

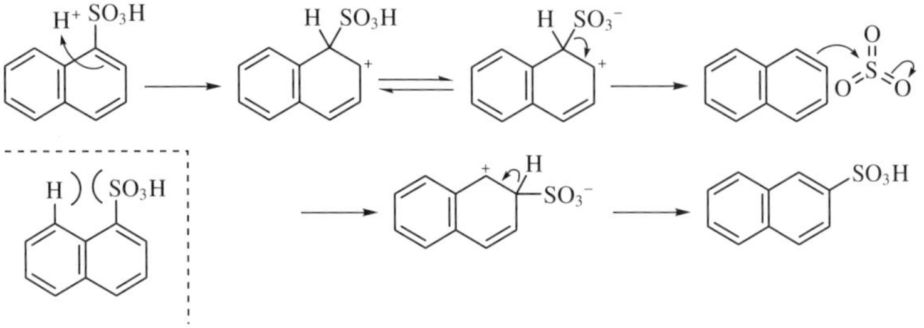

8・5 反応は結合エネルギーの弱いO−Et結合の開裂から開始され，生成したエチルカチオンがOH基の配向性によりオルト位に置換して化合物（**A**）を生じる．さらにフリーデル-クラフツ型のアルキル化が可逆的に（脱エチル化と再エチル化として）進み，より安定なジエチルフェノールに変換されていく．電子供与性のアルキル基は電子供与性のOH基に対してメタ位にあったほうが安定である．したがって，次に生じる化合物（**B**）は2,5-あるいは3,4-ジエチル体と予想されるが，立体反発のより小さい2,5-ジエチル体（**B**）のほうがおもに生成すると考えられる．さらに3,5-ジエチル体まで変換される．

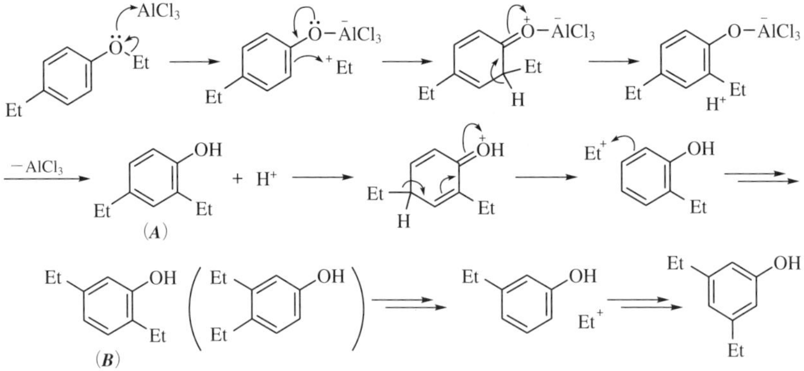

8・6 1) 通常の反応条件ではエノラートの生成は可逆的になり，熱力学的に安定なエノラートが優先的に生じる．カルボニル反応性はケトンよりもアルデヒドのほうが高いので，生じたエノラートはアルデヒドと反応する．2-ブタノンから生成した熱力学支配エノラートがアルデヒドに付加すると（**A**）が得られ，アルデヒドから生成したエノラートから（**B**）が得られる．

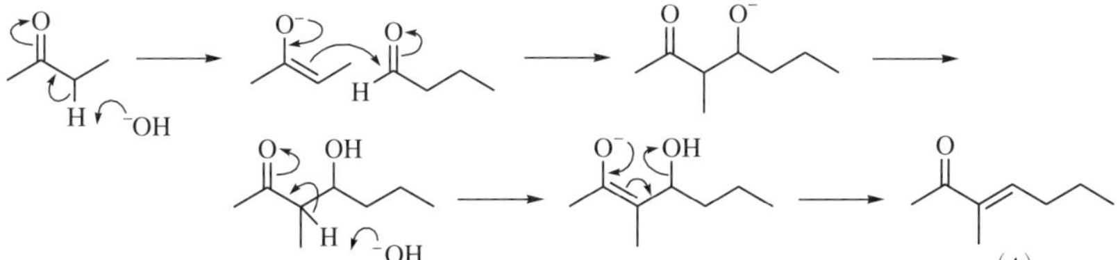

2) 低温で強塩基を作用させると速度支配のエノラートが生じる.

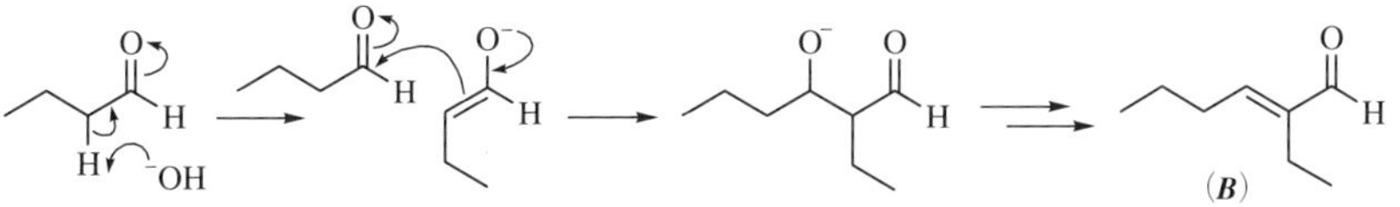

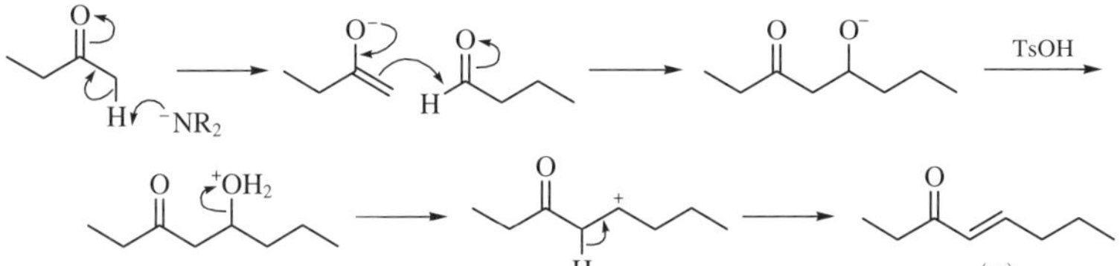

8・7 エノラートが次のように反応する. 6員環の場合, 求電子種は二重結合の垂直方向から攻撃できる.

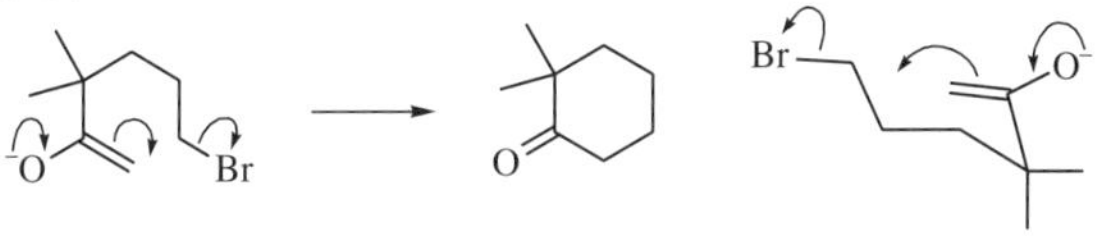

8・8 塩基性条件では分子内のアルコキシドの共役付加になると予想されるが, 5員環遷移状態の内部二重結合への付加は立体電子的に困難である. 酸触媒反応では, カルボニル酸素にプロトン化が起こると次のような共鳴寄与があり, もとの二重結合が回転可能になる. その結果, 下の反応式に示したようにカチオン性炭素への反応が起こる.

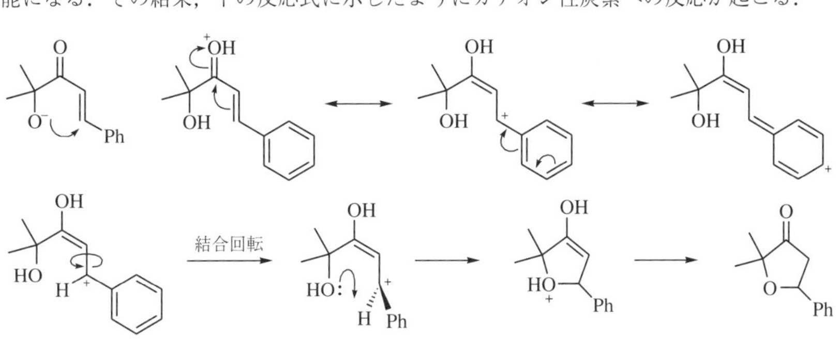

8・9 エノラートイオンでは，O が C よりも硬い求核中心となり，硬い求電子剤ほど O-アルキル化の比率が多くなる．

8・10 ハロゲンが軟らかくなるほど，BuX もアルキル化剤として軟らかくなり C-アルキル化の割合が増大する．

8・11 THF 中では Na^+ がフェノキシドアニオンとイオン対を形成し，スルホニル基に配位してオルト位での反応を誘導する．メタノールはアニオンに溶媒和してイオン対の影響をなくすので，選択性がなくなる．

8・12 1) フェノールの OH 基の酸性を利用して塩基で活性化する．たとえば Me_2SO_4，K_2CO_3 を用いる（反応式省略）．

2) 反応性の低いケトンを還元するために，反応性の高いアルデヒドをアセタールとして保護する（ケトンのアセタールは熱力学的に不安定で生成しにくい）．

5) H_2, Pd/C で還元する（反応式省略）．
6) $LiAlH_4$ で還元する（反応式省略）．

7) 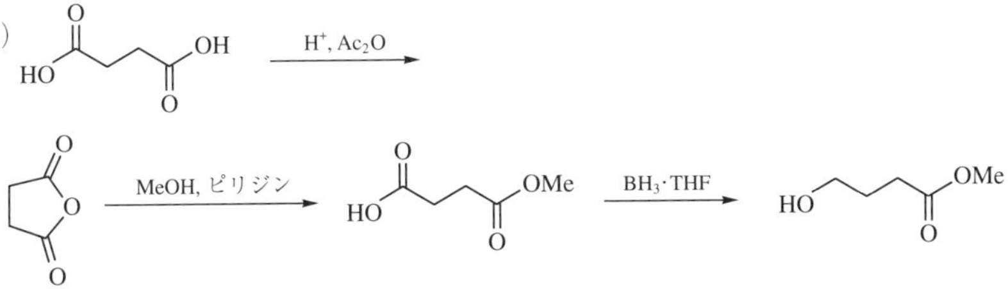 [reaction scheme: succinic acid → (H⁺, Ac₂O) → succinic anhydride → (MeOH, ピリジン) → HOOC-CH₂-CH₂-COOMe → (BH₃·THF) → HO-CH₂CH₂CH₂-COOMe]

あるいは

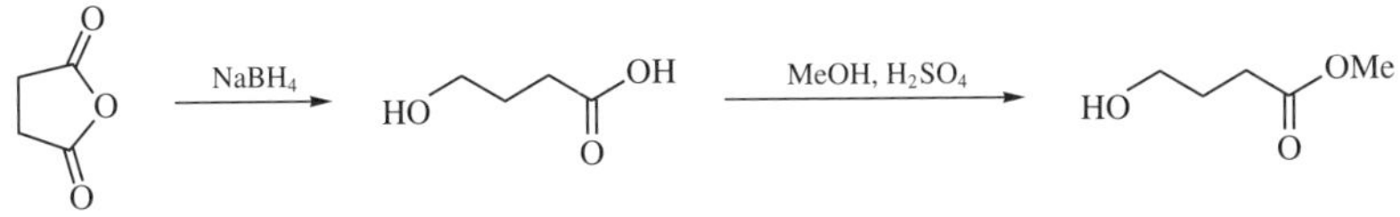

[succinic anhydride → (NaBH₄) → HO-CH₂CH₂CH₂-COOH → (MeOH, H₂SO₄) → HO-CH₂CH₂CH₂-COOMe]

8) 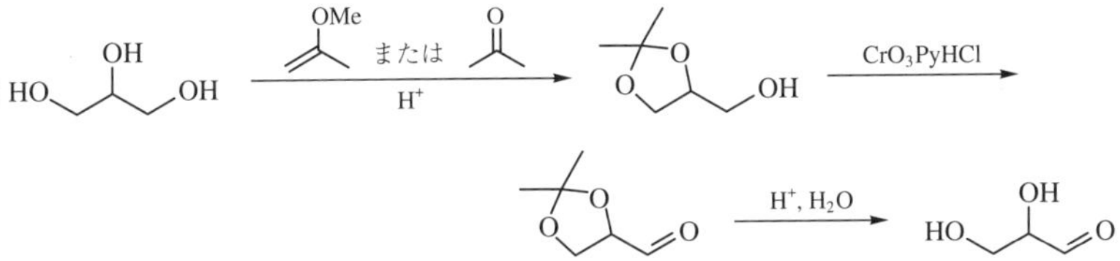 [HOCH₂-CH(OH)-CH₂OH → (MeO-C(=CH₂)-... または アセトン, H⁺) → acetonide-CH₂OH → (CrO₃PyHCl) → acetonide-CHO → (H⁺, H₂O) → HOCH₂-CH(OH)-CHO]

8・13　保護（THP基の導入）

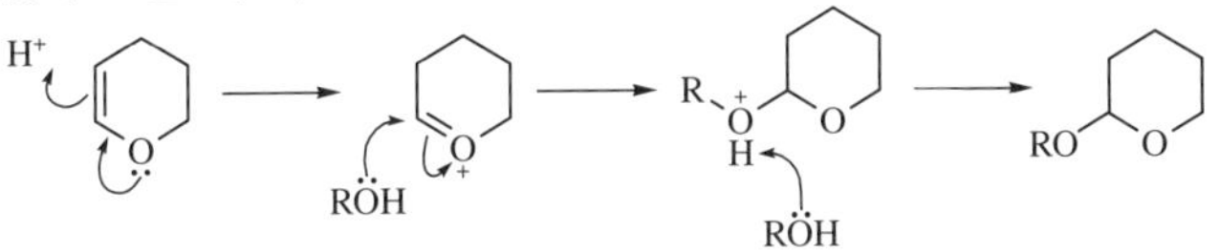

[mechanism scheme: dihydropyran + H⁺ → oxocarbenium → ROH addition → RO-THP]

脱保護

[mechanism scheme: RO-THP + H⁺ → ROH + oxocarbenium → MeOH addition → ROH + MeO-THP]

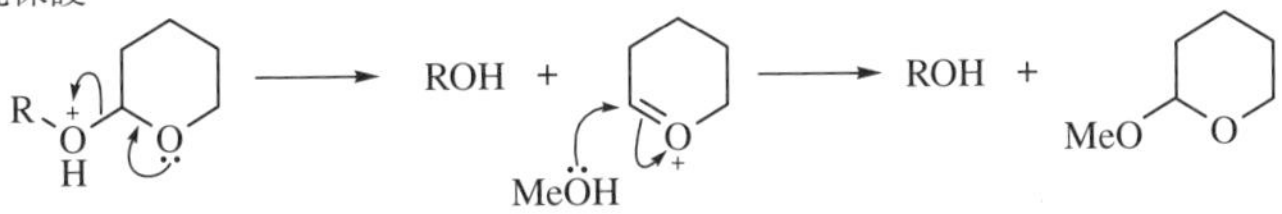

8・14　トランス体を得るためにはオキシ水銀化: 1) Hg(OAc)₂, 2) NaBH₄
シス体を得るためにはヒドロホウ素化: 1) BH₃・THF, 2) H₂O₂, NaOH

8・15　ジエンのそれぞれの異性体は次のように立体特異的に反応するので，(2E,4E) 体からは(**A**)と(**B**)，(2E,4Z)体からは(**C**)と(**D**)が生成する．

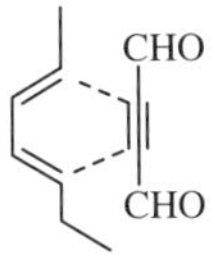

[structures of (2E,4E) and (2E,4Z) diene-dienophile adducts with CHO groups]

(2E,4E)　　(2E,4Z)

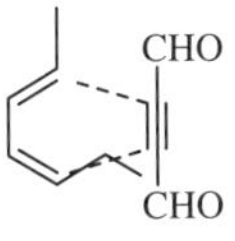

8・16 (8・40)式に示したニューマン投影式と同じように考えると，(*a*)から(**A**)，(*b*)から(**B**)が生成する．R が嵩高くなるほど(*b*)の反応が起こりにくくなる．

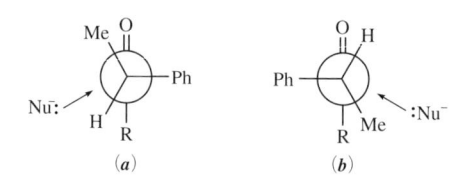

(a)　　　　　(b)

8・17 4-*t*-ブチル基がエクアトリアルになった配座を考えると，アキシアル攻撃の結果トランス体が，エクアトリアル攻撃の結果シス体が生成する．嵩高い還元剤はエクアトリアル選択性を示す．($LiAlH_4$ が優先的にアキシアル攻撃する理由は明らかになっていない．)

8・18 トリメチルアンモニオ($^+NMe_3$)基は，トランス体ではエクアトリアル位を，シス体ではアキシアル位を占めている．アキシアル結合は隣接のアキシアル結合とアンチペリプラナーの関係にあるので，アキシアル脱離基は E2 反応を効率よく受ける．一方，エクアトリアル結合は隣接炭素のエクアトリアル結合に対しても，アキシアル結合に対してもゴーシュの関係にあり，エクアトリアル脱離基は E2 脱離を受けにくい．その結果，S_N2 反応がメチル基で起こる．

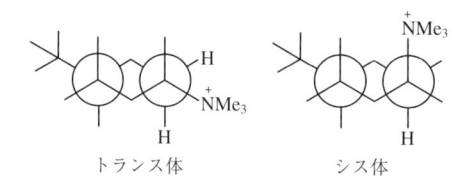

トランス体　　　　　シス体

ほかに置換基をもたない場合には，$^+NMe_3$ 基が主としてエクアトリアル位を占めることになり，S_N2 反応が優先して起こり，脱メチル化が起こると予想される．実際には，93% が S_N2 反応で脱離は 7% にすぎない．

8・19 ボランのアルケンへの付加は求電子付加である．フラン部の二重結合は電子密度が高いが，共役安定化のため，単純なアルケンより反応性が低い．ホウ素はより置換基の少ない位置に付加するため，酸化後は 2 位に OH 基が位置選択的に導入される．このさい，ヒドロホウ素化が立体特異的にシス付加であるため，2 位 OH 基と 3 位 Me 基はアンチの関係になる．以下のニューマン投影式(*a*)のような立体配座（アルケンは二重結合と β-H の重なり形配座が安定と考えられている）からヒドロホウ素化が進行し，BH_3 は 1 位の Me に対してはシンの立体選択性を与えるので，1 位と 2,3 位の立体配置が決まる．カルボニル基への求核付加における反結合性軌道への攻撃とは違って，ヒドロホウ素化は求電子付加であり，アルケンの結合性軌道に対して垂直方向から攻撃する．(カルボニル付加のときと同じような配座を考えても(*b*)のように同じ結論になる．)

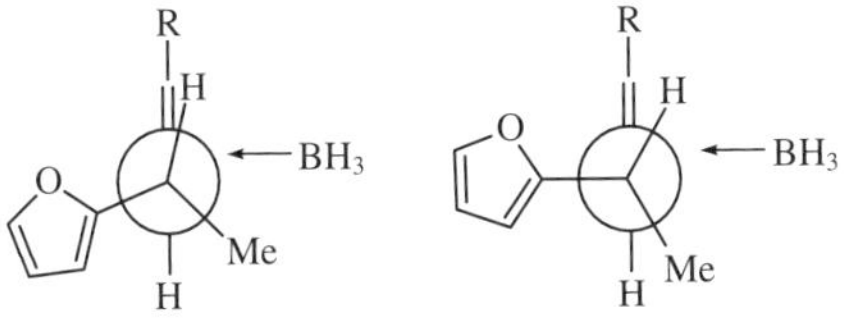

(a) (b)

8・20 原料を立体的に書くと次のようになり，イソブチル基はアルコキシメチル基の立体障害を避けて下側からカルボニル基を攻撃すると予想される．酸性にすると，脱水により第三級カルボカチオンを経てアキシアル位のプロトンが外れて，E1 脱離が進行する．ヒドロホウ素化は二重結合の隣のアキシアル水素を避けて上側から反応し，酸化によりアルコールを与える．

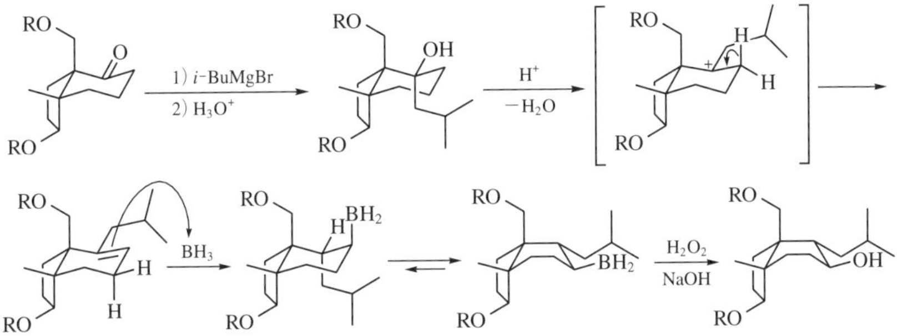

9 章

9・1

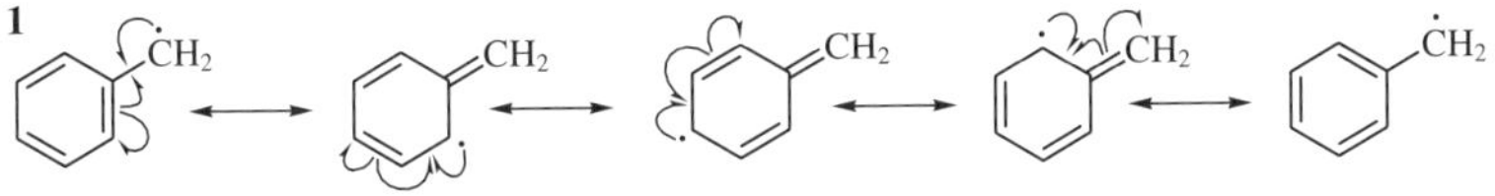

9・2 開始反応 $Cl_2 \xrightarrow{h\nu} 2\,Cl\cdot$

成長反応

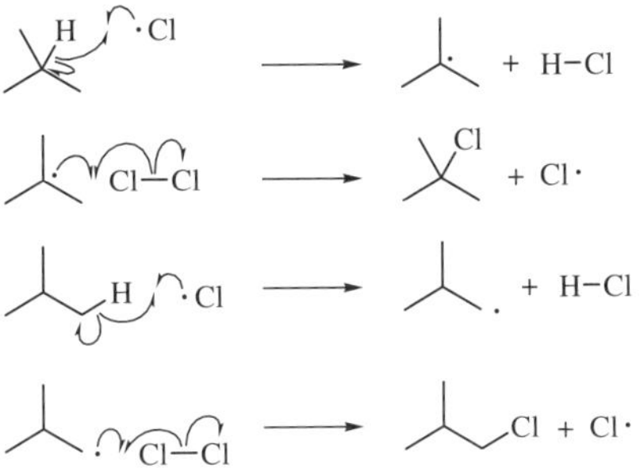

停止反応

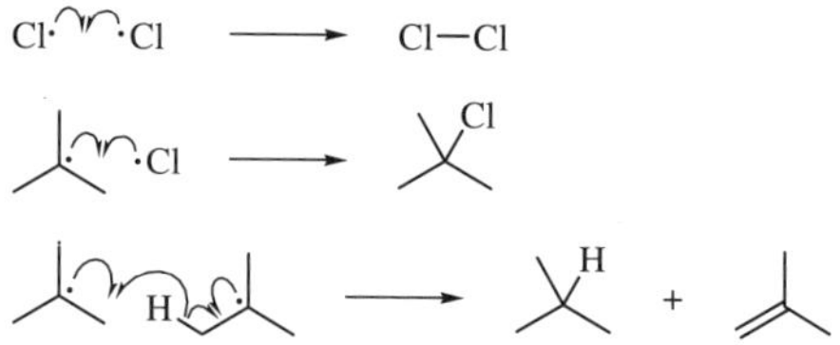

9・3

1) 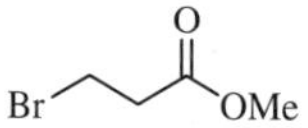 BrCH₂CH₂C(=O)OMe

2) 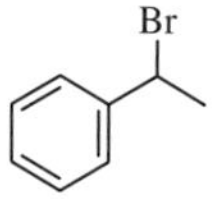 PhCH(Br)CH₃

3) 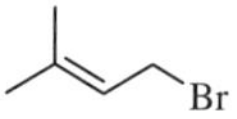 (CH₃)₂C=CHCH₂Br

4) 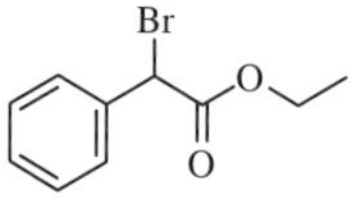 PhCH(Br)C(=O)OEt

9・4

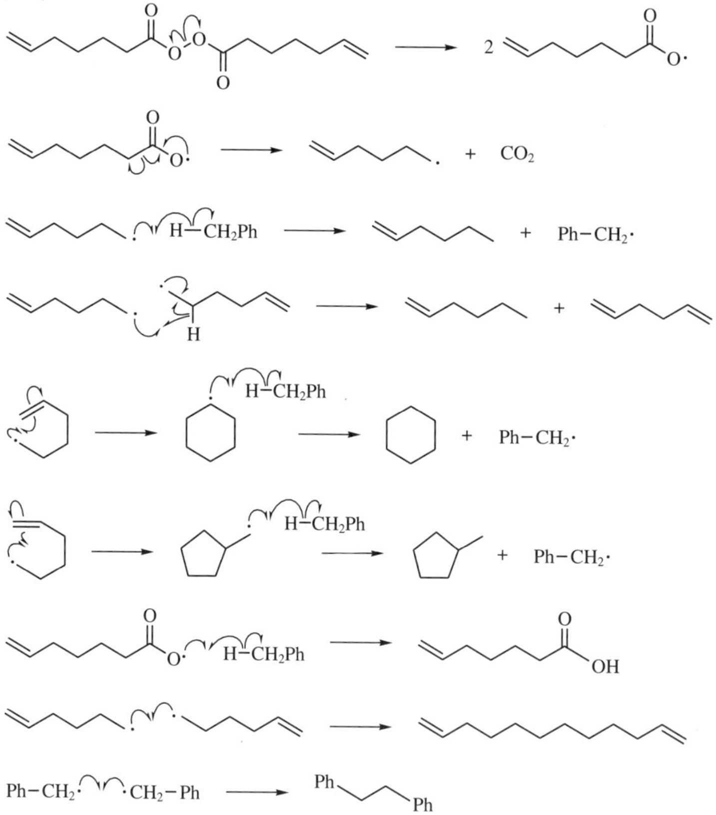

付録 1　略　号　表

Ac	アセチル	acetyl
AIBN	アゾビスイソブチロニトリル	azobisisobutyronitrile
Ar	アリール	aryl
BINAP	2,2′-ビスジフェニルホスフィノ-1,1′-ビナフチル	2,2′-bis(diphenylphosphino)-1,1′-binaphthyl
Boc	t-ブトキシカルボニル	t-butoxycarbonyl
Bu	ブチル	butyl
i-Bu	イソブチル	isobutyl
Cbz	ベンジルオキシカルボニル	benzyloxycarbonyl
DBN	1,5-ジアザビシクロ[4.3.0]ノナ-5-エン	1,5-diazabicyclo[4.3.0]non-5-ene
DBU	1,8-ジアザビシクロ[5.4.0]ウンデカ-7-エン	1,8-diazabicyclo[5.4.0]undec-7-ene
DEAD	アゾジカルボン酸ジエチル	diethyl azodicarboxylate
DET	酒石酸ジエチル	diethyl tartrate
DIBAL	水素化ジイソブチルアルミニウム	diisobutylaluminium hydride
ee	エナンチオマー過剰率	enantiomeric excess または enantiomer excess
Et	エチル	ethyl
Fmoc	9-フルオレニルメチルオキシカルボニル	9-fluorenylmethyloxycarbonyl
HMPA	ヘキサメチルリン酸トリアミド	hexamethylphosphoric triamide
HOMO	最高被占分子軌道	highest occupied molecular orbital
HSAB		hard and soft acids and bases
LDA	リチウムジイソプロピルアミド	lithium diisopropylamide
LUMO	最低空分子軌道	lowest unoccupied molecular orbital
Me	メチル	methyl
NBS	N-ブロモスクシンイミド	N-bromosuccinimide
Ph	フェニル	phenyl
i-Pr	イソプロピル	isopropyl
Py	ピリジン	pyridine
TBS	t-ブチルジメチルシリル	t-butyldimethylsilyl
THF	テトラヒドロフラン	tetrahydrofuran
THP	テトラヒドロピラン	tetrahydropyran
TMS	トリメチルシリル	trimethylsilyl
Ts	p-トルエンスルホニル（トシル）	p-toluenesulfonyl（tosyl）
Z	ベンジルオキシカルボニル	benzyloxycarbonyl

付録 2 酸性度定数

酸	共役塩基	pK_a	酸	共役塩基	pK_a
H_2O	HO^-	15.74	$C_6H_5SO_3H$	$C_6H_5SO_3^-$	-2.8
H_3O^+	H_2O	-1.74	CH_3SH	CH_3S^-	10.33
HI	I^-	-10	C_6H_5SH	$C_6H_5S^-$	6.61
HBr	Br^-	-9	$C_6H_5NH_2$	$C_6H_5NH^-$	27.7
HCl	Cl^-	-7	CH_3CONH_2	CH_3CONH^-	15.1
HF	F^-	3.17			
$HClO_4$	ClO_4^-	-10	炭素酸		
H_2SO_4	HSO_4^-	-3	$HC\equiv N$	$^-C\equiv N$	9.1
HSO_4^-	SO_4^{2-}	1.99	$HC\equiv CH$	$HC\equiv C^-$	25
HNO_3	NO_3^-	-1.64	$H_2C=CH_2$	$H_2C=CH^-$	44
H_3PO_4	$H_2PO_4^-$	1.97	H_3CCH_3	$H_3CCH_2^-$	50
$H_2PO_4^-$	HPO_4^{2-}	6.82	CH_4	CH_3^-	49
H_2CO_3	HCO_3^-	6.37			
HCO_3^-	CO_3^{2-}	10.33	アンモニウムイオン		
H_2S	HS^-	7.0	NH_4^+	NH_3	9.24
NH_3	NH_2^-	35	$CH_3NH_3^+$	CH_3NH_2	10.64
			$(CH_3)_2NH_2^+$	$(CH_3)_2NH$	10.73
有機酸			$(CH_3)_3NH^+$	$(CH_3)_3N$	9.75
CH_3OH	CH_3O^-	15.5	$(C_2H_5)_3NH^+$	$(C_2H_5)_3N$	10.65
CH_3CH_2OH	$CH_3CH_2O^-$	15.9	$(CH)_4NH_2^+$	$(CH)_4NH$ (ピロール)	-3.8
$(CH_3)_2CHOH$	$(CH_3)_2CHO^-$	17.1	$(CH)_5NH^+$	$(CH)_5N$ (ピリジン)	5.23
$(CH_3)_3COH$	$(CH_3)_3CO^-$	19.2	イミダゾリウム[†1]	イミダゾール[†2]	6.99
CF_3CH_2OH	$CF_3CH_2O^-$	12.4	$C_6H_5NH_3^+$	$C_6H_5NH_2$	4.60
C_6H_5OH	$C_6H_5O^-$	9.99	$4\text{-}ClC_6H_4NH_3^+$	$4\text{-}ClC_6H_4NH_2$	4.00
CH_3OOH	CH_3OO^-	11.5	$4\text{-}NO_2C_6H_4NH_3^+$	$4\text{-}NO_2C_6H_4NH_2$	0.99
HCO_2H	HCO_2^-	3.75	$2,4\text{-}(NO_2)_2C_6H_3NH_3^+$	$2,4\text{-}(NO_2)_2C_6H_3NH_2$	-4.48
CH_3CO_2H	$CH_3CO_2^-$	4.76	$2,4,6\text{-}(NO_2)_3C_6H_2NH_3^+$	$2,4,6\text{-}(NO_2)_3C_6H_2NH_2$	-10.04
$C_6H_5CO_2H$	$C_6H_5CO_2^-$	4.20			

[†1] HN⌢⁺NH (imidazolium ring)   [†2] HN⌢N (imidazole ring)

索　引

あ

アザエノラート（aza-enolate） 82
アセタール化（acetalization） 61
アセト酢酸エステル合成
（acetoacetate ester synthesis） 83
アゾビスイソブチロニトリル 122
亜硫酸塩付加物（bisulfite adduct） 60
アリル臭素化（allylic bromination） 128
アルキル化（alkylation）
　エノール等価体の―― 80
　ニトリルの―― 82
　ニトロアルカンの―― 83
アルキルカチオン（alkyl cation）
　――の安定性 52
アルコール（alcohol）
　――の合成法 53, 54
アルドール反応（aldol reaction） 79
アルント-アイステルト合成
（Arndt-Eistert synthesis） 94
アンチ脱離（*anti* elimination） 38
アンチペリプラナー（antiperiplanar） 38
安定化エネルギー（stabilization energy） 9

い，う

E1 反応 39, 79
E1cB 反応 41, 79
イオン化エネルギー（ionization energy） 4
イオン結合（ionic bond） 5
イオン対（ion pair） 39, 104
イオン反応（ionic reaction） 31
いす形立体配座（chair conformation） 111
イソシアナート（isocyanate） 94
位置選択性（regioselectivity） 104
　エノラート生成の―― 99
　環化反応における―― 100
　ラジカル反応の―― 128
E2 反応 38
イミン（imine） 62
ウォルフ転位（Wolff rearrangement） 93

え

AIBN → アゾビスイソブチロニトリル
エキソ体（exo form） 45, 111
S_H2 反応 124
S_Ni 反応 46
S_N1 反応 39
S_N2 反応 36, 37
s 性（s character, 軌道の） 17
エステル化（esterification） 62
エステル加水分解（ester hydrolysis） 62
HSAB 原理（hard and soft acids and bases principle） 102～104
HOMO 102
エナミン（enamine） 62, 81
エナンチオマー過剰率
（enantiomer excess） 112
NBS → *N*-ブロモスクシンイミド
エノラート → エノラートイオン
エノラートイオン（enolate ion） 76
　――生成の位置選択性 99, 100
　速度支配の―― 99
　熱力学支配の―― 99
エノール化（enolization） 76～78
エノール形（enol form） 76
エノールシリルエーテル（enol silyl ether） 82
エノール等価体（enol equivalent）
　――のアルキル化 80
Fmoc 基 → 9-フルオレニルメチルオキシカルボニル基
LDA → リチウムジイソプロピルアミド
LUMO 102

索 引

塩基性(basicity)
　　求核種の—— 37
　　有機基質の—— 23
塩基性度(basicity) 24
塩素酸(chloric acid) 17
エンド体(endo form) 45, 111

お

オキサゾリジノン(oxazolidin-one) 113
オキシ水銀化(oxymercuration) 53
オキシム(oxime)
　　——の転位 92
オクテット則(octet rule) 4
オルト・パラ配向性(ortho-para orientation) 56

か

開始反応(initiation) 126
硬さ(hardness) 102
活性メチレン化合物(active methylene compound) 83
価電子(valence electron) 3
カニッツァロ反応(Cannizzaro reaction) 64
カルバミン酸エステル(carbamate ester) 108
カルベン(carbene) 7
　　——の転位 93
カルボアニオン(carbanion) 21
　　——中間体 41
カルボカチオン(carbocation) 26, 27
　　——中間体 39, 52
　　——の転位 88
カルボニウムイオン(carbonium ion) 44
カルボニル基(carbonyl group)
　　——での求核置換 62, 63
　　——の還元 105
　　——の求電子性 105
　　——への求核付加 59

カルボン酸誘導体(derivative of carboxylic acid) 62
環化反応(cyclization)
　　——における位置選択性 100
官能基(functional group) 1
官能基選択性(chemoselectivity) 104

き

軌道制御(orbital control) 102
逆マルコフニコフ配向(anti-Markovnikov orientation) 54, 127
求核種(nucleophile) 36
求核性(nucleophilicity) 37
求核性脱離基(nucleofuge) 67
求核置換(nucleophilic substitution) 36, 62
　　カルボニル基での—— 62, 63
　　芳香族—— 67
求核付加(nucleophilic addition) 65
　　カルボニル基への—— 59〜62
求電子種(electrophile) 55
求電子性(electrophilicity)
　　カルボニル基の—— 105
求電子性脱離基(electrofuge) 56
求電子置換(electrophilic substitution)
　　芳香族—— 55〜59
求電子付加(electrophilic addition) 52〜55
協奏的1,2-転位(concerted 1,2-rearrangement) 45
共鳴エネルギー(resonance energy) 9
共鳴効果(resonance effect) 19
共鳴構造式(resonance structure) 9
共鳴混成体(resonance hybrid) 9
共鳴理論(resonance theory) 9
共役塩基(conjugate base) 15

共役化合物(conjugated compound) 9
共役効果(conjugative effect) 19
共役酸(conjugate acid) 16
共役付加(conjugate addition) 66, 98
共有結合(covalent bond) 4
極限構造式(canonical structure)
　　→ 共鳴構造式
極性結合(polar bond) 5
極性反応(polar reaction) 31
金属水素化物(metal hydride) 63

く，け，こ

クプラート(cuprate) 66
クライゼン縮合(Claisen condensation) 80
グリニャール反応(Grignard reaction) 65
クルチウス転位(Curtius rearrangement) 94
形式電荷(formal charge) 5
ケクレ構造(Kekulé structure) 4
結合電子対(bonding electron pair) 4
ケテン(ketene) 93
ケト-エノール平衡(keto-enol equilibrium) 77
ケト形(keto form) 76
原子価殻(valence shell) 3
原子価殻電子対反発モデル(valence-shell electron-pair repulsion model) 7
構造効果(structural effect) 1
孤立電子対(lone pair) → 非共有電子対
コルベ反応(Kolbe reaction) 123
混成軌道(hybrid orbital) 7, 8
混成状態(state of hybridization, 軌道の) 17

索　引

さ　行

ザイツェフ則（Zaitsev rule） 38
酸解離（acid dissociation）
　——定数　15
　——平衡　15
酸触媒水和反応（acid-catalyzed hydration） 53
酸性度（acidity） 16
酸性度定数（acidity constant） 16
三中心二電子系（three-center two-electron system） 87
三中心二電子結合（three-center two-electron bond） 44
ザンドマイヤー反応（Sandmeyer reaction） 68
1,3-ジアキシアル相互作用（1,3-diaxial interaction） 111
1,8-ジアザビシクロ［5.4.0］ウンデカ-7-エン　25
1,5-ジアザビシクロ［4.3.0］ノナ-5-エン　25
ジアゾ化（diazotization） 35, 68
シアノヒドリン（cyanohydrin） 59, 99
σ結合（σ bond） 9
シクロペンタジエニドイオン（cyclopentadienide ion） 22
シッフ塩基（Schiff base） 62
Cbz 基 → ベンジルオキシカルボニル基
四面体中間体（tetrahedral intermediate） 62
酒石酸ジエチル（diethyl tartrate） 115
触媒（catalyst） 113
シリル基（silyl group） 107
水素引抜き（hydrogen abstraction） 124
水和反応（hydration） 60
水和物（hydrate） 60
正四面体構造（tetrahedral structure） 7
成長反応（propagation） 126
速度支配（kinetic control） 97
　——のエノラート　99

た，ち

DIBAL　106
脱炭酸（decarboxylation） 84, 123
脱保護（deprotection） 106
脱離基（leaving group） 37
脱離能（leaving ability） 37
脱離反応（elimination） 38
炭素酸（carbon acid） 21
置換基効果（substituent effect） 18, 20
置換基定数（substituent constant） 20
　ハメットの——　20
置換反応（substitution） 36, 55, 62
窒素塩基（nitrogen base） 24
超強酸（superacid） 88
超共役（hyperconjugation） 27
直接付加（direct addition） 66, 98

て，と

DIBAL　106
DET → 酒石酸ジエチル
停止反応（termination） 126
DBN → 1,5-ジアザビシクロ［4.3.0］ノナ-5-エン
DBU → 1,8-ジアザビシクロ［5.4.0］ウンデカ-7-エン
ディールス-アルダー反応（Diels-Alder reaction） 110
転位（rearrangement）
　1,2-——　87
　オキシムの——　92
　カルベンの——　93
　カルボカチオンの——　88
　カルボニル化合物の——　90
　酸素への——　91
　窒素への——　92
　ニトレンの——　94
　α-ハロケトンの——　90
　α-ヒドロキシケトンの——　90
転位傾向（migratory aptitude） 87
　アルキル基の——　91
電荷制御（charge control） 102
電気陰性度（electronegativity） 3, 4, 16, 19, 102
電子移動（electron transfer） 123
電子押込み（electron pushing） 32, 90
電子求引基（electron-withdrawing group） 19, 20, 22, 56
電子求引性（electron-withdrawing ability） 20
電子供与基（electron-donating group） 56
電子供与性（electron-donating ability） 20
電子効果（electronic effect） 19
電子親和力（electron affinity） 4
電子配置（electron configuration） 4
電子引出し（electron pulling） 32
同位体交換（isotope exchange） 78

な　行

内殻電子（inner shell electron） 3
二次反応（second-order reaction） 36
ニトリル（nitrile）
　——のアルキル化　83
ニトレン（nitrene）
　——の転位　94
ニトロアルカン（nitroalkane）
　——のアルキル化　83
二分子反応（bimolecular reaction） 36

索引

ニューマン投影式(Newman projection) 111, 112
熱力学支配(thermodynamic control) 98
——のエノラート 99

は

π結合(π bond) 8, 9
配向性(orientation) 52
BINAP → 2,2′-ビスジフェニルホスフィノ-1,1′-ビナフチル
バイヤー-ビリガー酸化(Baeyer-Villiger oxidation) 91
ハメットの置換基定数(Hammett's substituent constant) 20
α-ハロケトン(α-haloketone)
——の転位 90
ハロゲン化(halogenation) 53, 78
ハロゲン化水素付加(hydrogen halide addition) 53
ハロニウムイオン(halonium ion) 53
ハロホルム反応(haloform reaction) 78
反応選択性(reaction selectivity) 97

ひ

BINAP → 2,2′-ビスジフェニルホスフィノ-1,1′-ビナフチル
Boc基 → t-ブトキシカルボニル基
非共有電子対(unshared electron pair, nonbonding electron pair) 5
非局在化(delocalization) 103
 電子の—— 9, 17
非局在化エネルギー → 共鳴エネルギー

pK_{R^+} 26
pK_a 16
pK_{BH^+} 16
非古典的イオン(non-classical ion) 44
2,2′-ビスジフェニルホスフィノ-1,1′-ビナフチル 115
1,2-ヒドリド移動(1,2-hydride shift) 87
ヒドリド還元(hydride reduction) 63, 64
ヒドリド還元剤(hydride reducing agent) 63
——の反応性 105
α-ヒドロキシケトン(α-hydroxyketone)
——の転位 90
ヒドロホウ素化(hydroboration) 54
ピナコール転位(pinacol rearrangement) 89
非プロトン性溶媒(aprotic solvent) 39

ふ

ファボルスキー転位(Favorski rearrangement) 90
フェノニウムイオン(phenonium ion) → ベンゼニウムイオン 44
付加反応(addition) 52～55, 65, 66, 98
 1,2-—— → 直接付加
 1,4-—— → 共役付加
不均化(disproportionation) 126
不斉合成(asymmetric synthesis) 112, 113
不斉触媒反応(asymmetric catalysis) 115
不斉補助剤(chiral auxiliary) 112
不対電子(unpaired electron) 122
t-ブトキシカルボニル基 108
フリーデル-クラフツ反応(Friedel-Crafts reaction) 55

9-フルオレニルメチルオキシカルボニル基 108
ブレンステッド酸塩基(Brønsted acid-base) 15
プロトンスポンジ(proton sponge) 25
プロトン性溶媒(protic solvent) 39
N-ブロモスクシンイミド(N-bromosuccinimide) 129
分極(polarization) 5
分極率(polarizability) 37, 103

へ

β開裂(β-cleavage) 125
ベックマン転位(Beckmann rearrangement) 92, 93
ヘテロリシス(heterolysis) 122
ヘミアセタール(hemiacetal) 59
ペリ環状反応(pericyclic reaction) 110
ベンザイン(benzyne) 68
ベンジルアニオン(benzyl anion) 21
ベンジルオキシカルボニル基(benzyloxycarbonyl group) 108
ベンジル酸転位(benzilic acid rearrangement) 90
ベンゼニウムイオン(benzenium ion) 44, 55

ほ

芳香族求核置換(aromatic nucleophilic substitution) 67
芳香族求電子置換(aromatic electrophilic substitution) 55～59
芳香族性(aromaticity) 22
保護(protection) 106
保護基(protecting group) 106
Boc基 → t-ブトキシカルボニル基

索　引

ホフマン転位（Hofmann rearrangement）　94
ホフマン配向（Hofmann orientation）　38
HOMO　102
ホモリシス（homolysis）　122
ボールドウィン則（Baldwin's rule）　101

ま～よ

マイケル付加（Michael addition）→ 共役付加
巻矢印（curly arrow, curved arrow）　1, 10, 30
　　片羽の——　34, 122
マルコフニコフ配向（Markovnikov orientation）　52, 127
マロン酸エステル合成（malonate ester synthesis）　84
光延反応（Mitsunobu reaction）　47
メタ配向性（meta orientation）　56

メルクリニウムイオン（mercurinium ion）　53
軟らかさ（softness）　102
有機金属反応剤（organometallic reagent）　65
誘起効果（inductive effect）　19
溶媒効果（solvent effect）　114

ら～わ

ラジカル（radical）　122
　　――の安定性　123
ラジカルカップリング（radical coupling）　126
ラジカル反応（radical reaction）　34
　　――の位置選択性　128
ラジカル付加（radical addition）　125
ラセミ化（racemization）　39, 78
リチウムエノラート（lithium enolate）　80

リチウムジイソプロピルアミド　80
律速段階（rate-determining step, rate-limiting step）　41
立体選択性（stereoselectivity）　109
立体電子効果（stereoelectronic effect）　100, 110
立体特異的（stereospecific）　109
隣接基関与（neighboring group participation, anchimeric assistance）　42
ルイス構造（Lewis structure）　3～6
ルイス酸塩基（Lewis acid-base）　5, 15, 102
LUMO　102
連鎖反応（chain reaction）　126
ロビンソン環化（Robinson annulation）　153
ワグナー－メーヤワイン転位（Wagner-Meerwein rearrangement）　88

奥山　格
　1940 年　岡山県に生まれる
　1963 年　京都大学工学部 卒
　兵庫県立大学名誉教授
　専攻　有機反応化学
　工　学　博　士

杉村高志
　1956 年　兵庫県に生まれる
　1979 年　大阪大学理学部 卒
　現　兵庫県立大学大学院物質理学研究科 教授
　専攻　有機合成化学
　理　学　博　士

第 1 版 第 1 刷　2005 年 6 月 20 日 発行
　　　第 9 刷　2020 年 4 月 24 日 発行

電子の動きでみる
有機反応のしくみ

© 2 0 0 5

著　者　　奥　山　　格
　　　　　杉　村　高　志
発行者　　住　田　六　連
発　行　株式会社 東京化学同人
東京都文京区千石 3 丁目 36-7（〒112-0011）
電話 (03) 3946-5311・FAX (03) 3946-5317
URL: http://www.tkd-pbl.com/

印　刷　株式会社　シ　ナ　ノ
製　本　株式会社　松　岳　社

ISBN 978-4-8079-0619-2
Printed in Japan
無断転載および複製物（コピー，電子
データなど）の配布，配信を禁じます。